高等职业院校"十三五"课程改革优秀成果规划教材

金属工艺学基础

主　编　宋金虎
副主编　侯文志　韩　磊
参　编　卢洪德　陈伟栋　孙丽萍

北京理工大学出版社
BEIJING INSTITUTE OF TECHNOLOGY PRESS

内 容 提 要

金属工艺学基础是高职高专机械类、近机械类专业必修的一门综合性技术基础课。本书根据高等职业教育人才培养目标要求编写，主要内容包括金属材料性能的认知、金属材料组织结构的认知、钢的热处理、常用金属材料的选择、铸造成形、金属压力加工、焊接成形、金属切削加工、机械零件成形方法的选择等九个项目。

本书突出职业教育的特点，在内容上"与实际岗位工作内容紧密结合、融入国家职业资格标准"，在形式上"充分体现基于典型工作过程"的职业教育理念。本书以"必需、够用"为原则编写，以掌握概念、强化应用为教学重点，侧重应用能力的培养，简化了理论介绍，注重基本原理、工艺特点，知识面宽而浅。

本书可作为高等职业院校、高等专科学校、高级技工学校、技师学院、成人教育学院等大专层次的机械类、近机械类各专业教材，也可供中等专业学校机械类专业的学生选用，同时可作为技术工人培训用书、广大自学者的自学用书及工程技术人员的参考书。

版权专有　侵权必究

图书在版编目（CIP）数据

金属工艺学基础 / 宋金虎主编 . —北京：北京理工大学出版社，2019.1 重印
　ISBN 978 – 7 – 5682 – 3569 – 3

Ⅰ.①金… Ⅱ.①宋… Ⅲ.①金属加工 – 工艺学 – 高等职业教育 – 教材 Ⅳ.①TG

中国版本图书馆 CIP 数据核字（2017）第 007476 号

出版发行	/ 北京理工大学出版社有限责任公司
社　　址	/ 北京市海淀区中关村南大街 5 号
邮　　编	/ 100081
电　　话	/ (010) 68914775（总编室）
	(010) 82562903（教材售后服务热线）
	(010) 68948351（其他图书服务热线）
网　　址	/ http：//www.bitpress.com.cn
经　　销	/ 全国各地新华书店
印　　刷	/ 北京国马印刷厂
开　　本	/ 787 毫米×1092 毫米　1/16
印　　张	/ 18.5
字　　数	/ 432 千字
版　　次	/ 2019 年 1 月第 1 版第 3 次印刷
定　　价	/ 49.00 元

责任编辑 / 封　雪
文案编辑 / 张鑫星
责任校对 / 周瑞红
责任印制 / 马振武

图书出现印装质量问题，请拨打售后服务热线，本社负责调换

前　言

　　金属工艺学基础是高职高专机械类、近机械类专业必修的一门综合性技术基础课。本书根据高等职业教育人才培养目标要求编写，主要内容包括金属材料性能的认知、金属材料组织结构的认知、钢的热处理、常用金属材料的选择、铸造成形、金属压力加工、焊接成形、金属切削加工、机械零件成形方法的选择等九个项目。

　　本书突出职业教育的特点，在内容上"与实际岗位工作内容紧密结合、融入国家职业资格标准"，在形式上"充分体现基于典型工作过程"的职业教育理念。本书以"必需、够用"为原则编写，以掌握概念、强化应用为教学重点，侧重应用能力的培养，简化了理论介绍，注重基本原理、工艺特点，知识面宽而浅。书中大量实例均来自生产实际，注重内容的实用性与针对性。采用项目式教学方式，每个项目按照项目引入，项目分析，任务（任务引入、任务目标、相关知识、任务实施），知识扩展，复习思考题的学习流程进行设计，便于实现教学做一体化教学。

　　本教材按总课时64学时编写，在实际教学中，教师可结合各专业的具体情况适当增减，有些内容可供学生自学。金属工艺学基础实践性比较强，建议授课教师根据不同教学内容和特点进行现场教学，教学环境可考虑移到专业实训室、金工车间、企业生产车间中，尽量采用"教、学、做"一体的教学模式。

　　本书由山东交通职业学院宋金虎担任主编，山东交通职业学院侯文志和山东服装职业学院韩磊担任副主编。具体分工如下：项目一、项目二、项目七由宋金虎编写，项目三由韩磊编写，项目四、项目六由侯文志编写，项目五由卢洪德编写，项目八由陈伟栋编写、项目九由孙丽萍编写，宋金虎负责全书的统稿、定稿。宏天重工的徐玉平、福田汽车的王道辉、长城建材的王其科对本书的编写提供了技术支持和建设性意见并参加了部分内容的编写，在此深表感谢！另外，本书编写过程中参考了许多文献资料，编者谨向这些文献资料的编著者及支持编写工作的单位和个人表示衷心的感谢。

　　由于许多新技术、新工艺纷纷出现，加之编者水平有限，书中难免有疏漏和欠妥之处，恳切希望广大读者批评指正，以求改进。

编　者

目 录

绪论 ··· 1

项目一 金属材料性能的认知 ·· 3
  任务 1-1 金属材料力学性能的认知 ·· 4

项目二 金属材料组织结构的认知 ·· 11
  任务 2-1 金属材料晶体结构的认知 ·· 12
  任务 2-2 铁碳合金状态图的应用 ·· 21

项目三 钢的热处理 ·· 31
  任务 3-1 钢的热处理的认知 ·· 32
  任务 3-2 钢的普通热处理 ·· 37
  任务 3-3 钢的表面热处理 ·· 44
  任务 3-4 零件常见热处理缺陷分析及预防措施 ······································ 47

项目四 常用金属材料的选择 ·· 52
  任务 4-1 工业用钢的选择 ·· 53
  任务 4-2 铸铁的选择 ·· 60
  任务 4-3 非铁合金及粉末冶金的选择 ··· 66

项目五 铸造成形 ··· 72
  任务 5-1 铸造成形的认知 ·· 73
  任务 5-2 铸造成形方法的选择 ·· 87
  任务 5-3 铸造成形工艺设计 ·· 93
  任务 5-4 铸件结构工艺性分析 ·· 103
  任务 5-5 常见铸造缺陷控制及修补 ·· 109

项目六 金属压力加工 ·· 118
  任务 6-1 金属压力加工的认知 ·· 119
  任务 6-2 锻造结构工艺设计 ·· 123
  任务 6-3 板料冲压结构工艺设计 ·· 150

项目七 焊接成形 ·· 182
  任务 7-1 焊接成形的认知 ·· 183
  任务 7-2 焊接方法的选择 ·· 191
  任务 7-3 焊接结构材料的选择 ·· 197
  任务 7-4 焊接结构工艺设计 ·· 202
  任务 7-5 常见焊接缺陷产生原因分析及预防措施 ·································· 207
  任务 7-6 焊接质量检验 ·· 209

项目八　金属切削加工 ·· 219
任务 8-1　金属切削加工的认知 ·· 220
任务 8-2　切削加工方法的选择 ·· 233
任务 8-3　零件切削加工工艺的制定 ·· 246

项目九　机械零件成形方法的选择 ·· 261
任务 9-1　机械零件失效的认知 ·· 261
任务 9-2　机械零件材料的选择 ·· 267
任务 9-3　零件毛坯成形方法的选择 ·· 277

参考文献 ·· 288

绪　　论

　　金属工艺学基础是一门关于机械零件的制造方法及其用材的综合性技术基础课。它系统地介绍工程材料的性能、应用及改进材料性能的工艺方法；各种成形工艺方法及其在机械制造中的应用和相互联系；机械零件的加工工艺过程等方面的基础知识。

　　材料被广泛应用于机械工程、建筑工程、航空航天、医疗卫生等领域，是人类赖以生存和发展的物质基础。材料技术的发展在改造和提升传统产业，增强综合国力和国防实力方面起着重要的作用，世界各发达国家都非常重视材料的发展。正是材料的发现、使用和发展，才使人类在与自然界的斗争中走出混沌蒙昧的时代，发展到科学技术高度发达的今天。

　　现代材料种类繁多，据粗略统计，目前世界上的材料总和已经达到40余万种，并且每年还以5%的速度增加。材料按经济部门可分为土木建筑材料、机械工程材料、电子材料、航空航天材料、医学材料等；按材料的功能分为结构材料、功能材料。

　　工程材料是指工程上使用的材料，按化学成分分为金属材料，非金属材料（高分子材料、无机非金属材料）和复合材料。金属材料具有优良的力学性能、物理性能、化学性能以及工艺性能，一般能满足机器零件、工程结构等的使用要求，而且金属材料还可以通过热处理改变其组织和性能，从而进一步扩大使用范围。因此，金属材料是目前应用最广泛的工程材料。

　　材料只有经过各种不同的成形方法加工，使其成为毛坯或制品后，才具有使用价值。合理的成形工艺、先进的成形技术才能使材料成为所需的毛坯或制品。随着人类社会的进步、生产力的发展，材料的成形技术也经历了从简单的手工操作到如今复杂的、大型化的、智能化和机械化生产的发展过程。

　　一件机械产品，从设计、加工制造到使用，是一个复杂的过程。根据设计信息将原材料和半成品转变为产品的全部过程称为机械制造过程。机械制造过程包括材料的选择，毛坯的成形，零件的切削加工、热处理，部件和产品的装配等。合格的机械产品是优良的设计、合理的选材和正确的加工这三者的整体结合。

　　任何一台机械产品都是由若干个具有不同几何形状和尺寸的零件按照一定的方式装配而成的。由于使用要求不同，各种机械零件需选用不同的材料制造，并具有不同的精度和表面质量。因此要加工出各种零件，应采用不同的加工方法。金属机械零件的成形工艺方法一般有：铸造、锻造（压力加工）、焊接、切削加工和特种加工等。在机械制造过程中，通常是先用铸造、锻造（压力加工）和焊接等方法制成毛坯，再进行切削加工，才能得到所需的零件。当然，铸造、锻造（压力加工）、焊接等工艺方法，也可以直接生产零部件。此外，为了改善零件的某些性能，常需要进行热处理，最后将检验合格的零件加以装配，成为机器。简单的机械制造过程如下：

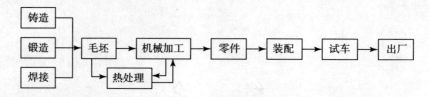

本课程是高职高专机械类、近机械类专业必修的一门综合性技术基础课。

本课程的主要任务是：

①熟悉常用金属材料的组织、性能、应用及改进材料性能的工艺方法；

②熟悉各种成形工艺方法及其在机械制造中的应用；

③熟悉机械零件成形方法的选择；

④培养学生严谨的科学态度、实践动手能力以及分析问题的能力。

通过本课程的学习，学生应达到下列基本要求：

①基本掌握常用金属材料的牌号、性能、用途及选用原则；

②基本掌握钢铁材料热处理的基本原理，初步掌握普通热处理方法的工艺特点和应用范围；

③初步具有合理选择材料、机械零件成形方法、确定零件生产工艺过程、热处理工序位置的能力；

④掌握铸造、压力加工、焊接和切削加工等常用成形工艺方法的基本原理、特点和应用范围；

⑤初步掌握简单机械零件铸造、压力加工、焊接和切削加工工艺设计知识；

⑥初步学会分析一般零件毛坯结构的工艺性。

本课程的学习强调理论联系实际，注重各种能力的培养。因此，在课程教学中应注意教学方法和形式的改革，注意与专业课程建设的配合联系。每项目的复习思考题是本项目教学的必要环节，既是巩固、复习所学知识的手段，又是理论联系实际，调动学生灵活运用知识和学习主动性的途径，应予以充分重视。

本课程运用多种媒体并实现合理配置进行教学。建议授课教师根据不同教学内容和特点进行现场教学，教学环境可考虑移到专业实训室、金工车间、企业生产车间中，尽量采用"教、学、做"一体的教学模式。

项目一　金属材料性能的认知

🔄 项目引入

　　1912年4月10日，泰坦尼克号（图1.1）从英国南安普敦出发驶向美国纽约，开始了这艘"梦幻客轮"的处女航。1912年4月14日晚11时40分，泰坦尼克号在北大西洋撞上冰山，拦腰整体断裂。两小时四十分钟后沉没，由于只有20艘救生艇，1 523人葬身海底，造成了当时最严重的一次航海事故。

图1.1　泰坦尼克号

🔄 项目分析

　　导致泰坦尼克号沉没的原因是什么？除了环境恶劣、航速过快、指挥操作有误和设计原因外，还有一个关键的技术原因——材料。

　　造船工程师只考虑到提高钢板的硬度，而没有想到提高其韧性。为了提高钢板的硬度，向炼钢炉料中加入大量的硫化物，导致钢材在低温下的脆性大大提高。经实验，从海底打捞出来的钢材，在当时的水温下，在受到可能强度的撞击下，很快断裂。

　　本项目主要学习：

　　金属材料的力学性能，包括强度、塑性、硬度、冲击韧性和疲劳强度；金属材料的工艺性能，包括铸造性能、锻造性能、焊接性能和切削加工性能。

1. 知识目标

◆ 熟悉并掌握金属材料的常用力学性能。
◆ 掌握常用的硬度测试方法和适用范围。
◆ 掌握冲击韧性、疲劳强度的概念及衡量指标。

- ◆ 了解金属材料的工艺性能。

2. 能力目标
- ◆ 能根据强度和塑性值分析材料的承载能力。
- ◆ 能根据材料和热处理状态，选择硬度测试方法。

3. 工作任务

任务 1-1　金属材料力学性能的认知

金属材料具有多种良好的性能，被现代机械制造业广泛地应用于各种生产活动中，它是制造机械设备、工具量具、武器装备和生活用具的基本材料。为了设计制造出具有竞争力的机械产品，必须首先了解和掌握金属材料的各种性能，如物理性能、化学性能、力学性能和工艺性能等。

金属材料的性能包含使用性能和工艺性能两个方面。使用性能是指金属材料在使用条件下所表现出来的各种特性，包括物理性能、化学性能和力学性能。使用性能是保证机械零件或工具能正常工作应具备的性能。工艺性能是指金属材料对不同加工工艺方法的适应能力，也是采用某种工艺方法将金属材料制造成产品的难易程度。工艺性能包括铸造性能、锻造性能、焊接性能、热处理性能以及切削加工性能等。

任务 1-1　金属材料力学性能的认知

任务引入

某厂购进一批 15 钢，为进行入厂验收，制成 $d_0 = 10$ cm 的圆形截面短试样（$L_0 = 5d_0$），经拉伸试验后，测得 $F_m = 33.81$ kN、$L_u = 65$ mm、$d_u = 6$ mm。15 钢的力学性能判据应当符合下列条件：$\sigma_m \geqslant 375$ MPa、$A \geqslant 27\%$、$Z \geqslant 55\%$。试问这批 15 钢的力学性能是否合格？

任务目标

熟悉并掌握金属材料的常用力学性能，能根据强度和塑性值分析材料的承载能力；掌握常用硬度的测试方法和适用范围，能根据材料和热处理状态，选择硬度测试方法；掌握冲击韧性、疲劳强度的概念及衡量指标。

相关知识

在设计、制造机械设备及工具时，所选用的金属材料首先应当满足使用性能，使用性能一般以力学性能为主要依据。金属材料的力学性能是指金属材料在各种载荷作用下所表现的性能。金属材料的力学性能包括强度、塑性、硬度、冲击韧性和疲劳强度等。

一、强度

强度是指在外力作用下，材料抵抗变形和断裂的能力。强度指标常通过拉伸实验测定，拉伸试样的形状一般分为圆形（图 1.2）、矩形、多边形、环形。在低碳钢标准试样的两端缓慢地施加拉伸载荷，使试样的工作部分受轴向拉力 F，引起试样沿轴向产生伸长 ΔL，随着 F 值的增大，ΔL 也相应增大，直到试样断裂为止。由载荷（拉力）与变形量（伸长量）的相应变化，可以绘出拉伸曲线，如图1.3所示。将拉力除以试样的原始截面积 S_0，得到拉应力 R（单位截面积上的拉力）；将伸长量 ΔL 除以试样的标距长度 L_0，得到延伸率 e（试样拉伸断裂后标距段的总变形 ΔL 与原标距长度 L_0 之比的百分数）。根据 R 和 e，则可以画出应力－延伸率曲线，如图1.4所示。应力－延伸率曲线不受试样尺寸的影响，可以从图上直接读出材料的一些常规机械性能指标。

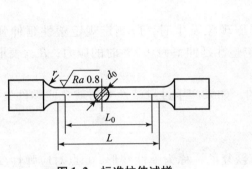

图1.2　标准拉伸试样

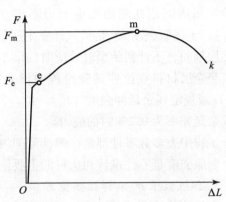

图1.3　退火低碳钢的拉伸曲线

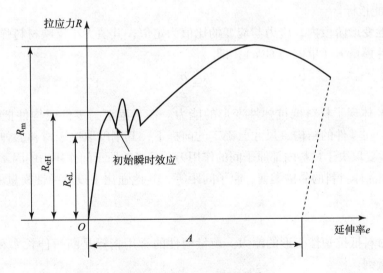

图1.4　应力－延伸率曲线

静载拉伸下材料的力学性能指标主要有以下几个。

1. 抗拉强度 R_m

在拉伸曲线上，m 点所对应的应力值称为抗拉强度，它是试样拉断前所能承受的最大应力值，也称为强度极限，即试样所能承受的最大载荷除以原始截面积，以 R_m 表示（单位为 MPa），即

$$R_m = \frac{F_m}{S_0}$$

式中　F_m——试样所能承受的最大载荷。

抗拉强度体现材料抵抗最大均匀变形的能力,表示材料在拉伸条件下所能承受最大载荷的应力值,它是设计和选材的主要依据之一。

2. 屈服强度

在拉伸曲线中,e点出现一水平线段,这表明拉力虽然不再增加,但变形仍在进行,称为材料的屈服现象,这时若卸去载荷,则试样的变形不能全部恢复,将保留一部分残余变形。这种不能恢复的残余变形称为塑性变形。屈服强度是指当金属材料呈现屈服现象时,在试验期间达到塑性变形发生而力不增加的应力点,分上屈服强度(R_{eH})和下屈服强度(R_{eL})。上屈服强度 R_{eH} 是指试样发生屈服而力首次下降前的最大应力;下屈服强度 R_{eL} 是指在屈服期间,不计初始瞬时效应时的最小应力。

当金属材料在拉伸试验过程中没有明显屈服现象发生时,应测定规定塑性延伸强度(R_p)或规定残余延伸强度(R_r)。$R_{p0.2}$ 表示规定塑性延伸率为0.2%时的应力;$R_{r0.2}$ 表示规定残余延伸率为0.2%时的应力。

工程中大多数零件都是在弹性范围内工作的,如果产生过量塑性变形就会使零件失效,所以屈服强度是零件设计和选材的主要依据之一。

3. 弹性极限 σ_e 和弹性模量 E

在拉伸曲线上,e点以前产生的变形是可以恢复的,称为弹性变形,e点对应弹性变形阶段的极限值,称为弹性极限,以 σ_e 表示(单位为MPa),对一些弹性零件如精密弹簧等,σ_e 是主要的性能指标。

材料在弹性变形阶段内,应力与应变的比值为定值,其值大小反映材料弹性变形的难易程度,称为弹性模量 E(单位为GPa),即

$$E = \frac{\sigma}{\varepsilon}$$

弹性模量 E 体现了材料抵抗弹性变形的能力。在工程上,零件或构件抵抗弹性变形的能力称为刚度。在零件的结构、尺寸已确定的前提下,其刚度取决于材料的弹性模量。

弹性模量主要取决于材料内部原子间的作用力,凡影响原子间作用力的因素均能影响材料的弹性模量,如晶体材料的晶格类型、原子间距等,其他强化手段对弹性模量的影响极小。

二、塑性

塑性表示材料抵抗塑性变形的能力。衡量塑性的常用指标是断后伸长率和断面收缩率,两者均无单位量纲。

1. 断后伸长率

断后伸长率是指试样拉断后标距增长量与原始标距长度之比,用符号 A 表示,即

$$A = \frac{L_u - L_0}{L_0} \times 100\%$$

式中　L_0——拉伸试样的原始标距长度,mm;
　　　L_u——拉伸试样拉断后的标距长度,mm。

2. 断面收缩率

断面收缩率是指试样拉断处横截面积的缩减量与原始横截面积之比,用符号 Z 表

示，即

$$Z = \frac{S_0 - S_u}{S_0} \times 100\%$$

式中　S_0——拉伸试样的原始横截面积，mm^2；
　　　S_u——拉伸试样拉断处的横截面积，mm^2。

材料的断后伸长率 A 和断面收缩率 Z 的数值越大，则表示材料的塑性越好。由于断面收缩率比断后伸长率更接近材料的真实应变，因而在塑性指标中，采用断面收缩率比断后伸长率更为合理，但现有的材料塑性指标往往仍较多地采用断后伸长率。

材料的塑性对进行冷塑性变形加工的工件有着重要的作用。此外，在工件使用过程中如果出现过载，由于工件能发生一定的塑性变形，而不至于发生突然破坏，起到一定的安全作用。同时，在工件的应力集中处，塑性能起到削减应力峰（即局部的最大应力）的作用，从而保证工件不致突然断裂，这就是大多数工件除要求高强度外，还要求具有一定塑性的原因。

三、硬度

硬度是材料力学性能的一个重要指标，它体现了材料的软硬程度。目前生产中测定硬度的最常用方法是压入硬度法。压入硬度法是指用一定几何形状的压头在一定载荷下压入被测试的材料表面，根据被压入程度来测定其硬度值。用同样的压头在相同大小载荷作用下压入材料表面时，若压入程度越大，则材料的硬度值越低；反之，硬度值就越高。因此，压入硬度法所表示的硬度是指材料表面抵抗更硬物体压入的能力。

在金属材料制成的半成品和成品的质量检验中，硬度是标志产品质量的重要依据。常用的硬指标度有布氏硬度和洛氏硬度。

1. 布氏硬度

布氏硬度试验法是用一直径为 D 的淬火钢球（或硬质合金球），在规定载荷 F 的作用下压入被测试材料的表面，如图 1.5 所示，停留一定时间，然后卸除载荷，测量钢球（或硬质合金球）在被测试材料表面上所形成的压痕直径 d，由此计算出压痕面积，进而得到所承受的平均应力值，以此作为被测试材料的硬度，称为布氏硬度值，记作 HB。

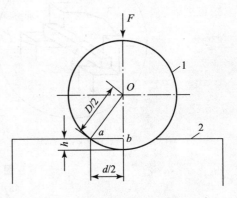

图 1.5　布氏硬度试验原理示意
1—压头；2—试样

$$HB = \frac{F}{S} = \frac{2F}{\pi D(D - \sqrt{D^2 - d^2})}$$

式中　F——试验力，N；
　　　D——球体直径，mm；
　　　d——压痕的平均直径，mm。

进行布氏硬度试验时，当用淬火钢球作为压头时，用 HBS 表示，适用于布氏硬度值低于 450 的材料；当用硬质合金球作为压头时，用 HBW 表示，适用于布氏硬度值为 450~650 的材料。

布氏硬度试验的压痕面积较大，能反映出较大范围内被测试材料的平均硬度，故试验结果较精确，但操作烦琐。其适用于退火钢、正火钢，特别是对于组织比较粗大且不均匀的材料（如铸铁、轴承合金等），更是其他硬度试验方法所不能代替的。

2. 洛氏硬度

在先后两次施加载荷（初载荷 F_0 及总载荷 F）的条件下，将标准压头（金刚石圆锥或钢球）压入试样表面，然后根据压痕的深度来确定试样的硬度。

洛氏硬度的测定操作迅速、简便，压痕面积小，适用于成品检验；硬度范围广，但由于接触面积小，当硬度不均匀时，数值波动较大，需多打几个点取平均值。

必须注意，不同方法、级别测定的硬度值无可比性，只有查表转换成同一级别后，才能比较硬度值的高低。

四、冲击韧性

机械零部件在工作过程中不仅受到静载荷和变动载荷作用，而且往往受到不同程度的冲击载荷作用，如冲床、铆钉等。工程上，将金属材料在断裂前吸收塑性变形功和断裂功的能力，称为金属材料的韧性，也称冲击韧性，一般用吸收能量（符号 A_k，单位为 J）表示。冲击韧性的测定一般是用一次摆锤冲击实验来测定，如图1.6所示。

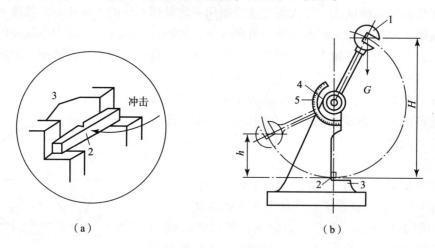

图1.6 摆锤冲击实验示意

（a）试样放置；（b）冲击试验机

1—摆锤；2—试样；3—固定支座；4—指针；5—指示盘

实际上，在冲击载荷下工作的机械零件，很少是受大能量一次冲击而破坏的，往往是经受小能量的多次冲击，因冲击损伤的积累引起裂纹扩展而造成断裂，故用 K 值来反映冲击韧性有一定的局限性。研究结果表明，金属材料承受小能量多次重复冲击的能力取决于材料强度和塑性的综合性指标。

五、疲劳强度

1. 疲劳及疲劳强度

疲劳是指在变动载荷的作用下，零件经过较长时间工作或多次应力循环后所发生的突然断裂现象。变动应力通常包括交变应力和重复应力。交变应力是指应力的大小和方向随着时间周期性变化的应力。变动应力的变化可以是周期性的、规律的变化，也可以是无规律的变化。许多零件如齿轮、曲轴、弹簧和滚动轴承等，都是在交变应力下工作的。据统计，各类断裂失效中，80%是由于各种不同类型的疲劳破坏所造成的。

疲劳断裂具有突然性，因此危害很大。疲劳断裂的特点如下：

①疲劳断裂是一种低应力脆断，断裂应力低于材料的屈服强度，甚至低于材料的弹性极限。

②断裂前，零件没有明显的塑性变形，即使断后伸长率 A 和断面收缩率 Z 很高的塑性材料，其断裂同样没有明显的塑性变形。

③疲劳断裂对材料的表面和内部缺陷非常敏感，疲劳裂纹常在表面缺口（如螺纹、刀痕和油孔等）、脱碳层、夹渣物、碳化物及孔洞等处形成。

产生疲劳的原因，往往是由于零件应力高度集中的部位或材料本身强度较低的部位，在交变应力作用下产生了疲劳裂纹，并随着应力循环周次的增加不断扩展，使零件有效承载面积不断减小，最后突然断裂。零件疲劳失效的过程可分为疲劳裂纹产生、疲劳裂纹扩展和瞬时断裂三个阶段。

疲劳强度用来表示材料抵抗疲劳的能力。疲劳强度是通过测定材料在重复交变载荷（钢的交变次数为 $10^6 \sim 10^7$ 周次，有色金属的交变次数为 $10^7 \sim 10^8$ 周次）作用下而无断裂的最大应力来得到的，用 σ_{-1} 表示。

2. 提高疲劳强度的途径

材料的疲劳强度与很多因素有关，为了提高材料的疲劳强度，应改善零件的结构形状以避免应力集中；提高零件表面加工光洁度；尽可能减少各种热处理缺陷（如脱碳、氧化、淬火裂纹等）；采用表面强化处理，如化学热处理、表面淬火、表面喷丸和表面滚压等强化处理，使零件表面产生残余压应力，从而显著提高零件的疲劳抗力。

任务实施

分别计算材料的 R_m、A 和 Z，与应当符合的条件进行比较，做出判断。

知识扩展

金属的工艺性能是指金属材料对各种加工工艺和处理方法的适应能力。这种能力的大小，直接影响机械产品的质量、机械加工的生产率和生产成本。

1. 铸造性能

金属及合金材料在铸造成形中获得优良铸件的能力称为铸造性能，衡量铸造性能的指标有流动性、收缩性和偏析等。

影响金属材料流动性的因素是金属的化学成分和浇注温度等。流动性好的金属材料，容易充满铸型，获得外形完整、尺寸精确、轮廓清晰的铸件，故铸造性能就好。金属材料的收缩性能，直接影响铸件体积和外形尺寸，还会使铸件出现内应力、变形和开裂等现象，故金属材料的收缩率越小，铸造性能越好。金属材料的偏析现象，会使铸件内部的化学成分和组织不均匀,从而降低铸件质量。因此,在铸造大型铸件时尤其要注意金属材料的偏析现象。在金属材料中,灰口铸铁和青铜的铸造性能较好。

2. 锻造性能

在压力加工中,将金属材料锻压成形的难易程度称为锻造性能。锻造性能的优劣,主要与金属材料的塑性和变形抗力有关。塑性好、变形抗力小的金属材料,锻造性能就好。如有色金属在室温状态下具有良好的锻造性能,而碳素钢只有在加热状态下进行锻造,其锻造性能才较好,而铸铝和铸铁则不能进行锻压加工。

3. 焊接性能

金属材料在一定的焊接工艺条件下焊接加工,能获得优质焊接接头的难易程度,称为焊接性能。焊接性能主要取决于金属材料的化学成分(主要是与碳当量有关)。低碳钢具有良好的焊接性能,高碳钢焊接性能较差;铸铁焊接性能很差,只能进行焊补。

4. 切削加工性能

金属材料在切削加工时的难易程度称为切削加工性能。切削加工性能指标主要用表面粗糙度、刀具寿命等来衡量。切削加工性能与金属材料组织状态如硬度、韧性、导热性和变形强化等因素有关。一般金属材料的硬度在 170~230 HBS 和具有足够的脆性时,切削加工性能好。所以铸铁比碳素钢切削加工性能好,碳素钢比高合金钢切削加工性能好。如果改变金属材料的化学成分或进行适当的热处理,可以改善并提高金属材料的切削加工性能。

复习思考题

一、填空题

1. 金属材料的性能分为_____性能和_____性能。
2. 金属材料的力学性能包括_____、_____、_____、_____和_____等。

二、名词解释

力学性能 强度 抗拉强度 塑性 冲击韧性 硬度 使用性能 工艺性能

三、简答题

1. 材料的弹性模量 E 的工程含义是什么?它和零件的刚度有何关系?
2. 设计刚度好的零件,应根据何种指标选择材料?材料的弹性模量 E 越大,则材料的塑性越差。这种说法是否正确?为什么?
3. 常用的硬度测试方法有哪几种?这些方法测出的硬度值能否进行比较?
4. 疲劳破坏是怎样形成的?提高零件疲劳寿命的方法有哪些?
5. 冲击韧性是表示材料何种性能的指标?为什么在设计中考虑这种指标?
6. 金属材料的工艺性能包含哪些方面?
7. 黄铜轴套和硬质合金刀片采用哪种硬度测试法较合适?

四、某厂购进一批 15 钢,为进行入厂验收,制成 $d_0 = 10$ cm 的圆形截面短试样($L_0 = 5d_0$),经拉伸试验后,测得 $F_m = 33.81$ kN、$L_u = 65$ mm、$d_u = 6$ mm。15 钢的力学性能判据应该符合下列条件:$\sigma_m \geq 375$ MPa、$A \geq 27\%$、$Z \geq 55\%$。试问这批 15 钢的力学性能是否合格?

项目二　金属材料组织结构的认知

项目引入

纯铜、纯铝较软，而钢却很硬，如图2.1所示。说明什么问题？为什么？

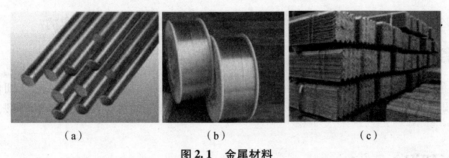

图 2.1　金属材料
(a) 纯铜；(b) 纯铝；(c) 钢

项目分析

不同的金属材料具有不同的力学性能，即使同一种金属材料，在不同的条件下其力学性能也是不同的。金属力学性能的这些差异，从本质上来说，是由其内部结构所决定的。因此，掌握金属的内部结构及其对金属性能的影响，对于选用和加工金属材料，具有非常重要的意义。

本项目主要学习：

金属材料的晶体结构，包括金属的晶体结构与结晶、合金的基本概念和基本结构、纯金属的结晶、金属的同素异构转变；铁碳合金状态图，包括铁碳合金的基本知识、铁碳合金相图、典型铁碳合金的结晶过程分析、碳对碳钢组织和性能的影响、$Fe-Fe_3C$ 相图在工业中的应用。

1. 知识目标
◆ 掌握材料的晶体结构与非晶体结构的结构特点。
◆ 掌握合金的晶体结构的基本类型，理解强化的机理。
◆ 熟悉金属的结晶过程，理解金属的同素异构现象。
◆ 掌握铁碳合金的结晶过程、碳含量对铁碳合金组织和性能的影响。
◆ 掌握铁碳合金相图的应用。

2. 能力目标
◆ 能够分析晶粒大小对金属力学性能的影响。
◆ 能够分析含碳量对铁碳合金组织和性能的影响，正确应用铁碳合金状态图。

3. 工作任务
任务 2-1　金属材料晶体结构的认知
任务 2-2　铁碳合金状态图的应用

材料的结构是指材料组成单元之间平衡时的空间排列方式。材料的结构从宏观到微观可分为不同的层次，即宏观组织结构、显微组织结构和微观结构。宏观组织结构是指用肉眼或放大镜能够观察到的结构，如晶粒、相的集合状态等。显微组织结构，又称亚微观结构，是借助光学显微镜或电子显微镜能观察到的结构，其尺寸为 $10^{-7} \sim 10^{-4}$ m。材料的微观结构是指其组成原子（或分子）间的结合方式，及组成原子在空间的排列方式。

任务 2-1 金属材料晶体结构的认知

任务引入

为什么说不同金属与合金的性能差异从本质讲是由其内部结构所决定的？

任务目标

掌握金属的晶体结构、晶体缺陷和金属的同素异构转变，掌握金属的结晶及细化晶粒的方法，能够分析晶粒大小对金属力学性能的影响。掌握合金的晶体结构的基本类型，理解强化的机理。

相关知识

常温下，固态的金属大多数是晶体结构，不同的金属材料具有不同的力学性能，不同的力学性能取决于金属材料的内部组织结构，而内部组织结构是由金属材料的化学成分组成和加工工艺所决定。因此，研究金属材料首先就应从晶体结构开始，了解金属内部结构对金属性能的影响，做到合理选择和加工金属材料。

一、金属的晶体结构与结晶

（一）晶体的基本概念

1. 晶体与非晶体

自然界固态物质按组成质点（原子、分子和离子）的空间排列位置，可分为晶体和非晶体两大类。在物质内部，凡是原子（分子或离子）按一定秩序有规则排列的物质称为晶体，如固态的金属、金刚石、合金等。晶体具有固定的熔点和各向异性的特征。原子（分子或离子）呈无序堆积状况排列的物质称为非晶体，如玻璃、松香、石蜡等。非晶体没有固定的熔点，且各向同性。

自然界中绝大多数的固体是晶体，由于各原子间的相互吸引力与排斥力相平衡，使晶体具有规则的、规律性原子排列形式。有时能见到某些物质的外形也具有规则的轮廓，如水晶、食盐及黄铁矿等，而金属晶体一般看不到这样规则的外形。

2. 晶格、晶胞、晶格常数

不同的晶体，其内部的原子可按不同方式规则地排列。通常把晶体中原子规则排列的方式称为晶体结构。图 2.2 所示为简单的金属晶体的结构示意。

为形象地描述各种晶体中的原子排列规律，可将晶体中的原子看成一个个小圆球，如图 2.2（a）所示。通过原子中心用一些假想直线把它们连接起来，并将每个原子视为一个质

项目二 金属材料组织结构的认知

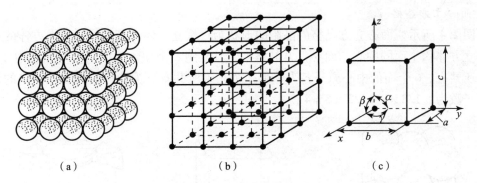

图 2.2 简单的金属晶体的结构示意
(a) 晶体中的原子排列;(b) 晶格;(c) 晶胞

点,这样就构成了有明显规律性的空间格子,如图 2.2(b)所示。这种构成有明显规律性的空间格架,称为晶格。空间格架中各连线的交点称为"结点",结点上的小圆圈(或质点)表示原子的中心。如图 2.2(c)所示,在晶格中选取一个能够完全反映晶格特征的最小几何单元进行分析,便能确定原子排列的规律,这个最小几何单元称为晶胞。晶胞的几何特征可用晶格常数来表示,即晶胞的三条棱边长度 a、b、c 和三条棱边之间的夹角 α、β、γ 六个参数来表示。

当晶格常数 $a=b=c$,晶轴间夹角 $\alpha=\beta=\gamma=90°$ 时,称这种晶胞为立方体晶胞。具有立方体晶胞的晶格称为立方晶格。立方晶格只需要用一个晶格常数(a)就可以表示晶胞的大小和形状。

(二) 三种常见的晶体结构

金属的晶格类型很多,但绝大多数金属属于体心立方晶格、面心立方晶格和密排六方晶格等三种典型的晶体结构。

1. 体心立方晶格

如图 2.3 所示,体心立方晶格的晶胞的形状为一立方体,原子位于立方体的八个顶角上和立方体的中心。体心立方晶格中,其晶胞 8 个顶角的原子为与晶格中邻近的 8 个晶胞所共有,加上晶胞中心的一个原子,得出体心立方晶格的每个晶胞的原子数为:(1/8)×8+1 = 2 个。

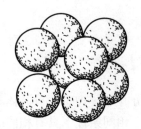 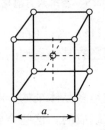 

图 2.3 体心立方晶胞示意

具有体心立方晶格的金属有铬(Cr)、钨(W)、钒(V)、铁(α-Fe)等,这类金属一般具有较高的强度和良好的塑性。

· 13 ·

2. 面心立方晶格

如图 2.4 所示，面心立方晶格的晶胞的形状为一个立方体，其原子位于立方体的八个顶角上和立方体六个面的中心。面心立方晶格中，其晶胞 8 个顶角的原子为与晶格中邻近的 8 个晶胞所共有，6 个面的中心原子各为邻近 2 个晶胞所共有。为此，面心立方晶格的每个晶胞的原子数为：$1/8 \times 8 + 1/2 \times 6 = 4$ 个。

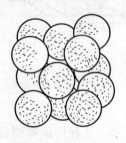 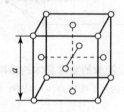 

图 2.4 面心立方晶胞示意

具有面心立方晶格的金属有铝（Al）、铜（Cu）、镍（Ni）、铁（γ-Fe）等，这类金属具有良好的塑性。

3. 密排六方晶格

如图 2.5 所示，密排六方晶格的晶胞是一个正六方柱体，其原子排列在 12 个顶角上和上、下底面的中心，另外 3 个原子排列在晶胞的柱体内。密排六方晶格中，其晶胞的 12 个顶角上原子为与晶格中邻近的 6 个晶胞所共有，上、下底面的中心的原子各为邻近 2 个晶胞所共有，加上晶胞的柱体内有 3 个原子，得出密排六方晶格的每个晶胞的原子数为：$1/6 \times 12 + 1/2 \times 2 + 3 = 6$ 个。

 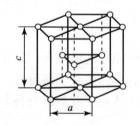 

图 2.5 密排六方晶格示意

属于密排六方晶格的金属有镁（Mg）、锌（Zn）、铍（Be）等。

除以上三种晶格以外，少数金属还有其他类型的晶格结构。

（三）金属晶体结构缺陷

工程上实际使用的金属材料一般是多晶体结构。绝大部分并非是理想的单晶体材料，而是由大量外形不规则的小晶体即晶粒组成的。这些金属材料在相同条件下具有相同的晶体结构，但晶体晶格的位向是不同的。只有通过专门的加工，才能获得晶格的位向完全一致的晶体，即单晶体。

由于受到各种因素的影响，使得实际金属原有规律的原子排列方式受到干扰，这种原子排列不规则的部位和区域称为金属的晶体缺陷。晶体缺陷根据几何特征，分为点缺陷、线缺陷和面缺陷三类。

1. 点缺陷

点缺陷是晶体内部空间尺寸很小的缺陷,最常见的缺陷有间隙原子和晶格空位。若在晶格的某些空隙处出现多余的原子或挤入外来原子,这种缺陷称为间隙原子。而晶格上应该有原子的地方没有原子,晶格中出现"空穴",这种原子缺陷称为晶格空位。空位附近的原子受张力作用,使得晶格常数增加。间隙原子的产生使得周围原子受到挤压作用,而使晶格常数缩小。由于这些缺陷的存在使得晶格发生畸变的现象称为晶格畸变。晶格畸变使晶体内部产生应力,从而使晶格的强度和硬度提高,塑性、韧性下降,形成一种强化效应。

2. 线缺陷

在晶体中有一列或多列原子发生规律性错排的现象称为"位错"。在位错的附近区域,晶体的某一水平面(ABCD)的上方,多出一个原子面(EFGH),它中断于 ABCD 面上的 EF 处,这个原子面如同刀刃一样插入晶体,称为刃型位错。发生位错时附近区域晶格畸变,使晶体的强度、硬度提高,塑性、韧性下降。金属材料的塑性变形是通过位错来实现的。

3. 面缺陷

面缺陷是指晶体内部呈面状分布的缺陷,常见的有晶界和亚晶界。金属的实际结构为多晶体结构,金属的所有晶粒的结构相同,位向不相同,位向相差可为几度或几十度。晶粒与晶粒之间的接触界面称为晶界,晶界处的原子排列是不规则的,原子处于不稳定的状态。即使是同一颗晶粒内部,其晶格的位向也不是完全一致的,而是被分隔成许多尺寸很小、位向相差很大的小晶块镶嵌成的晶粒,这些小晶块称为亚晶粒(或镶嵌块)。亚晶粒之间的界面称为亚晶界,亚晶界处的原子排列也是不规则的。晶界和亚晶界处晶格产生明显的畸变,造成金属强度、硬度提高而塑性变形困难。若晶粒越细则晶界越多,金属的强度、硬度也越高,这就是"细晶强化"的基本原理。常见金属的晶体缺陷如表 2.1 所示。

表 2.1 常见金属的晶体缺陷

名称	示意图	说明
点缺陷		指晶体内部空间尺寸很小(呈点状分布)的缺陷,常见的是晶格空位和间隙原子。 点缺陷使周围原子发生相互挤拢或撑开,产生晶格畸变

续表

名称	示意图	说　明
线缺陷		指晶体内部呈线状分布的缺陷，主要是各种位错。如左图，在 *ABCD* 晶面的上半部比下半部多出了一个半原子面 *EFGH*，使 *ABCD* 晶面上下两部分晶体间出现原子错排的错位现象。位错线 *EF* 周围，晶格畸变
面缺陷		指晶体中呈面状分布的缺陷，主要是晶界、亚晶界。在多晶体晶界，原子排列不规则，从一种位向逐步过渡到另一种位向，晶格明显畸变

二、合金的基本概念和基本结构

（一）合金的基本概念

由于纯金属的力学性能较低而成本较高，为此应用受到限制。而合金可以按不同需要配制成力学性能和物理、化学性能不同的材料，因而得到广泛的应用。常用的合金材料有碳素钢、铸铁、合金钢、青铜等。

1. 合金

合金是由两种或两种以上的金属元素（或金属元素与非金属元素），通过熔炼或其他方法结合而成的具有金属特性的物质。如普通黄铜是由铜和锌（均为金属元素）两种元素组成的合金；碳钢和铸铁则是由铁和碳（金属元素与非金属元素）两种元素组成的合金。

2. 组元

组成合金最基本的、能独立存在的物质称为组元，简称"元"。在大多数情况下，组元是合金的组成元素或是某些稳定的化合物。由二个组元组成的合金称为二元合金，三个组元组成的合金称为三元合金，依次类推。如黄铜是由二个组元即铜和锌元素组成的二元合金。

3. 合金系

由两个或两个以上给定的组元，按不同比例配制出一系列成分不同、性能不同的系列合金，这一系列合金构成了一个合金系统，简称为合金系，如铸造铝合金中的铝硅系、铝镁系等。

4. 相

在金属或合金中，凡化学成分、晶体结构相同并与其他部分有明显界面分开的均匀组成部分称为相。例如，均匀的液态合金是一个相，称之为液相；结晶后的纯金属也是一个相，称之为固相；而正在结晶的纯金属，则是液相和固相同时存在，称为两相共存。固态下的合金，其结构要比纯金属复杂得多，它们可以是单相的，也可以是多相的。若合金是由化学成分、晶体结构都相同的同一种晶粒构成，则属于单相组成的合金；若合金是由化学成分、晶体结构互不相同的几种晶粒构成，则它们属于不同的几种相组成的合金。

5. 组织

金属及其合金的内部微观形貌特征称为"显微组织"。通常借助金相显微镜、电子显微镜观测金属及其合金的内部微观形貌并进行观察和分析，以了解其内部组成相的大小、方向、形态、分布和相对数量等组成关系的构造情况，从而进一步了解材料的性能及其变化规律。

（二）固态合金的基本结构

当合金由液态结晶为固态时，由于组成合金的各组元之间相互作用（溶解、化合或混合）不同，在固态合金中可能出现固溶体、金属化合物和机械混合物三种基本结构。

1. 固溶体

在固态下，合金组元之间通过溶解（一组元原子溶解在其他组元晶格中或组元之间相互溶解）形成一种成分均匀且晶格与组元之间相同的固相，称为固溶体。在固溶体中，保持原有晶格的组元称为溶剂，而晶格结构消失的组元称为溶质。固溶体的晶格与溶剂的晶格相同。如碳溶解到面心立方晶格的铁（γ-Fe）中形成固溶体，γ-Fe 是溶剂，碳是溶质，且固溶体具有与 γ-Fe 相同的面心立方晶格结构。

（1）固溶体的分类

根据溶质原子在溶剂晶格中所处的位置不同，可将固溶体分为置换固溶体和间隙固溶体两类，如图 2.6 所示。

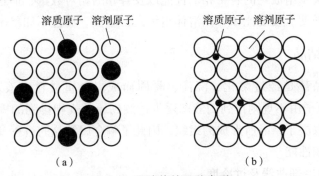

图 2.6 固溶体的两种类型
(a) 置换固溶体；(b) 间隙固溶体

①置换固溶体。当溶质原子替代一部分溶剂原子而占据溶剂晶格中的某些结点位置时，所形成的固溶体称为置换固溶体。许多合金的组元之间都能形成置换固溶体，如铜和锌、铜和镍等，它们的溶解度（即溶质原子在固溶体中的极限浓度）不同，却都能形成置换固溶体。

在一定的温度和压力条件下，溶质在溶剂中的溶解度主要取决于溶质与溶剂的原子半径、电化学性能以及晶格类型等因素的综合作用。当溶质与溶剂的原子半径差别很小，电化学特性接近，晶格类型相同时，这些组元之间可以形成任何成分比例的固溶体（即溶质可以任何比例置换溶剂晶格中的原子，其溶解度可达 100%），称为无限固溶体。若上述因素中的某个因素变化，则形成有限固溶体，即溶质原子只能有限地置换溶剂晶格中的原子。合金中多数是有限固溶体。有限固溶体的溶解度与温度有着密切关系，一般温度越高，溶解度就越大。

②间隙固溶体。当溶质原子溶入溶剂晶格的间隙时所形成的固溶体称为间隙固溶体。当

溶质原子半径比溶剂原子半径小很多时，溶质原子就能够嵌入溶剂晶格的间隙中。因为溶剂晶格的间隙是有限的，所以间隙固溶体都是有限固溶体。间隙固溶体的溶质、溶剂的原子半径和晶格类型对溶解度有直接影响。

（2）固溶体的性能

在形成固溶体时，由于溶质原子的溶入，固溶体发生晶格畸变，结果使合金的强度、硬度有所增高的现象，称为固溶强化。固溶体中溶入的溶质原子量越多，晶格畸变越严重，固溶强化的作用就越明显。固溶强化是提高金属材料机械性能的重要途径之一。实践证明，当固溶体中的溶质原子含量适当时，能显著提高金属材料的强度和硬度，同时塑性和韧性几乎不变。因此，工程上大部分合金的基本组成相是固溶体。

2. 金属化合物

合金组元之间相互发生化合作用而生成的一种具有金属特性的新相称为金属化合物。金属化合物的晶体结构与性能完全不同于组成它的任一组元，通常具有复杂的晶体结构，熔点高、硬度高、脆性大。因此，单相金属化合物的合金很少使用。当多相合金中含有适量的金属化合物时，合金的强度、硬度和耐磨性能明显提高，且许多合金的重要组成相是金属化合物。

3. 机械混合物

纯金属、固溶体、金属化合物都是组成合金的基本相。由两相或两相以上的以一定质量百分比组合的多相混合物称为机械混合物。工业合金除少数具有单相固溶体组织外，绝大多数属于由两相或多相组成的机械混合物。在机械混合物中，各个相仍保持各自的晶格结构和性能，整体性能取决于组成它的各个相的性能以及各相的相对数量、形状、大小和分布状况等。机械混合物的强度、硬度比单一固溶体组织高，塑性、韧性不如单一固溶体。

三、纯金属的结晶

大多数金属制品都是经过熔化、浇注、凝固而成。金属材料由液态变成固态的凝固（结晶）过程，是原子由不规则排列的液态逐步过渡到原子规则排列的固态的过程。由于金属材料的各种性能取决于结晶所形成的组织，因此了解金属结晶的过程及规律，有利于控制晶体材料内部组织和性能。

（一）纯金属的冷却曲线及过冷度

纯金属的结晶过程通常采用热分析法进行研究。先将纯金属加热并熔化成液体，然后缓慢地冷却下来。在冷却过程中，每隔一定的时间测量一次温度，将记录下来的数据描绘在温度－时间坐标图中，便可获得纯金属的冷却曲线，如图2.7（a）所示。

由冷却曲线可见，液态金属随着时间的推移，由于热量不断向外散失，温度随之不断下降。当冷却至 a 点时，液态金属开始形核。在核长大的过程中，由于不断释放出结晶的潜热，以此补偿散失在空气中的热量，使结晶过程中的温度不会随着时间的延长而下降，直至 b 点结晶结束后，温度才继续下降。a—b 两点间的水平线段称为结晶阶段，所对应的温度是纯金属的结晶温度。理论上金属结晶温度（凝固点）与熔化温度二者应是同一温度，即金属的理论结晶温度（T_0）。实际上，液态金属总是冷却到理论结晶温度（T_0）以下才开始形核结晶，如图2.6（b）所示。

实际结晶温度（T_1）低于理论结晶温度（T_0）的现象称为"过冷现象"，理论结晶温度

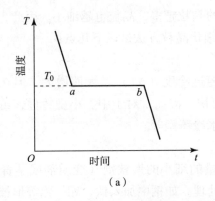 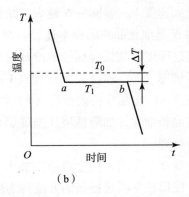

图 2.7　纯金属冷却曲线示意

(a) 以极缓慢速度冷却；(b) 在实际冷却条件下冷却

和实际结晶温度之差，称为过冷度（$\Delta T = T_0 - T_1$）。金属结晶时过冷度并不是一个恒定值，过冷度的大小与冷却速度、金属的性质及纯度有关。冷却速度越快，过冷度就越大，金属的实际结晶温度就越低，结晶过程越滞后。在实际生产中，金属都是在过冷条件下结晶，所以过冷是金属结晶的必要条件。

（二）纯金属的结晶过程

在过冷的条件下，金属液冷却到结晶温度时，首先从液体中形成一些微小而稳定的固体质点，这些固体质点称为晶核。随着时间的推移，晶核不断长大的同时陆续有很多新的晶核形成、长大直至它们互相接触，金属液全部凝固为止。最后形成了许多互相接触、外形不规则而内部原子排列规则的晶体，这些晶体称为晶粒。因此，纯金属的结晶过程是形核及晶核长大的过程，如图 2.8 所示。

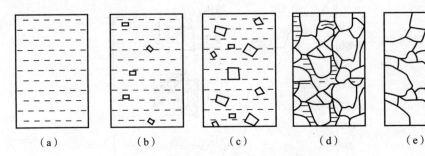

图 2.8　纯金属的结晶过程示意

(a) 液体；(b) 形核；(c) 核长大；(d) 相互接触；(e) 晶体

金属结晶时晶核先后形成、在不同时间内长大，所形成的晶粒大小、形状和位向各不相同。晶粒之间最后形成过渡的界面，称为晶界。晶粒的位向都相同的晶体称为单晶体，单晶体的性能是"各向异性"的。若结晶后晶体由许多晶粒组成，则称为多晶体。多晶体内各晶粒的位向互不相同，自身的"各向异性"彼此抵消，显示出"各向同性"。

（三）晶粒大小对力学性能的影响

金属的力学性能与晶粒大小有关。在室温下，金属的晶粒越细小，强度和韧度越高。因此，有效地控制金属结晶时晶粒的长大，就可以提高金属的力学性能。由金属结晶过程可知，金属晶粒大小取决于结晶时的形核率 N（单位时间、单位体积内所形成的晶核数目）

与晶核的长大速度 V。形核率 N 越大，结晶后的晶粒越多，晶粒也越细小。因此，控制结晶时的形核率 N 是细化晶粒的根本途径。常用的细化晶粒方法是以下几点：

①提高过冷度，加快金属液的冷却速度。

因为形核率（N）和核长大速度（V）都随过冷度（ΔT）增大而增大，但在很大的范围内形核率（N）比晶核长大速度（V）增长更快，因此，对于中、小型铸件，可以通过增加过冷度使晶粒细化，如降低浇注温度、采用水冷铸型等。

②变质处理。

液态金属在结晶前，往金属液中加入一定量的细小的形核剂（变质剂或孕育剂）作为人工晶核，使形核率明显提高的方法称为变质处理。如钢中加入钛、硼、铝等形核剂，铸铁中加入硅铁、硅钙等形核剂，都能起到细化晶粒的作用。

③振动处理。

在金属结晶过程中，采取对金属液加以机械振动、超声波振动和电磁振动等措施，可以破碎正在长大的枝晶，得到更多的结晶核心，以此达到细化晶粒的目的。

四、金属的同素异构转变

有些金属在结晶成固态后继续冷却时，随着温度的变化晶格形式还会发生变化，在固态下存在两种以上的晶格形式。

金属在固态下随着温度的改变，由一种晶格转变为另一种晶格的现象，称为同素异构转变。具有同素异构转变的金属有铁、钴、钛、锡、锰等。以不同晶格形式存在的同一金属元素的晶体，称为该金属的同素异晶体，如图 2.9 所示。

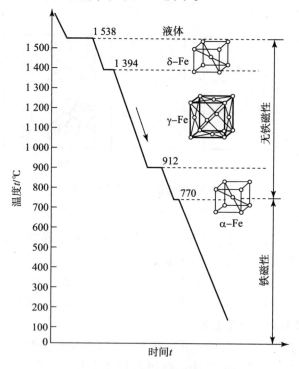

图 2.9　纯铁的冷却曲线

由纯铁的冷却曲线可见,液态纯铁在 1 538℃进行结晶时,是具有体心立方晶格的 δ-Fe,当冷却到 1 394 ℃时发生同素异构转变,由体心立方晶格 δ-Fe 转变为面心立方晶格的 γ-Fe,再冷却到 912 ℃时又发生同素异构转变,由面心立方晶格 γ-Fe 转变为体心立方晶格的 α-Fe,直至冷却到室温,晶格的类型不再发生变化。这种转变过程可以用下式表示:

$$\delta-Fe \underset{}{\overset{1\,394\,℃}{\rightleftharpoons}} \gamma-Fe \underset{}{\overset{912\,℃}{\rightleftharpoons}} \alpha-Fe$$

(体心立方晶格)　　　(面心立方晶格)　　　(体心立方晶格)

同素异构转变是钢铁进行热处理的重要理论依据。金属发生同素异构转变与液态金属的结晶过程有相似之处:

①同素异构转变是在一定温度下发生的转变;转变的过程也是一个形核和晶核长大的过程。

②同素异构转变时有过冷的现象,具有较大的过冷度;还有结晶潜热产生,在冷却曲线上出现水平线段。

③同素异构转变属于固态相变,晶格变化时金属体积也变化,同时会产生较大的内应力等。

④控制冷却速度,可以改变同素异构转变后的晶粒大小,改变金属的性能。

任务实施

不同的金属与合金具有不同的性能,产生这种性能差别的主要原因是材料内部具有不同的组织和结构。

任务 2-2　铁碳合金状态图的应用

任务引入

人们为什么用低碳钢钢丝捆扎物体,而用高碳钢钢丝起吊重物?

任务目标

熟悉铁碳合金中基本相的组成和性能,掌握铁碳合金状态图、铁碳合金的结晶过程及铁碳合金相图的应用,能够分析含碳量对碳钢组织和性能的影响,以及正确应用铁碳合金状态图。

相关知识

铁和碳的合金称为铁碳合金,如钢和铸铁都是铁碳合金。铁碳合金相图是研究铁碳合金组织与成分、温度关系的重要图形,了解和掌握铁碳合金相图对制定钢铁的各种加工工艺都有着重要的作用。

一、铁碳合金的基本知识

一般来讲,铁从来不会是纯的,其中总会有杂质。工业纯铁中常含有 0.1% ~ 0.2% 的杂质。这些杂质由碳、硅、锰、硫、磷、氮、氧等十几种元素所构成，其中碳占 0.006%~0.02%。工业上得到广泛应用的是铁和碳所组成的合金，铁碳合金中最基本的相是铁素体、奥氏体和渗碳体，另外还有珠光体、莱氏体。

1. 铁素体

碳在 α-Fe 中形成的间隙固溶体称为铁素体，用符号 F 表示。碳在 α-Fe 中的溶解度很低，在室温下仅溶碳 0.006%~0.008%，在 727 ℃时，溶碳量可达 0.021 8%。因此，铁素体的机械性能与纯铁相近，强度、硬度较低，但具有良好的塑性、韧性。

2. 奥氏体

碳在 γ-Fe 中形成的间隙固溶体称为奥氏体，用符号 A 表示。其溶碳能力比 α-Fe 也大，在 727 ℃时，溶碳量为 0.77%，到 1 148 ℃时可到最大溶碳量 2.11%。奥氏体无磁性，通常存在于高温（727 ℃以上）下，塑性好，变形抗力小，易于锻造成形。

3. 渗碳体

渗碳体是一种具有复杂晶体结构的间隙化合物，它的分子式为 Fe_3C，渗碳体既是组元，又是基本相。渗碳体的含碳量为 6.69%，没有同素异构转变，它的硬度很高，约为 800 HBW，塑性和冲击韧性很差（$\delta \approx 0$，$\alpha_k \approx 0$），渗碳体硬而脆，强度很低，但耐磨性好。如果它以细小片状或粒状分布在软的铁素体基体上时，起弥散强化作用，对钢的性能有很大影响。Fe_3C 是一种亚稳定的化合物，在一定温度下可分解为铁和石墨，即

$$Fe_3C \rightarrow 3Fe + C（石墨）$$

4. 珠光体

珠光体用符号 P 表示，它是铁素体与渗碳体薄层片相间的机械混合物。珠光体的平均含碳量为 0.77%，力学性能介于渗碳体和铁素体之间。它的强度和硬度较高（σ_b =770 MPa，180 HBS），具有一定的塑性和韧性（$\delta \approx 20\% \sim 35\%$，$\alpha_k \approx 24 \sim 32$ J），是一种综合力学性能较好的组织。

5. 莱氏体

莱氏体用符号 L_d 表示，是由奥氏体和渗碳体所组成的共晶体。莱氏体缓冷到 727 ℃时，其中的奥氏体将转变为珠光体，因此 727 ℃以下的莱氏体由珠光体和渗碳体组成，称为低温莱氏体，用符号 L'_d 表示。莱氏体因含有大量的渗碳体，力学性能与渗碳体相近。

二、铁碳合金相图

1. 简化的铁碳合金相图

铁碳合金相图是表示在极缓慢冷却（或加热）条件下，不同成分的铁碳合金在不同的温度下所具有的组织或状态的一种图形。当碳含量超过溶解度以后，剩余的碳在铁碳合金中可能有两种存在方式：渗碳体 Fe_3C 或石墨。碳含量高于 6.69% 的铁碳合金脆性极大，没有使用价值，所以我们只研究含碳量小于 6.69% 的部分。含碳量等于 6.69% 对应的正好全部是渗碳体，把它看作一个组元，实际上我们研究的铁碳合金相图是 $Fe-Fe_3C$ 相图。为了便于研究分析，将其简化，便得到了简化的 $Fe-Fe_3C$ 相图，如图 2.10 所示。

2. $Fe-Fe_3C$ 相图分析

$Fe-Fe_3C$ 相图中各特性点的温度、成分及其含义如表 2.2 所示。

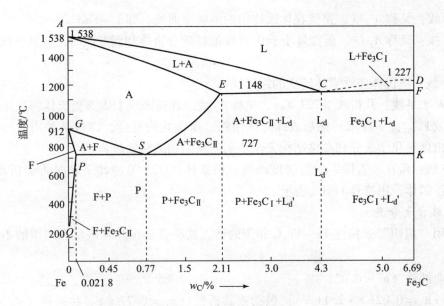

图 2.10 Fe–Fe$_3$C 简化相图

表 2.2 Fe–Fe$_3$C 相图中的各特性点的温度、成分及其含义

特性点符号	温度/℃	w_C/%	含 义
A	1 538	0	熔点：纯铁的熔点
C	1 148	4.3	共晶点：发生共晶转变 L$_{4.3}$→L$_d$（A$_{2.11\%}$ + Fe$_3$C 共晶）
D	1 227	6.69	熔点：渗碳体的熔点
E	1 148	2.11	碳在 γ–Fe 中的最大溶解度点
F	1 148	6.69	渗碳体的成分点
G	912	0	同素异构转变点
S	727	0.77	共析点：发生共析转变 A$_{0.77\%}$→P（F$_{0.0218\%}$ + Fe$_3$C 共析）
P	727	0.021 8	碳在 α–Fe 中的最大溶解度点
Q	室温	0.000 8	室温下碳在 α–Fe 中的溶解度

3. 主要特性线

①AC 线：液体向奥氏体转变的开始线，即 L→A。

②CD 线：液体向渗碳体转变的开始线，结晶出一次渗碳体，用 Fe$_3$C$_I$ 表示，即 L→Fe$_3$C$_I$。

ACD 线统称为液相线，在此线之上合金全部处于液相状态，用符号 L 表示。

③AE 线：液体向奥氏体转变的终了线。

④ECF 水平线：共晶线。

AECF 线统称为固相线，液体合金冷却至此线全部结晶为固体，此线以下为固相区。

⑤ES 线：又称 A_{cm} 线，是碳在奥氏体中的溶解度曲线，即 L→Fe_3C_{II}。

⑥GS 线：又称 A_3 线。碳含量小于 0.77% 的铁碳合金冷却到此线时，将从奥氏体中析出铁素体。

⑦GP 线：奥氏体向铁素体转变的终了线。

⑧PSK 水平线：共析线（727 ℃），又称 A_1 线。在这条线上固态奥氏体将发生共析转变 $A_{0.77\%}$→P（$F_{0.0218\%}$ + Fe_3C）而形成珠光体组织。所谓共析反应，即自某种均匀一致的固相中同时析出两种化学成分和晶格结构完全不同的新固相的转变过程。

⑨PQ 线：碳在铁素体中的溶解度曲线。铁素体从 723 ℃冷却下来时将会析出渗碳体，称为三次渗碳体，用符号 Fe_3C_{III} 表示。

4. 铁碳合金分类

如果用"组织"来描述 Fe – Fe_3C 相图的话，铁碳合金按其含碳量和组织的不同，分成下列三类：

①工业纯铁（w_C < 0.021 8%）；

②钢（w_C = 0.021 8 ~ 2.11%）；包括亚共析钢（w_C < 0.77%）、共析钢（w_C = 0.77%）和过共析钢（w_C > 0.77%）；

③白口铸铁（w_C = 2.11% ~ 6.69%）；包括亚共晶白口铸铁（w_C < 4.3%）、共晶白口铸铁（w_C = 4.3%）和过共晶白口铸铁（w_C > 4.3%）。

三、典型铁碳合金的结晶过程分析

1. 共析钢

如图 2.11 所示，过 w_C = 0.77% 的点作一条垂直于横轴的垂线 I，与相图分别交于 1、2、3 点，以这三点的温度为界分析其冷却过程，其结晶过程如图 2.12 所示。当金属液冷却到和 AC 线相交的 1 点时，开始从液相（L）中结晶出奥氏体（A），到 2 点时金属液相全部结晶为奥氏体；在 2 点到 3 点间，组织不发生变化，为单一奥氏体；当合金冷却到 3 点（727 ℃）时，奥氏体发生共析转变，析出铁素体和渗碳体，即珠光体，其共析转变式为

$$A_{0.77\%} \rightarrow P（F_{0.0218\%} + Fe_3C）$$

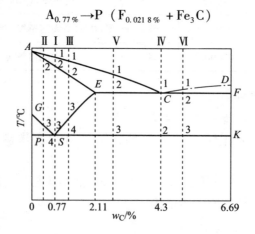

图 2.11 典型铁碳合金在 Fe – Fe_3C 相图中的位置

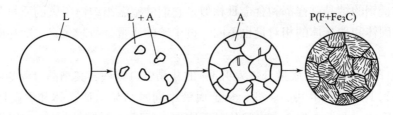

图 2.12 共析钢结晶过程示意

温度继续下降至室温，珠光体不再发生组织变化。所以，共析钢室温时的平衡组织为珠光体。

2. 亚共析钢

图 2.11 中合金 Ⅱ 是碳的质量分数为 0.45% 的亚共析钢，其结晶过程如图 2.13 所示。金属液在 3 点以上的冷却过程与共析钢在 3 点以上相似，组织为单相奥氏体，当冷却到与 GS 线相交的 3 点时，从奥氏体中开始析出铁素体。随着温度下降，析出的铁素体量增多，剩余的奥氏体量减小，而奥氏体的碳的质量分数沿 GS 线增加（图 2.11）。当温度降至与 PSK 线相交的 4 点时，奥氏体的碳的质量分数达到 0.77%，此时剩余奥氏体发生共析转变，转变成珠光体；4 点以下至室温，合金组织不再发生变化（图 2.11）。亚共析钢的室温组织由珠光体和铁素体组成，随碳的质量分数的增加，珠光体增多，铁素体量减少。

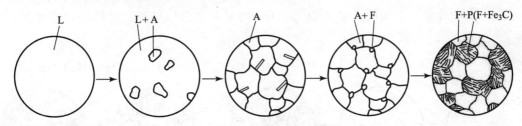

图 2.13 亚共析钢的结晶过程

3. 过共析钢

图 2.11 中合金 Ⅲ 是碳的质量分数为 1.2% 的过共析钢，其结晶过程如图 2.14 所示。金属液在 3 点以上的冷却过程与共析钢在 3 点以上相似，组织为单相奥氏体。当合金冷却到与 ES 线相交的 3 点时，奥氏体中的碳的质量分数达到饱和，继续冷却，析出二次渗碳体，在奥氏体晶界呈网状分布。继续冷却时，析出的二次渗碳体的数量增多，剩余奥氏体中的碳的质量分数降低。随着温度下降，奥氏体中的碳的质量分数沿 ES 线变化。从 4 点以下至室温，合金组织不再发生变化。最后得到珠光体和网状二次渗碳体组织。

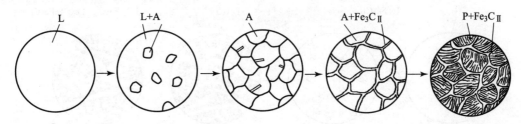

图 2.14 过共析钢的结晶过程

所有过共析钢的结晶过程都和合金Ⅲ相似，它们的室温组织由于碳的质量分数不同，组织中的二次渗碳体和珠光体的相对量也不同。钢中碳的质量分数越大，二次渗碳体也越多。

4. 共晶白口铸铁

图 2.11 中合金Ⅳ是碳的质量分数为 4.3% 的共晶白口铸铁，其结晶过程如图 2.15 所示。当金属液冷却到 1 点时发生共晶转变，从金属液中同时结晶出奥氏体和渗碳体的机械混合物，即高温莱氏体。在 1 点到 2 点之间从奥氏体中不断析出二次渗碳体，但因它混合于基体之中而无法分辨。当冷却到 2 点时，剩余的奥氏体在恒温下发生共析反应，转变成珠光体。因此，共晶白口铸铁的平衡组织是由珠光体和渗碳体组成的低温莱氏体。

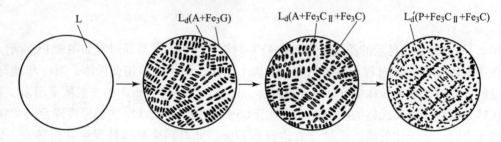

图 2.15 共晶白口铸铁的结晶过程

5. 亚共晶白口铸铁

图 2.11 中合金Ⅴ是碳的质量分数为 3.0% 的亚共晶白口铸铁，其结晶过程如图 2.16 所示。

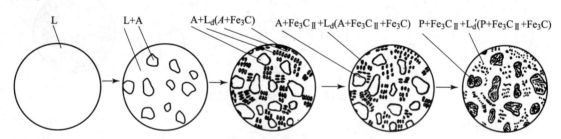

图 2.16 亚共晶白口铸铁的结晶过程

其常温组织为珠光体、二次渗碳体和低温莱氏体。

6. 过共晶白口铸铁

图 2.11 中合金Ⅵ为碳的质量分数为 5.0% 的过共晶白口铸铁，其结晶过程如图 2.17 所示。

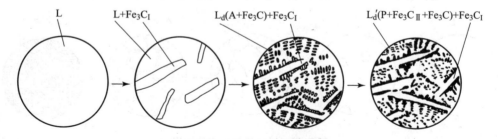

图 2.17 过共晶白口铸铁的结晶过程

其常温组织为一次渗碳体和低温莱氏体。

四、碳对碳钢组织和性能的影响

1. 含碳量对铁碳合金组织的影响

根据对铁碳合金相图的分析知道，铁碳合金在室温的组织是由铁素体和渗碳体两相组成。随着碳的质量分数的增加，铁素体的量逐渐减少，而渗碳体的量则有所增加。随着碳的质量分数的变化，不仅铁素体和渗碳体的相对量有变化，而且相互组合的形态也发生变化。随着 w_C 的增加，合金组织将按下列顺序发生变化：F→F + P→P→P + Fe_3C_{II}→P + Fe_3C_{II} + L'_d→L'_d→Fe_3C_I + L'_d。

2. 含碳量对铁碳合金力学性能的影响

铁素体是软、韧相，渗碳体是硬、脆相，当两者以层片状组成珠光体时，珠光体兼具两者的优点，即具有较高的硬度、强度和良好的塑性、韧性。

铁碳合金中渗碳体是强化相，对于以铁素体为基体的钢来讲，渗碳体的数量越多，分布越均匀，其强度越高。但若 Fe_3C 以网状分布于晶界上或呈粗大片状，尤其是作为基体时就使得铁碳合金的塑性、韧性大大下降，这就是过共析钢和白口铸铁脆性很高的原因。

碳对铁碳合金性能的影响，也是通过对组织的影响来实现的。铁碳合金组织的变化，必然引起性能的变化。图 2.18 所示为碳的质量分数对钢的力学性能的影响，由图可以知道，改变碳的质量分数可以在很大范围内改变钢的力学性能，随着含碳量的增加，强度、硬度增加，塑性、韧性降低。当含碳量大于 1.0% 时，由于网状渗碳体的出现，导致钢的强度下降。为了保证工业用钢具有足够的强度和适当的塑性、韧性，其含碳量一般不超过 1.3% ~ 1.4%。含碳量大于 2.11% 的铁碳合金，即白口铸铁，由于其组织中存在大量的渗碳体，具有很高的硬度和脆性，难以切削加工，所以除少数耐磨件以外很少应用。

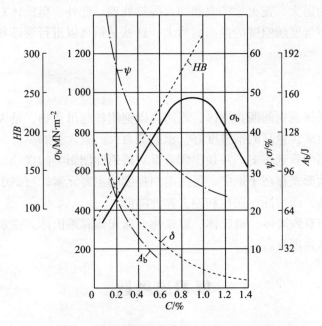

图 2.18 碳的质量分数对钢的力学性能的影响

五、Fe–Fe3C 相图在工业中的应用

Fe–Fe_3C 相图反映了铁碳合金组织和性能随成分的变化规律。这样就可以根据零件的工作条件和性能要求来合理地选择材料。若需要塑性、韧性好的材料，可选用低碳钢（w_C = 0.1% ~ 0.25%）；若希望强度和韧性都比较好，可选用中碳钢（w_C = 0.25% ~ 0.65%）；需要高的硬度和耐磨性，可选用高碳钢（w_C = 0.77% ~ 1.44%）。

1. 在铸造生产上的应用

由 Fe–Fe_3C 相图可知，共晶成分的铁碳合金熔点低，结晶温度范围最小，具有良好的铸造性能。因此，在铸造生产中选用接近共晶成分的铸铁。

2. 在锻压生产上的应用

钢在室温时组织为两相混合物，塑性较差，变形困难，而奥氏体的强度较低，塑性较好，便于塑性变形。因此在进行锻压和热轧加工时，要把坯料加热到奥氏体状态。加热温度不宜过高，以免钢材氧化烧损严重，但变形的终止温度也不宜过低，过低的温度除了增加能量的消耗和设备的负担外，还会因塑性的降低而导致开裂。所以，各种碳钢较合适的锻轧加热温度范围是：始锻轧温度为固相线以下 100 ℃ ~ 200 ℃；终锻轧温度为 750 ℃ ~ 850 ℃。对过共析钢，则选择在 PSK 线以上某一温度，以便打碎网状二次渗碳体。

3. 在焊接生产上的应用

焊接时，由于局部区域（焊缝）被快速加热，所以从焊缝到母材各区域的温度是不同的，由 Fe–Fe_3C 相图可知，温度不同，冷却后的组织性能就不同，为了获得均匀一致的组织和性能，就需要在焊接后采用热处理方法加以改善。

4. 在热处理方面的应用

由 Fe–Fe_3C 相图可知，铁碳合金在固态加热或冷却过程中均有相的变化，所以钢和铸铁可以进行有相变的退火、正火、淬火和回火等热处理。此外，奥氏体有溶解碳和其他合金元素的能力，而且溶解度随温度的提高而增大，这就是钢可以进行渗碳和其他化学热处理的缘故。

任务实施

人们之所以用低碳钢钢丝捆扎物体，而用高碳钢钢丝起吊重物，是因为碳含量低的钢塑性好，易于实现，而碳含量高的钢强度好，承载能力大。碳含量的高低会影响钢的性能，这可以从铁碳合金相图中找到答案，并找出碳含量对碳钢性能影响的规律。

碳主要以碳化物形式存在于钢中，是决定钢强度的主要元素，当钢中碳含量升高时，其硬度、强度均有提高，而塑性、韧性和冲击韧性降低。

铁碳合金的组织有铁素体、奥氏体、渗碳体、珠光体和莱氏体。铁素体塑性最好、渗碳体硬度最高、珠光体强度最高。

复习思考题

一、填空题

1. 金属的晶格类型很多，但绝大多数的金属属于_____晶格、_____晶格和

_____晶格三种典型的晶体结构。

2. 实际金属晶体中存在_____、_____原子、_____、亚晶界及晶界等结构的缺陷，造成晶体结构发生_____畸变，从而引起金属材料宏观上的塑性变形抗力，增大提高金属的强度。

3. 金属结晶时过冷度的大小与冷却速度有关，冷却速度越_____，金属的实际结晶温度越_____，过冷度也就越_____。

4. 在固溶体中，保持原有晶格的组元称为_____，而晶格结构消失的组元称为_____。

5. 固溶体中溶入的溶质原子量越_____，晶格畸变越_____，固溶强化的作用就越_____。

6. 金属材料由液态变成固态的凝固（结晶）过程，是原子由_____排列的液态逐步过渡到原子_____排列的固态的过程。

7. 在室温下，金属的晶粒越_____，强度和韧度越_____。

8. 当晶格常数_____，晶轴间夹角_____时，称这种晶胞为立方体晶胞。

9. 当多相合金中含有适量的金属化合物时，合金的_____、_____和_____性能明显提高。

10. 金属发生同素异构转变与液态金属的结晶过程有相似之处：有一定的_____温度；转变时有_____现象；放出和吸收潜热；转变过程也是一个_____和_____长大的过程。

二、判断题

1. 晶体具有固定的熔点和各向异性的特征。（　　）
2. 固溶体的晶格依然保持溶质的晶格类型。（　　）
3. 间隙固溶体既是有限固溶体也是无限固溶体。（　　）
4. 理论结晶温度和实际结晶温度之和称为过冷度。（　　）
5. 在一定的温度和压力条件下，溶质在溶剂中的溶解度主要取决于溶质与溶剂的原子半径、电化学性能以及晶格类型等因素的综合作用。（　　）
6. 固溶强化是提高金属材料机械性能的重要途径之一。（　　）
7. 机械混合物的强度、硬度比单一固溶体组织高，塑性、韧性不如单一固溶体。（　　）
8. 液态纯铁在1 538 ℃进行结晶时，是具有面心立方晶格的 $\delta-Fe$。（　　）
9. 纯金属的结晶过程是一个恒温过程。（　　）
10. 金属在液态下随着温度的改变，由一种晶格转变为另一种晶格的现象，称为同素异构转变。（　　）

三、简答题

1. 常见的金属晶格有哪几种？绘图说明其特征。
2. 金属的实际晶体中有哪些缺陷？它们对金属性能有何影响？
3. 什么叫过冷度？它对金属晶粒的大小及力学性能有何影响？
4. 晶粒大小对金属力学性能有何影响？细化晶粒的方法有哪些？
5. 如果其他条件相同，试比较在下列铸造条件下，铸件晶粒的大小。

（1）金属模浇注与砂模浇注；

（2）浇注时采用振动与不振动；

（3）向液态金属加入少量微粒物质与不加物质。

四、名词解释

晶体　非晶体　晶格　晶胞　晶粒　晶界　单晶体　多晶体　过冷度　同素异构转变

五、根据下表所列要求，归纳对比铁素体、奥氏体、渗碳体、珠光体、莱氏体的特点。

名称	晶体结构的特征	采用符号	含碳量/%	机械性能	其他
铁素体					
奥氏体					
渗碳体					
珠光体					
莱氏体					

项目三　钢的热处理

项目引入

齿轮（图3.1）是依靠齿的啮合传递扭矩的轮状机械零件，可实现改变转速与扭矩、改变运动方向和改变运动形式等功能。齿轮的材料选定以后还需要进行恰当的热处理来提高材料的使用性能，改善材料的工艺性能，提高加工质量，减少刀具的磨损，延长零件的使用寿命。

图3.1　齿轮

项目分析

钢的性能不仅取决于它的化学成分，还取决于钢的内部组织结构（金相组织）。为了提高钢材的使用性能，通常采用两种办法：一是调整钢的化学成分，特别是加入某些合金元素，即采用合金化的方法；二是进行钢的热处理。对钢材进行正确的热处理，能提高钢材的性能，使它能够在各种不同的条件下使用。事实上，绝大多数机械零部件都是经过了热处理这一工艺过程的。

本项目主要学习：

钢的热处理的基本概念、钢在加热和冷却时的组织转变、钢的普通热处理、钢的表面热处理、零件常见热处理缺陷分析及预防措施、热处理新技术。

1. 知识目标

◆ 掌握钢的热处理的常见方法，熟悉钢在加热和冷却时组织的转变。

◆ 熟悉钢的普通热处理工艺和特点，理解淬透性与淬硬性的概念。

◆ 熟悉钢表面淬火的目的、方法、工艺特点、适用场合以及钢表面化学热处理的目的和方法。

◆ 掌握常见热处理缺陷、产生原因及预防措施。

◆ 熟悉常用的热处理新技术。

2. 能力目标

◆ 能够根据材料的使用性能，正确选用常规热处理方法，并能确定其工序位置。

◆ 能够分析热处理缺陷产生的原因并确定其预防措施。

3. 工作任务

任务 3-1　钢的热处理的认知

任务 3-2　钢的普通热处理

任务 3-3　钢的表面热处理

任务 3-4　零件常见热处理缺陷分析及预防措施

任务 3-1　钢的热处理的认知

任务引入

对钢进行正确的热处理，能提高钢材的性能，使它能够在各种不同的条件下使用。那么，钢的热处理方法有哪些？在加热和冷却过程中钢的组织会发生怎样的变化？

任务目标

掌握钢的热处理的常见方法，熟悉钢在加热和冷却过程中组织产生的变化。

相关知识

一、钢的热处理的基本概念

钢的热处理是指将钢在固态下进行加热、保温和冷却，以改变其内部组织，从而获得所需要性能的一种工艺方法。热处理工艺方法较多，但其过程都是由加热、保温和冷却三个阶段组成。钢的热处理工艺曲线如图3.2所示。

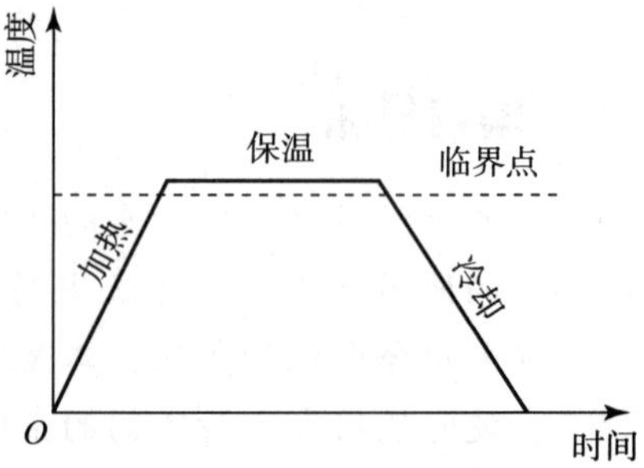

根据加热和冷却方法不同，将钢的常用热处理分类如下：

热处理 { 整体热处理：退火、正火、淬火、回火
　　　　 表面热处理：表面淬火
　　　　 化学热处理：渗碳、渗氮、碳氮共渗

图 3.2　钢的热处理工艺曲线

二、钢在加热和冷却时的组织转变

金属或合金在加热和冷却过程中，发生相变的温度称为相变点或临界点。Fe-Fe₃C 相图相变点 A_1、A_3、A_{cm} 是碳钢在极缓慢加热或冷却情况下测定的。但在实际生产中，加热和冷却并不是极其缓慢的，因此，钢的实际相变点都会偏离平衡相变点，即：加热转变相变点在平衡相变点上，而冷却转变相变点在平衡相变点以下。随着加热和冷却速度的增加，相变

点的偏离将逐渐增大。通常把实际加热温度标为 Ac_1、Ac_3、Ac_{cm}，实际冷却温度标为 Ar_1、Ar_3、Ar_{cm}，如图 3.3 所示。

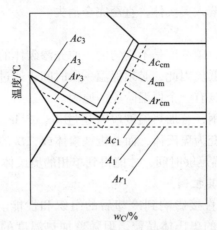

图 3.3　Fe – Fe₃C 相图上各相变点的位置

（一）钢在加热时的转变

钢加热到 Ac_1 点以上时会发生珠光体向奥氏体的转变，加热到 Ac_3 和 Ac_{cm} 以上时，便全部转变为奥氏体，这种加热转变过程称为钢的奥氏体化。

1. 奥氏体的形成过程

共析钢在室温下的组织为单一的珠光体，珠光体转变为奥氏体是一个结晶过程。它包括晶核的形成和晶核的长大。由于珠光体是铁素体和渗碳体的机械混合物，铁素体与渗碳体的晶胞类型不同，含碳量差别很大，转变为奥氏体必须进行晶胞的改组和铁碳原子的扩散。下面以共析钢为例说明奥氏体化大致的四个过程，如图 3.4 所示。

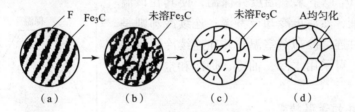

图 3.4　奥氏体的形成过程
（a）奥氏体形核；（b）奥氏体长大；（c）残余 A 溶解；（d）奥氏体均匀化

（1）奥氏体晶核的形成

奥氏体的晶核首先在铁素体和渗碳体的相界面上形成。由于界面上的碳浓度处于中间值，原子排列也不规则，原子由于偏离平衡位置处于畸变状态而具有较高的能量。同时位错和空间密度较高的铁素体和渗碳体的交接处在浓度结构和能量上为奥氏体形核提供了有利条件。

（2）奥氏体晶核的长大与渗碳体的溶解

奥氏体一旦形成，便通过原子扩散不断长大。在与铁素体接触的方向上，铁素体逐渐通过改组晶胞向奥氏体转化；在与渗碳体接触的方向上，渗碳体不断溶入奥氏体。

（3）残余渗碳体溶解

由于铁素体的晶格类型和含碳量的差别都不大,因而铁素体向奥氏体的转变总是先完成。当珠光体中的铁素体全部转变为奥氏体后,仍有少量的渗碳体尚未溶解。随着保温时间的延长,这部分渗碳体不断溶入奥氏体,直至完全消失。

(4) 奥氏体均匀化

刚形成的奥氏体晶粒中,碳浓度是不均匀的。原先渗碳体的位置,碳浓度较高;原先属于铁素体的位置,碳浓度较低。因此,必须保温一段时间,通过碳原子的扩散获得成分均匀的奥氏体。这就是热处理应该有一个保温阶段的原因。

对于亚共析钢与过共析钢,若加热温度没有超过 Ac_3 或 Ac_{cm},而在稍高于 Ac_1 停留,只能使原始组织中的珠光体转变为奥氏体,而共析铁素体或二次渗碳体仍将保留。只有进一步加热至 Ac_3 或 Ac_{cm} 以上并保温足够时间,才能得到单相的奥氏体。

2. 奥氏体晶粒的长大及其控制

钢中奥氏体晶粒的大小直接影响到冷却后的组织和性能。在珠光体刚转变为奥氏体时,大量的晶核造就了细小的奥氏体晶粒。但随着加热温度的升高或者保温时间的延长,将会促使奥氏体晶粒粗化。奥氏体晶粒粗化后,热处理后钢的晶粒就粗大,会降低钢的力学性能。

在工程实际中,常从加热温度、保温时间和加热速度等几方面来控制奥氏体晶粒的大小。在加热温度相同时,加热速度越快,保温时间越短,奥氏体晶粒越小。因而利用快速加热、短时保温来获得细小的奥氏体晶粒。

(二) 钢在冷却时的组织转变

冷却是热处理的重要工序,钢的常温性能与冷却后的组织直接有关。钢在不同的过冷度下转变为不同的组织,包括平衡组织和非平衡组织。

热处理冷却方式通常有两种,即等温冷却和连续冷却,所谓等温转变是指将奥氏体化的钢件迅速冷却至 Ar_1 以下某一温度并保温,使其在该温度下发生组织转变,然后再冷却至室温;连续冷却则是将奥氏体化的钢件连续冷却至室温,并在连续冷却过程中发生组织转变,可采用水冷、油冷、炉冷和空冷,如图 3.5 所示。

1. 过冷奥氏体的等温转变

钢的冷却组织转变实质上是过冷奥氏体的冷却转变,所谓"过冷奥氏体"是指在相变温度 A_1 以下,未发生转变而处于不稳定状态的奥氏体 (A')。在不同的过冷度下,反映过冷奥氏体转变产物与时间关系曲线称

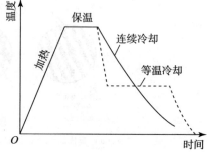

图 3.5 钢的两种冷却方式示意

为过冷奥氏体等温转变曲线。由于曲线形状像字母 C,故又称为 C 曲线,如图 3.6 所示。

共析钢过冷奥氏体在 Ar_1 线以下不同温度会发生三种不同的转变,即珠光体转变、贝氏体转变和马氏体转变。

(1) 珠光体转变

共析成分的奥氏体过冷到 $Ar_1 \sim 550 ℃$ 高温区等温停留时,将发生共析转变,转变产物为珠光体型组织,都是由铁素体和渗碳体的层片组成的机械混合物。由于过冷奥氏体向珠光

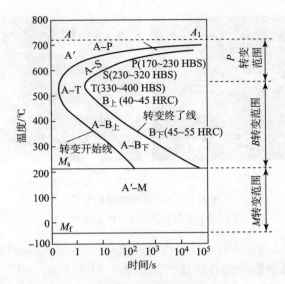

图 3.6 共析钢奥氏体等温转变曲线

体转变温度不同,珠光体中铁素体和渗碳体片厚度也不同。在 Ar_1 ~ 650 ℃,片间距较大(层片间距约为 0.3 μm),称为珠光体(P);在 650 ℃ ~ 600 ℃,片间距较小,称为索氏体(S);在 600 ℃ ~ 550 ℃,片间距很小,称为托氏体(T)。

显然,温度越低,珠光体的层片越细,片间距也就越小,珠光体组织中的片间距越小,相界面越多,强度和硬度越高;同时由于渗碳体变薄,使得塑性和韧性也有所改善。

(2)贝氏体转变(中温转变)

共析成分的奥氏体过冷到 550 ℃ ~ M_s(240 ℃)的中温区停留时,将发生过冷奥氏体向贝氏体的转变,形成贝氏体(B)。由于过冷度较大,转变温度较低,贝氏体转变时只发生碳原子的扩散而不发生铁原子的扩散。因而,贝氏体是由含过饱和碳的铁素体和碳化物组成的两相混合物。

按组织形态和转变温度,可将贝氏体组织分为上贝氏体($B_上$)和下贝氏体($B_下$)两种。上贝氏体是在 550 ℃ ~ 350 ℃ 形成的,由于其脆性较高,基本无实用价值,这里不予讨论;下贝氏体是在 350 ℃ ~ M_s 点温度范围内形成的。它由含过饱和的细小针片状铁素体和铁素体片内弥散分布的碳化物组成,硬度为 48 ~ 55 HRC,它具有较高的强度和硬度、塑性和韧性。在实际生产中常采用等温淬火来获得下贝氏体。

(3)马氏体转变

当过冷奥氏体被快速冷却到 M_s 点以下时,便发生马氏体转变,形成马氏体(M),它是奥氏体冷却转变最重要的产物。奥氏体为面心立方晶体结构,当过冷至 M_s 以下时,其晶体结构将转变为体心立方晶体结构,由于转变温度较低,原奥氏体中溶解的过多碳原子没有能力进行扩散,致使所有溶解在原奥氏体中的碳原子难以析出,从而使晶格发生畸变,含碳量越高,畸变越大,内应力也越大。马氏体实质上就是碳溶于 α-Fe 中过饱和间隙固溶体。

马氏体的强度和硬度主要取决于马氏体的碳含量。当 w_C 低于 0.2% 时,可获得呈一束束尺寸大体相同的平行条状的马氏体,称为板条状马氏体,如图 3.7(a)所示。

(a) (b)

图 3.7 马氏体显微组织示意

(a) 板条状马氏体；(b) 针片状马氏体

当钢的组织为板条状马氏体时，具有较高的硬度和强度、较好的塑性和韧性。当马氏体中 w_C 大于 0.6% 时，得到针片状马氏体，如图 3.7 (b) 所示。片状马氏体具有很高的硬度，但塑性和韧性很差，脆性大。当 w_C 在 0.2%～0.6% 时，低温转变得到板条状马氏体与针状马氏体混合组织。随着碳含量的增加，板条状马氏体量减少而针片状马氏体量增加。与前两种转变不同的是，马氏体转变不是等温转变，而是在一定温度范围内（M_s～M_f）快速连续冷却完成的转变。随温度降低，马氏体量不断增加。而实际进行马氏体转变的淬火处理时，冷却只进行到室温，这时奥氏体不能全部转变为马氏体，还有少量的奥氏体未发生转变而残余下来，称为残余奥氏体。过多的残余奥氏体会降低钢的强度、硬度和耐磨性，而且因残余奥氏体为不稳定组织，在钢件使用过程中易发生转变而导致工件产生内应力，引起变形、尺寸变化，从而降低工件精度。因此，生产中常对硬度要求高或精度要求高的工件，淬火后迅速将其置于接近 M_f 的温度下，促使残余奥氏体进一步转变成马氏体，这一工艺过程称为"冷处理"。

亚共析钢和过共析钢过冷奥氏体的等温转变曲线与共析钢的奥氏体等温转变曲线相比，它们的 C 曲线分别多出一条先共析铁素体析出线或先共析渗碳体析出线。

通常，亚共析钢的 C 曲线随着含碳量的增加而向右移，过共析钢的 C 曲线随着含碳量的增加而向左移。故在碳钢中，共析钢的 C 曲线最靠右，其过冷奥氏体最稳定。

2. 过冷奥氏体连续冷却转变

在实际生产中，奥氏体的转变大多是在连续冷却过程中进行，故有必要对过冷奥氏体的连续冷却转变曲线有所了解。它也是由实验方法测定的，它与等温转变曲线的区别在于连续冷却转变曲线位于曲线的右下侧，且没有 C 曲线的下部分，即共析钢在连续冷却转变时，得不到贝氏体组织。这是因为共析钢贝氏体转变的孕育期很长，当过冷奥氏体连续冷却，通过贝氏体转变区内尚未发生转变时就已过冷到 M_s 点而发生马氏体转变，所以不出现贝氏体转变。连续冷却转变曲线又称 CCT 图，如图 3.8 所示。

图 3.8 中 P_s 和 P_f 表示 A→P 的开始线和终了线，K

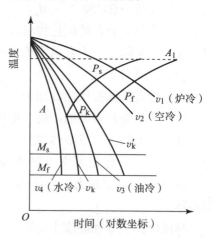

图 3.8 共析钢的连续冷却转变曲线

线表示 A→P 的终止线，若冷却曲线碰到 K 线，这时 A→P 转变停止，继续冷却时奥氏体一直保持到 M_s 点温度以下转变为马氏体。v_k 称为临界冷却速度，也称为上临界冷却速度，它是获得全部马氏体组织的最小冷却速度。v_k 越小，钢在淬火时越容易获得马氏体组织，即钢接受淬火的能力越大。v'_k 为下临界冷却速度，是保证奥氏体全部转变为珠光体的最大冷却速度。v'_k 越小，则退火速度所需时间越长。

任务实施

根据加热、冷却方式的不同及组织、性能变化特点的不同，钢的热处理方法可分为三大类：整体热处理（退火、正火、淬火、回火），表面热处理（表面淬火），化学热处理（渗碳、渗氮、碳氮共渗等）。

钢的热处理，就是把钢在固态下进行加热、保温、冷却，使钢的内部组织结构发生变化，以获得所需要的组织与性能。钢的最终性能取决于钢在冷却转变后的组织，奥氏体化后的组织在不同的条件下冷却可得到不同的组织和性能。

任务 3-2　钢的普通热处理

任务引入

成分相同的两根钢丝经相同温度加热，放在水中冷却的一根硬而脆、很容易折断，放在空气中冷却的一根较软、有较好的塑性，可以卷成圆圈而不断裂。为什么？

任务目标

熟悉钢的普通热处理工艺和特点，理解淬透性与淬硬性的概念。能够根据材料的使用性能，正确选用常规热处理方法，并能确定其工序位置。

相关知识

普通热处理是将工件整体进行加热、保温和冷却，以使其获得均匀的组织和性能的一种操作。它包括退火、正火、淬火和回火。

一、钢的退火

钢的退火是将工件加热到临界点以上或在临界点以下某一温度保温一定时间后，以十分缓慢的冷却速度（一般随炉冷却）进行冷却的一种操作。其目的是消除钢的内应力、降低硬度、提高塑性、细化组织及均匀化学成分，以利于后续加工，并为最终热处理做好组织准备。根据成分、组织状态和退火目的的不同，退火工艺可分为完全退火、等温退火、球化退火、去应力退火等。

1. **完全退火和等温退火**

完全退火是指将工件加热到 Ac_3 以上 30 ℃ ~ 50 ℃，保温一定时间后，随炉缓慢冷却到 500 ℃ 以下，然后在空气中冷却。其用于亚共析钢成分的碳钢和合金钢的铸件、锻件及热轧型材，有时也用于焊接结构。

完全退火的目的是细化晶粒，降低钢的硬度，改善其切削加工性能。但这种工艺过程比较费时，为克服这一缺点，产生了等温退火工艺。

等温退火是指将工件加热到 Ac_3 以上 30 ℃~50 ℃，保温一定时间后，先以较快的冷却速度冷到珠光体的形成温度等温，待等温转变结束再快冷。这样就可大大缩短退火的时间。

2. 球化退火

球化退火是指将钢件加热到 Ac_1 以上 30 ℃~50 ℃，保温一定时间后，随炉缓慢冷却至 600 ℃后出炉空冷。其可缩短退火时间，生产上常采用等温球化退火，它的加热工艺与普通球化退火相同，只是冷却方法不同。等温的温度和时间根据硬度要求，利用 C 曲线确定。

球化退火主要用于共析或过共析成分的碳钢及合金钢。其目的在于降低钢的硬度，改善其切削加工性，并为以后淬火做准备。

球化退火的实质是使层状渗碳体和网状渗碳体变为球状渗碳体。球化退火后的组织是由铁素体和球状渗碳体组成的球状珠光体。

3. 去应力退火（低温退火）

去应力退火是指将工件随炉缓慢加热（100 ℃~150 ℃/h）至 500 ℃~650 ℃（A_1 以下），保温一段时间后随炉缓慢冷却（50 ℃~100 ℃/h），至 200 ℃出炉空冷。

去应力退火主要用于消除铸件、锻件、焊接件、冷冲压件（或冷拔件）及机加工的残余内应力。这些应力若不消除，会导致随后的切削加工或使用中的变形开裂，降低机器的精度，甚至会发生事故。在去应力退火中不发生组织转变。

二、钢的正火

将工件加热到 Ac_3 或 Ac_{cm} 以上 30 ℃~50 ℃，保温后从炉中取出在静止的空气中冷却的热处理工艺称为正火。

正火与退火的区别是冷速快，组织细，强度和硬度有所提高。当钢件尺寸较小时，正火后组织为 S，而退火后组织为 P。钢的退火与正火工艺曲线如图 3.9 和图 3.10 所示。

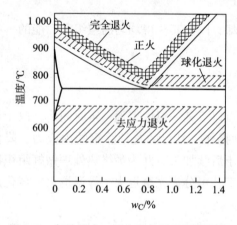

图 3.9　各种退火、正火加热温度范围示意

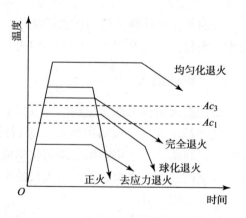

图 3.10　各种退火、正火的工艺曲线示意

正火的应用：

①用于普通结构零件，作为最终热处理，细化晶粒以提高机械性能。
②用于低、中碳钢，作为预先热处理，以得到合适的硬度，便于切削加工。
③用于过共析钢，消除网状Fe_3C_{II}，有利于球化退火的进行。

三、钢的淬火

1. 淬火的目的

淬火是指将钢件加热到Ac_3或Ac_1以上30 ℃~50 ℃，保温一定时间，然后以大于临界冷却速度冷却（一般为油冷或水冷），从而得到马氏体的一种操作。淬火的目的是获得马氏体。但淬火必须与回火相配合，否则淬火后得到了高硬度、高强度，但韧性、塑性低，不能得到优良的综合机械性能。

2. 钢的淬火工艺

淬火是一种复杂的热处理工艺，是决定产品质量的关键工序之一（淬火后要得到细小的马氏体组织，又不至于产生严重的变形和开裂），必须根据钢的成分和零件的大小、形状等，结合C曲线合理地确定淬火加热和冷却方法。

（1）淬火加热温度的选择

马氏体晶粒大小取决于奥氏体晶粒大小。为了使淬火后得到细小而均匀的马氏体，首先要在淬火加热时得到细而均匀的奥氏体。因此，加热温度不宜太高，只能在临界点以上30 ℃~50 ℃。碳钢的淬火加热温度范围如图3.11所示。

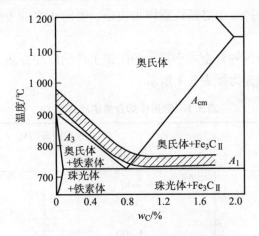

图3.11 碳钢的淬火加热温度范围

对于亚共析钢：Ac_3 + (30 ℃~50 ℃)，淬火后的组织为均匀而细小的马氏体。对于过共析钢：Ac_1 + (30 ℃~50 ℃)，淬火后的组织为均匀而细小的马氏体和颗粒状渗碳体及残余奥氏体的混合组织。如果加热温度过高，渗碳体溶解过多，奥氏体晶粒粗大，会使淬火组织中马氏体针变粗，渗碳体量减少，残余奥氏体量增多，从而降低钢的硬度和耐磨性。

（2）淬火冷却介质

淬火冷却速度是决定淬火质量的关键，淬火冷却速度必须大于临界冷却速度v_k才能获得理想的淬火组织。但淬火冷却速度太快必然产生很大的淬火内应力，为获得良好的淬火效果，应选择合理的冷却介质，以达到合理的冷却速度。最常用的冷却介质是水、盐水和油。

①水。水是应用最为广泛的淬火介质,其来源广、价格低、成分稳定而不易变质,具有较强的冷却能力。但它的冷却特性并不理想,在需要快冷的650 ℃~500 ℃,它的冷却速度较小;而在300 ℃~200 ℃需要慢冷时,它的冷却速度比要求的大,这样易使零件产生变形甚至开裂,因此有一定的局限性,所以只能用作尺寸较小、形状简单的碳钢零件的淬火介质。

②盐水。为提高水的冷却能力,可在水中加入5%~15%的食盐,成为盐水溶液。在650 ℃~500 ℃,其冷却能力比清水提高近1倍,这对于保证碳钢件的淬硬非常有利。用盐水淬火的工件,容易得到高的硬度和光洁的表面,不易产生淬不硬的软点,这是盐水相比清水的优点。但是盐水在300 ℃~200 ℃,冷速仍像清水一样快,使工件易产生变形,甚至开裂。生产上为防止这种变形和开裂,采用先盐水快冷,在M_s点附近再转入冷却速度较慢的介质中缓冷。所以盐水主要用于形状简单、硬度要求高而均匀、表面要求光洁、变形要求不严格的碳钢零件的淬火,如螺钉、销、垫圈等。

③油。一般采用矿物油,如机油、变压器油和柴油等。机油一般采用10号、20号、30号机油,油号越大,黏度越大,闪点越高,冷却能力越低,使用温度相应提高。

油的冷却能力比水弱,不论是650 ℃~550 ℃还是300 ℃~200 ℃都比水的冷却能力小很多。油的优点是在300 ℃~200 ℃的马氏体形成区冷却速度很慢,不易淬裂;并且它的冷却能力很少受油温升高的影响,平常在20 ℃~80 ℃均可使用。油的缺点是在650 ℃~550 ℃的高温区冷却速度慢,使某些钢不易淬硬,并且油在多次使用后,还会因氧化而变稠,失去淬火能力。因此,在工作过程中必须注意淬火安全,要防止热油飞溅,还需防止油燃烧引起火灾。

油被广泛地用来作为各种合金或小尺寸的碳钢工件的冷却介质。

常用冷却介质的冷却能力如表3.1所示。

表3.1 常用冷却介质的冷却能力

冷却介质	冷却速度/(℃·s^{-1})	
	在650 ℃~550 ℃区间	在300 ℃~200 ℃区间
水(18 ℃)	600	270
水(50 ℃)	100	270
水(74 ℃)	30	200
10% NaOH水溶液(18 ℃)	1 200	300
10% NaCl水溶液(18 ℃)	1 100	300
50 ℃矿物油	150	30

④其他淬火介质。

除水、盐水和油外,生产中还用硝盐浴或碱浴作为淬火冷却介质。

在高温区域,碱浴的冷却能力比油强而比水弱,硝盐浴的冷却能力比油略弱。在低温区域,碱浴和硝盐浴的冷却能力都比油弱,并且碱浴和硝盐浴具有流动性好,淬火变形小等优点,因此这类介质广泛应用于截面不大、形状复杂、变形要求严格的碳素工具钢、合金工具钢等工件,作为分级淬火或等温淬火的冷却介质。由于碱浴蒸气有较大的刺激性,劳动条件差,所以在生产中使用得不如硝盐浴广泛。

（3）淬火方法

为了使工件淬火成马氏体并防止变形和开裂，单纯依靠选择淬火介质是不行的，还必须采取正确的淬火方法。最常用的淬火方法有如下四种（图3.12）：

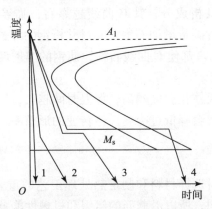

图3.12　各种淬火方法示意
1—单液淬火法；2—双液淬火法；3—分级淬火法；4—等温淬火法

①单液淬火法（单介质淬火）。指将加热的工件放入一种淬火介质中一直冷却到室温。这种方法操作简单，容易实现机械化、自动化，如碳钢在水中淬火，合金钢在油中淬火。但其缺点是不符合理想淬火冷却速度的要求，水淬容易产生变形和裂纹，油淬容易产生硬度不足或硬度不均匀等现象。

②双液淬火法（双介质淬火）。指将加热的工件先在快速冷却的介质中冷却到接近马氏体转变温度M_s时，立即转入另一种缓慢冷却的介质中冷却至室温，以降低马氏体转变时的应力，防止变形开裂。如形状复杂的碳钢工件常采用水淬油冷的方法，即先在水中冷却到300 ℃、后在油中冷却；而合金钢则采用油淬空冷，即先在油中冷却、后在空气中冷却。

③分级淬火法。指将加热的工件先放入温度稍高于M_s的盐浴或碱浴中，保温2~5 min，使零件内外的温度均匀后，立即取出在空气中冷却。这种方法可以减少工件内外的温差和减慢马氏体转变时的冷却速度，从而有效地减少内应力，防止产生变形和开裂。但由于盐浴或碱浴的冷却能力低，只能适用于零件尺寸较小，要求变形小，尺寸精度高的工件，如模具、刀具等。

④等温淬火法。指将加热的工件放入温度稍高于M_s的盐浴或碱浴中，保温足够长的时间以使其完成B转变，等温淬火后获得$B_下$组织。下贝氏体与回火马氏体相比，在含碳量相近，硬度相当的情况下，前者比后者具有较高的塑性与韧性，而且等温淬火后一般不需进行回火，适用于尺寸较小，形状复杂，要求变形小，具有高硬度和强韧性的工具、模具等。

3. 钢的淬透性

（1）淬透性和淬硬性的概念

所谓淬透性是指钢在淬火时获得淬硬层的能力。淬硬层一般规定为工件表面至半马氏体（马氏体量占50%）之间的区域，它的深度叫淬硬层深度。不同的钢在同样的条件下淬硬层深度不同，说明不同的钢淬透性不同，淬硬层较深的钢淬透性较好。

淬硬性是指钢以大于临界冷却速度冷却时，获得的马氏体组织所能达到的最高硬度。钢的淬硬性主要取决于马氏体的含碳量，即取决于淬火前奥氏体的含碳量。淬透性好，淬硬性不一定好；同样，淬硬性好，淬透性亦不一定好。

（2）影响淬透性的因素

①化学成分。C 曲线距纵坐标越远，淬火的临界冷却速度越小，则钢的淬透性越好。对于碳钢，钢中含碳量越接近共析成分，其 C 曲线越靠右，临界冷却速度越小，则淬透性越好，即亚共析钢的淬透性随含碳量增加而增大，过共析钢的淬透性随含碳量增加而减小。除 Co 和 Al 以外的大多数合金元素都使 C 曲线右移，使钢的淬透性增加，因此合金钢的淬透性比碳钢好。

②奥氏体化的条件。奥氏体化温度越高，保温时间越长，所形成的奥氏体晶粒也就越粗大，使晶界面积减少，这样就会降低过冷奥氏体转变的形核率，不利于奥氏体的分解，使其稳定性增大，淬透性增加。

（3）淬透性的应用

淬透性是机械零件设计时选择材料和制定热处理工艺的重要依据。钢材淬透性不同的，淬火后得到的淬硬层深度不同，所以沿截面的组织和机械性能差别很大。机械制造中截面较大或形状较复杂的重要零件，以及应力状态较复杂的螺栓、连杆等零件，要求截面机械性能均匀，应选用淬透性较好的钢材。受弯曲和扭转力的轴类零件，截面上的应力分布不均匀，其外层受力较大，芯部受力较小，可考虑选用淬透性较低的、淬硬层较浅（如为直径的 1/3 ~ 1/2）的钢材。有些工件（如焊接件）不能选用淬透性高的钢件，否则容易在焊缝热影响区内出现淬火组织，造成焊缝变形和开裂。

四、钢的回火

1. 钢的回火及回火的目的

工件淬火后通常获得马氏体加残余奥氏体组织，这种组织不稳定，存在很大的内应力，因此必须回火。

回火是指将淬火钢重新加热到 A_1 点以下的某一温度，保温一定时间后，冷却到室温的一种操作。

回火的目的是降低淬火钢的脆性，减少或消除内应力，使组织趋于稳定并获得所需要的性能。

2. 淬火钢在回火时组织和性能的变化

淬火钢在回火过程中，随着加热温度的提高，原子活动能力增大，其组织相应发生以下四个阶段性的转变：

①第一阶段（室温~250 ℃）：马氏体开始分解。

在这一温度范围内回火时，由淬火马氏体中析出薄片状细小的碳化物，使马氏体中碳的过饱和度降低。通常把这种马氏体和细小碳化物的组织称为回火马氏体 [图 3.13（a）]。

②第二阶段（230 ℃ ~ 280 ℃）：残余奥氏体分解。

在马氏体分解的同时，降低了残余奥氏体的压力，使其转变为下贝氏体。此阶段转变后的组织是下贝氏体和回火马氏体，也称为回火马氏体。

③第三阶段（260 ℃ ~ 360 ℃）：马氏体分解完成和渗碳体的形成。

这一阶段马氏体继续分解，直到过饱和的碳原子几乎全部由固溶体内析出。与此同时，细小碳化物转变成极细的稳定的渗碳体。此阶段后的回火组织为尚未结晶的针状铁素体和细

(a)　　　　　　　　　(b)　　　　　　　　　(c)

图 3.13　钢的回火组织
(a) 回火马氏体；(b) 回火托氏体；(c) 回火索氏体

球状渗碳体的混合组织，称为回火托氏体 [图 3.13 (b)]。

④第四阶段（400 ℃ 以上）：α 固溶体的恢复与再结晶和渗碳体的聚集长大。

回火温度超过 400 ℃ 时，具有平衡浓度的 α 相开始恢复，500 ℃ 以上时发生再结晶，从针叶状转变为多边形的粒状，在这一恢复再结晶的过程中，粒状渗碳体聚集长大成球状，即在 500 ℃ 以上（500 ℃ ~ 650 ℃）得到粒状铁素体和球状渗碳体的混合组织，称为回火索氏体 [图 3.13 (c)]。

3. 回火的方法及应用

钢的回火按回火温度范围可分为以下三种：

（1）低温回火

低温回火的温度范围为 150 ℃ ~ 250 ℃。回火后的组织为回火马氏体。内应力和脆性有所降低，但保持了马氏体的高硬度和高耐磨性。低温回火主要应用于高碳钢或高碳合金钢制造的工具、模具、滚动轴承及渗碳和表面淬火的零件。

（2）中温回火

中温回火的温度范围为 350 ℃ ~ 500 ℃，回火后的组织为回火托氏体，具有一定的韧性和较高的弹性极限及屈服强度。中温回火主要应用于各类弹簧和模具等。

（3）高温回火

高温回火的温度范围为 500 ℃ ~ 650 ℃，回火后的组织为回火索氏体，具有强度、硬度、塑性和韧性都较好的综合力学性能。高温回火广泛应用于汽车、拖拉机、机床等机械中的重要结构零件，如轴、连杆、螺栓等。

4. 回火脆性

钢在某一温度范围内回火时，其冲击韧度比较低温度回火时反而显著下降，这种脆化现象称为回火脆性。

在 250 ℃ ~ 350 ℃ 温度范围内出现的回火脆性称为第一类回火脆性。这类回火脆性无论是在碳钢还是合金钢中均会出现，它与钢的成分和冷却速度无关，即使加入合金元素及回火后快冷或重新加热到此温度范围内回火，都无法避免，故又称"不可逆回火脆性"。防止的办法常常是避免在此温度范围内回火。

在 500 ℃ ~ 600 ℃ 温度范围内出现的回火脆性称为第二类回火脆性，部分合金钢易产生这类回火脆性。这类回火脆性如果在回火时快冷就不会出现，另外，如果脆性已经发生，只要再加热到原来的回火温度重新回火并快冷，则可完全消除，因此这类回火脆性又称为

"可逆回火脆性"。

五、钢的调质处理

在生产上通常将淬火与高温回火相结合的热处理称为"调质处理"。调质处理在机械工业中得到广泛应用,主要用于承受交变载荷作用下的重要结构件,如连杆、螺栓、齿轮及轴类等。应当指出,工件回火后的硬度主要与回火温度和回火时间有关,而与回火后的冷却速度关系不大。因此,在实际生产中,工件出炉后通常采用空冷。

调质处理可作为最终热处理,但由于调质处理后钢的硬度不高,便于切削加工,并能得到较好的表面质量,故也作为表面淬火和化学热处理的预备热处理。

任务实施

成分相同的两根钢丝,加热的温度相同,但采用了不同的冷却方式,即采用了不同的热处理方法,钢的内部组织发生了不同的变化,得到了不同的力学性能。所以,成分相同的两根钢丝虽然加热的温度相同,放在水中冷却的一根硬而脆、很容易折断,放在空气中冷却的一根较软、有较好的塑性,可以卷成圆圈而不断裂。

任务 3-3 钢的表面热处理

任务引入

齿轮是依靠齿的啮合传递扭矩的轮状机械零件,这就要求表面具有高硬度和耐磨性,而芯部仍然具有一定的强度和足够的韧性。怎么办呢?

任务目标

熟悉钢表面淬火的目的、方法、工艺特点、适用场合以及钢表面化学热处理的目的和方法。

相关知识

一些在弯曲、扭转、冲击载荷、摩擦条件区工作的齿轮等机器零件,它们要求具有表面硬、耐磨,而芯部韧性好,能抗冲击的特性,仅从选材方面考虑是很难达到此要求的。如用高碳钢,虽然硬度高,但芯部韧性不足;若用低碳钢,虽然芯部韧性好,但表面硬度低,不耐磨,所以工业上广泛采用表面热处理来满足上述要求。

一、钢的表面淬火

仅对工件表层进行淬火的工艺,称为表面淬火。它是利用快速加热使钢件表面奥氏体化,而中心尚处于较低温度即迅速予以冷却,表层被淬硬为马氏体,而中心仍保持原来的退火、正火或调质状态的组织。

表面淬火一般适用于中碳钢($w_C = 0.4\% \sim 0.5\%$)和中碳低合金钢(40Cr、40MnB 等),也可用于高碳工具钢、低合金工具钢(如 T8、9Mn2V、GCr15 等)以及球墨铸铁等。

目前应用最多的是感应加热表面淬火和火焰加热表面淬火。

1. 感应加热表面淬火

感应加热表面淬火是指向工件中引入一定频率的感应电流（涡流），使工件表面层快速加热到淬火温度后立即喷水冷却的方法。

（1）工作原理

感应加热表面淬火的工作原理如图 3.14 所示，在一个线圈中通过一定频率的交流电时，在它周围便产生交变磁场。若把工件放入线圈中，工件中就会产生与线圈频率相同而方向相反的感应电流。这种感应电流在工件中的分布是不均匀的，主要集中在表面层，越靠近表面，电流密度越大；频率越高，电流集中的表面层越薄。这种现象称为"集肤效应"，它是感应电流能使工件表面层加热的基本依据。

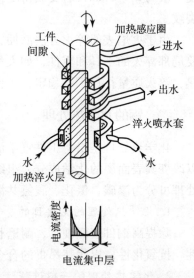

图 3.14　感应加热表面淬火原理

（2）感应加热的分类

根据电流频率的不同，感应加热可分为：高频感应加热（50～300 kHz），适用于中小型零件，如小模数齿轮；中频感应加热（2.5～10 kHz），适用于大中型零件，如直径较大的轴和大中型模数的齿轮；工频感应加热（50 Hz），适用于大型零件，如直径大于 300 mm 的轧辊及轴类零件等。

（3）感应加热表面淬火的特点

感应加热表面淬火的优点是速度快、生产率高；淬火后表面组织细、硬度高（比普通淬火高 2～3 HRC）；加热时间短，氧化脱碳少；淬硬层深度易控制，变形小、产品质量好；生产过程易实现自动化。其缺点是设备昂贵，维修、调整困难，形状复杂的感应圈不易制造，不适用于单件生产。另外，工件在感应加热前需要进行预先热处理，一般为调质或正火，以保证工件表面在淬火后得到均匀细小的马氏体和改善工件芯部硬度、强度和韧性以及切削加工性，并减少淬火变形。工件在感应加热表面淬火后需要进行低温回火（180 ℃～200 ℃）以降低内应力和脆性，获得回火马氏体组织。

2. 火焰加热表面淬火

火焰加热表面淬火是用乙炔－氧或煤气－氧的混合气体燃烧的火焰，喷射至零件表面上，使它快速加热，当达到淬火温度时立即喷水冷却，从而获得预期的硬度和淬硬层深度的一种表面淬火方法。火焰表面淬火如图 3.15 所示。火焰表面淬火零件的选材，常用中碳钢（如 35、45 钢）以及中碳合金结构钢（如 40Cr、65Mn）等，如果含碳量太低，则淬火后硬度较低；碳和合金元素含量过高，则易淬裂。火焰加热表面淬火还可用于对铸铁件如灰铸件、合金铸铁进行表面淬火。火焰加热表面淬火的淬硬层深

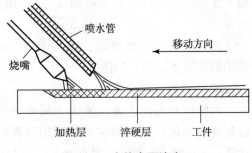

图 3.15　火焰表面淬火

度一般为 2~6 mm，若要获得更深的淬硬层，往往会引起零件表面严重过热，且易产生淬火裂纹。

由于火焰表面淬火方法简便，无须特殊设备，可适用于单件或小批生产的大型零件和需要局部淬火的工具和零件，如大型轴类、大模数齿轮、锤子等。但火焰加热表面淬火较易过热，淬火质量往往不够稳定，工作条件差，因此限制了它在机械制造业中的广泛应用。

二、钢的化学热处理

化学热处理是指将工件置于活性介质中加热和保温，使介质中活性原子渗入工件表层，以改变其表面层的化学成分、组织结构和性能的热处理工艺。根据渗入元素的类别，化学热处理可分为渗碳、氮化、碳氮共渗等。

1. 化学热处理的主要目的

除提高钢件表面硬度、耐磨性以及疲劳极限外，化学热处理也用于提高零件的抗腐蚀性、抗氧化性，以代替昂贵的合金钢。

2. 化学热处理的一般过程

任何化学热处理方法的物理化学过程基本相同，都要经过分解、吸收和扩散三个过程。

①介质分解：分解出活性的[N]或[C]原子。

②吸收：活性原子被工件表面吸收、先固溶于基体金属，当超过固溶度后，便可能形成化合物。

③原子向内扩散：形成具有一定厚度的渗层。

3. 常用的化学热处理方法

(1) 渗碳

将工件放在渗碳性介质中，使其表面层渗入碳原子的一种化学热处理工艺称为渗碳。渗碳的目的是提高工件表层含碳量。经过渗碳及随后的淬火和低温回火，提高工件表面的硬度、耐磨性和疲劳强度，而芯部仍保持良好的塑性和韧性。工业生产中，渗碳钢一般都是 $w_C = 0.15\% \sim 0.25\%$ 的低碳钢和低碳合金钢。渗碳层深度一般都在 0.5~2.5 mm。钢渗碳后表面层的含碳量可达到 0.8%~1.1%。渗碳件渗碳后缓冷到室温的组织接近于铁碳合金相图所反映的平衡组织，从表层到芯部依次是过共析组织、共析组织、亚共析过渡层、芯部原始组织。

渗碳主要用于表面受严重磨损，并在较大的冲击载荷下工作的零件（受较大接触应力），如齿轮、轴类、套角等。

渗碳方法有气体渗碳、液体渗碳、固体渗碳，目前常用的是气体渗碳，如图 3.16 所示。

(2) 渗氮（氮化）

向钢件表面渗入氮，形成含氮硬化层的化学热处理过程称为氮化。氮化的实质是利用含氮的物质分解产生活性[N]原子，渗入工件的表层。其目的是提高工件的表面硬度、耐磨性、疲劳强度及热硬性。渗氮方法有气

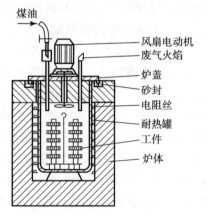

图 3.16 气体渗碳法示意

体渗氮、离子渗氮等，目前应用较广泛的是气体渗氮。渗氮用钢通常是含 Al、Cr、Mo 等合金元素的钢，渗氮层由碳、氮溶于 α-Fe 的固溶体和碳、氮与铁的化合物组成，还含有高硬度、高弥散度的稳定的合金氮化物，如 AlN、CrN、MoN、TiN、VN 等，这些氮化物的存在对氮化钢的性能起主要作用。

与渗碳相比，氮化工件具有以下特点：氮化前需经调质处理，以便使芯部组织具有较高的强度和韧性；表面硬度、耐磨性、疲劳强度及热硬性均高于渗碳层；氮化表面形成致密氮化物组成的连续薄膜，具有一定的耐腐蚀性；氮化处理温度低，渗氮后不需再进行其他热处理，因此工件变形小。

氮化处理适用于耐磨性和精度都要求较高的零件或要求抗热、抗蚀的耐磨件，如发动机的气缸、排气阀、高精度传动齿轮等。

(3) 碳氮共渗

碳氮共渗是向钢的表面同时渗入碳和氮的过程。目前以中温气体碳氮共渗和低温气体碳氮共渗（即气体软氧化）应用较为广泛。中温气体碳氮共渗的主要目的是提高钢的硬度、耐磨性和疲劳强度。低温气体碳氮共渗以渗氮为主，其主要目的是提高钢的耐磨性和抗咬合性。

任务实施

在生产中，有些零件如齿轮、凸轮、曲轴、花键轴和活塞销等，要求表面具有高硬度和耐磨性，而芯部仍然具有一定的强度和足够的韧性。这时就需要对零件进行表面热处理，以满足上述要求。

任务 3-4　零件常见热处理缺陷分析及预防措施

任务引入

在热处理过程中，必须严格按照工艺规范进行操作，否则容易产生热处理缺陷，使得零件的性能恶化甚至使零件报废。那么，怎样防止缺陷产生呢？

任务目标

掌握常见热处理缺陷及其产生原因和预防措施，能够分析热处理缺陷产生的原因并确定其预防措施。

相关知识

一、氧化和脱碳

当加热介质是空气或熔盐时，钢表层的铁和碳与加热介质中的氧气、二氧化碳和水蒸气等在高温下发生化学反应，形成铁和碳的氧化物，这种现象称为氧化。与此同时，工件表层的碳由于被氧化而从钢件表面逸出，因而降低了表层含碳量，这种现象称为脱碳。氧化会降低零件尺寸精度和表面光泽度，影响淬火质量；脱碳会使表面硬度、耐磨性降低，同时使疲劳强度大为降低。过分氧化、脱碳会使零件报废。

为防止氧化和脱碳，可采用以下措施：

①隔绝加热的工件，不与炉气接触，为了控制炉气中氧化性气体的含量，通入保护性气体使炉内为中性气氛。

②在工件表面敷防氧化涂料，如硼砂、石墨粉、玻璃粉、耐火黏土等。

③高级合金钢及精密零件在真空中采用无氧化加热。

二、过热和过烧

由于加热温度过高或保温时间过长，导致晶粒显著粗化的现象，称为过热。过热的结果是淬火后得到粗针马氏体，脆性增加，疲劳强度降低。对于过热不严重的工件，碳素结构钢及合金结构钢一般应经一次正火或退火后再次加热重新淬火。对于高碳钢和合金工具钢，则应通过退火、正火多次处理，然后按正确的淬火工艺重新淬火。

如果钢的加热温度远远超过了正常的加热温度，以致沿晶界出现熔化和氧化的现象，称为过烧。钢的过烧组织晶粒极为粗大，在晶界上有氧化物网络，力学性能急剧恶化，此种缺陷已无法挽救，应绝对避免。

三、硬度不足及软点

当淬火温度过低，保温时间过短，淬火冷却速度不够或回火温度过高，以及加热后表面脱碳时都会造成零件硬度不足。淬火局部地区氧化皮未爆开，零件淬火冷却剂使用方式不对，局部脱碳以及淬火后在冷却剂内相对运动不够等，都会在零部件表面产生许多未被淬硬的小区域，这些小区域叫软点。

为了防止硬度不足和软点，必须制定合理的热处理规范和正确选择淬火冷却剂。如已产生硬度不足，对于一般碳素钢及合金结构钢，可经正火后，再次加热重新淬火；对合金工具钢，最好退火后重新淬火。

四、变形和开裂

变形和开裂是热处理中最常见的缺陷，其产生的根本原因是热处理时工件内部产生内应力。工件在加热和冷却时，其表层与芯部或各部温度变化是不一致的。由于工件各部分热胀冷缩的不一致，引起工件内部一部分金属对另一部分金属的作用力，因而产生了内应力，称为热应力。加热和冷却的速度越大，热应力也就越大。此外，在热处理过程中，由于工件内各部分组织转变的不一致或不同时性，其体积的膨胀或收缩也不一致，从而也会产生内应力，称为组织应力。特别是奥氏体向马氏体转变时产生的体积膨胀，由于受到尚未转变部分的阻碍，组织应力最为显著。在热应力与组织应力的作用下，工件在热处理时会产生变形或裂纹。

对于变形工件，可在未冷透前趁热进行矫正，或在正火后矫正再进行淬火。但若变形太大或产生裂纹，则无法补救而报废。为了预防变形和裂纹，除淬火时在马氏体转变区采取减缓冷却外，在设计时还要注意工件的截面积不宜过于悬殊，截面形状尽量对称，避免尖棱和直角，预留较大的磨削余量等。

任务实施

过热和过烧主要都是由于加热温度过高或保温时间过长引起的，因此，合理确定加热规范，严格控制加热温度和保温时间可以防止过热和过烧。

热处理时在获得成分均匀的奥氏体的同时，必须注意控制加热温度和保温时间，防止氧化和脱碳现象。

工件产生硬度不足和大量的软点时，可在退火或正火后，重新进行正确的淬火处理予以补救。

为了减少工件淬火时产生变形和开裂的现象，可以从两个方面采取措施：①淬火时正确选择加热温度、保温时间和冷却方式；②淬火后及时进行回火处理。

知识扩展

当今热处理技术发展的主要趋势，一方面是为了满足各类机械零部件日益提高性能的要求，需要相应发展获得各种优异性能的热处理工艺；另一方面是为了不断提高劳动生产率，需要发展各种节约能源和高效率的工艺方法。此外，为了防止工业污染，保护环境，需要发展推广无公害的工艺。下面介绍几种热处理新技术。

1. 可控气氛热处理

钢在空气中加热，不可避免地要发生氧化和脱碳，不仅烧损钢材造成浪费，而且严重影响工件质量，因此必须采取措施防止氧化和脱碳。

为达到无氧化、无脱碳或按要求增碳，工件在炉气成分可控的加热炉中进行的热处理，称为可控气氛热处理。它的主要目的是减少和防止工件加热时的氧化和脱碳，提高工件尺寸精度和表面质量，节约钢材，控制渗碳时渗层的碳浓度，而且可使脱碳工件复碳。

可控气氛热处理设备通常都由制备可控气氛的发生器和进行热处理的加热炉两部分组成。目前应用较多的是吸热式气氛、放热式气氛、放热-吸热式气氛及滴注式气氛。

2. 真空热处理

真空热处理是真空技术与热处理技术相结合的新型热处理技术，真空热处理所处的真空环境指的是低于一个大气压的气氛，包括低真空、中等真空、高真空和超高真空，真空热处理实际上也属于气氛控制热处理。真空热处理是指热处理工艺的全部和部分在真空状态下进行的，真空热处理可以实现几乎所有的常规热处理所能涉及的热处理工艺，如淬火、退火、回火、渗碳及氮化，在淬火工艺中可实现气淬、油淬、硝盐淬火和水淬等，还可以进行真空钎焊、烧结及表面处理等，热处理质量大大提高。与常规热处理相比，真空热处理可实现无氧化、无脱碳和无渗碳，可去除工件表面的鳞屑，并有脱脂、除气等作用，从而达到表面光亮净化的效果。真空热处理的特点有以下四点：

①热处理变形小。因为真空加热缓慢而且均匀，内热温差较小，热应力小，故热处理变形小。

②提高工件表面力学性能，延长工件使用寿命。

③工作环境好，操作安全，节省能源，没有污染和公害。

④真空热处理设备造价较高，目前多用于模具、精密零件的热处理。

3. 形变热处理

形变热处理是将塑性变形和热处理相结合，以获得形变强化和相变强化综合效果的工艺。这种工艺既可提高钢的强度，改善塑性和韧性，又可节能，在生产中得到了广泛的应用。例如，将钢加热至 Ac_3 以上，获得奥氏体组织，保持一定时间后进行形变，立刻淬火获得马氏体组织，然后在适当温度回火后，即可获得很高的韧性。钢件经形变热处理后一般可提高强度10%~30%，提高塑性40%~50%，提高冲击韧性1~2倍，并使钢件具有高的抗脆断能力。该工艺广泛应用于结构钢、工具钢工件，用于锻后余热淬火、热轧淬火等工艺。

4. 激光热处理

激光是一种具有极高能量密度、高亮度和强方向性的光源。激光热处理是以高能量激光作为能源，以极快速度加热工件并自冷强化的热处理工艺。

激光淬火具有工件处理质量高、表面光洁、变形极小、无工业污染和易实现自动化的特点，适用于各种小型复杂工件的表面淬火，还可以进行局部表面合金化等。但是，激光器价格昂贵，生产成本较高，故其应用受到一定限制。同时生产中不够安全，容易对人眼造成伤害，操作时要注意安全。

激光在热处理中的应用研究始于20世纪70年代初，随后即由试验室研究阶段进入生产应用阶段。当经过聚焦的高能量密度（10^6 W/cm^2）的激光照射金属表面时，金属表面在百分之几秒甚至千分之几秒内升高到淬火温度。由于照射点升温特别快，热量来不及传到周围的金属，因此在停止激光照射时，照射点周围的金属便起到冷却介质的作用而大量吸热，使照射点迅速冷却，得到极细的组织，具有很高的力学性能。如加热温度高致使金属表面熔化，冷却后可以得到一层光滑的表面，这种操作称为上光。激光加热也可用于局部合金化处理，即对工件易磨损或需要耐热的部位先镀一层耐磨或耐热金属，或者涂覆一层含耐磨或耐热金属的涂料，然后用激光照射使其迅速熔化，形成耐磨或耐热合金层。例如，在需要耐热的部位先镀上一层铬，然后用激光使之迅速熔化，形成硬的抗回火的含铬耐热表层，可以大大提高工件的使用寿命和耐热性。

5. 电子束表面淬火

电子束表面淬火是以电子枪发射的电子束作为热源轰击工件表面，以极快速度加热工件并自冷，淬火后使工件表面强化的热处理工艺。

电子束的强度大大高于激光，而且其激光利用率可达80%，高于激光热处理。电子束表面淬火质量高，淬火过程中工件基体性能几乎不受影响，是很有前途的热处理新技术。

电子束表面淬火早期应用于薄钢带、钢丝的连接退火，能量密度最高可达 10^8 W/cm^2。电子束表面淬火除在真空中进行外，其他特点与激光热处理相同。当电子束轰击金属表面时，轰击点被迅速加热。电子束穿透材料的深度取决于加速电压和材料密度。例如，150 kW 的电子束，在铁表面上的理论穿透深度大约为0.076 mm；在铝表面上则可达0.16 mm。电子束在很短时间内轰击表面，表面温度迅速升高，而基体仍保持冷态。当电子束停止轰击时，热量迅速向冷基体金属传导，从而使加热表面自行淬火。为了有效地进行"自冷淬火"，整个工件的体积和淬火表层的体积之间至少保持5:1的比例。表面温度和淬透深度还与轰击时间有关。

电子束热处理加热速度快，奥氏体化的时间仅零点几秒甚至更短，因而工件表面晶粒很细，硬度比一般热处理高，并具有良好的力学性能。

复习思考题

一、名词解释

钢的热处理　等温转变　连续冷却转变　马氏体　退火　正火　淬火　回火　表面热处理　真空热处理　渗碳　渗氮

二、填空题

1. 整体热处理分为_____、_____、_____和_____等。
2. 化学热处理的方法有_____、_____、_____和_____等。
3. 热处理的工艺过程由_____、_____和_____三个阶段组成。
4. 贝氏体分_____和_____两种。
5. 常用的退火方法有_____、_____和_____等。
6. 常用的淬火冷却介质有_____、_____和_____等。
7. 按回火温度范围可将回火分为_____、_____和_____三种。
8. 化学热处理是由_____、_____和_____三个基本过程组成。
9. 根据渗碳时介质的物理状态不同，渗碳可分为_____、_____和_____三种。
10. 感应加热表面淬火法，按电流频率不同，可分为_____、_____和_____三种。

三、简答题

1. 正火与退火的主要区别是什么？生产中应如何选择正火及退火？
2. 淬火的目的是什么？亚共析碳钢及过共析碳钢淬火加热温度应如何选择？试从获得的组织及性能等方面加以说明。

四、计算题

1. 一批 45 钢试样（尺寸 $\phi 15 \text{ mm} \times 10 \text{ mm}$），因其组织、晶粒大小不均匀，需采用退火处理。拟采用以下几种退火工艺：

①缓慢加热至 700 ℃，保温足够时间，随炉冷却至室温；
②缓慢加热至 840 ℃，保温足够时间，随炉冷却至室温；
③缓慢加热至 1 100 ℃，保温足够时间，随炉冷却至室温。

问上述三种工艺各得到何种组织？若要得到大小均匀的细小晶粒，选何种工艺最合适？

2. 有两个含碳量为 1.2% 的碳钢薄试样，分别加热到 780 ℃ 和 860 ℃ 并保温相同时间，使之达到平衡状态，然后以大于 v_k 的冷却速度至室温。试问：

①以哪个温度加热淬火后马氏体晶粒较粗大？
②以哪个温度加热淬火后马氏体含碳量较多？
③以哪个温度加热淬火后残余奥氏体较多？
④以哪个温度加热淬火后未熔碳化物较少？
⑤你认为以哪个温度加热淬火后合适？为什么？

项目四　常用金属材料的选择

项目引入

汽车变速器（图4.1）是一套用来协调发动机的转速和车轮的实际行驶速度的变速装置，以发挥发动机的最佳性能，它由许多直径大小不同的齿轮组成。汽车变速器齿轮起着改变输出转速、传递扭矩的作用，应具有经济精度等级高、耐磨等特点，以提高齿轮的使用寿命和传动效率。齿轮在工作时传动要平稳而且噪声要小，结合时冲击不宜过大，因而对齿轮制造材料的选用提出了很高的要求。

图4.1　汽车变速器

项目分析

金属材料来源丰富，并具有优良的使用性能和工艺性能，是机械工程中应用最普遍的材料，常用于制造机械设备、工具、模具，并广泛应用于工程结构中。

金属材料大致可分为黑色金属和有色金属两大类。黑色金属通常指钢和铸铁；有色金属是指黑色金属以外的其他金属及其合金，如铝及铝合金、铜及铜合金等。

本项目主要学习：

工业用钢、铸铁、非铁合金及粉末冶金。

1. 知识目标

◆ 掌握常用金属材料的分类、性能、牌号及应用。

◆ 掌握合金元素的作用。

◆ 熟悉铸铁的石墨化影响因素。

2. 能力目标

◆ 能够识别及分类常见金属。

◆ 能够正确识别常见金属牌号。

◆ 能够正确选择和合理使用金属材料。

3. 工作任务

任务 4-1　工业用钢的选择

任务 4-2　铸铁的选择

任务 4-3　非铁合金及粉末冶金的选择

任务 4-1　工业用钢的选择

任务引入

装载机履带的工作环境非常恶劣，要求履带表面耐磨性好，而芯部具有很高的韧性。应选用何种材料来制造装载机履带？

任务目标

掌握工业用钢中常存元素对钢性能的影响，掌握钢的分类和牌号、各类工业用钢的性能及特点，能够识别及分类常见工业用钢，能够正确识别常见工业用钢牌号，能够正确选择和合理使用工业用钢。

相关知识

工业中应用最广泛的金属材料是钢铁，钢铁是钢和铸铁的总称。本任务主要介绍常用金属材料的分类、牌号、化学成分、力学性能和应用范围。

一、常存元素对钢性能的影响

实际使用的钢并不是单纯的铁碳合金这是由于冶炼时所用原料以及冶炼工艺方法等影响，钢中总不免有少量其他元素存在，如硅、锰、硫、磷、铜、铬、镍等，这些并非有意加入或保留的元素一般作为杂质看待。它们的存在对钢的性能有较大的影响。

1. 锰（Mn）

钢中的锰来自炼钢生铁及脱氧剂锰铁。一般认为锰在钢中是一种有益的元素。在碳钢中，含锰量通常小于 0.80%；在含锰合金钢中，含锰量一般控制在 1.0% ~ 1.2%。锰大部分溶于铁素体中，形成置换固溶体，并使铁素体强化；另一部分锰溶于渗碳体中，形成合金渗碳体，提高钢的硬度。当锰含量不多，在碳钢中仅作为少量杂质存在时，它对钢的性能影响并不明显。

2. 硅（Si）

硅来自炼钢生铁和脱氧剂硅铁。在碳钢中，含硅量通常小于 0.35%，硅和锰一样能溶于铁素体中，使铁素体强化，从而使钢的强度、硬度、弹性提高，而塑性、韧性降低。因此，硅也是碳钢中的有益元素。

3. 硫（S）

硫是生铁中带来的而在炼钢时又未能除尽的有害元素。硫不溶于铁，而以 FeS 形成存在，FeS 会与 Fe 形成低熔点（985 ℃）的共晶体（FeS-Fe），并分布于奥氏体的晶界上，当钢材在 1 000 ℃ ~ 1 200 ℃ 压力加工时，晶界处的 FeS-Fe 共晶体已经熔化，并使晶粒脱开，钢材将沿晶界处开裂，这种现象称为"热脆"。为了避免热脆，必须严格控制钢中含硫量，普通钢含硫量应不大于0.055%，优质钢含硫量应不大于0.040%，高级优质钢含硫量应不大于0.030%。锰能与硫形成熔点为1 620 ℃的MnS，可消除硫的有害作用，而且MnS在高温时具有塑性，这样避免了热脆现象。

4. 磷（P）

磷也是生铁中带来的而在炼钢时又未能除尽的有害元素。磷在钢中全部溶于铁素体中，虽可使铁素体的强度、硬度有所提高，但却使室温下钢的塑性、韧性急剧降低，在低温时表现尤其突出。这种在低温时由磷导致钢严重变脆的现象称为"冷脆"。磷的存在还会使钢的焊接性能变差，因此钢中含磷量应严格控制，普通钢含磷量应不大于0.045%，优质钢含磷量应不大于0.040%，高级优质钢含磷量应不大于0.035%。

但是，在适当的情况下，硫、磷也有一些有益的作用。对于硫，当钢中含硫较高（0.08%~0.3%）时，适当提高钢中含锰量（0.6%~1.55%），使硫与锰结合成MnS，切削时易于断屑，能改善钢的切削性能，故易切钢中含有较多的硫。对于磷，如与铜配合能提高钢的抗大气腐蚀能力，改善钢材的切削加工性能。

另外，钢在冶炼时还会吸收和溶解一部分气体，如氮、氢、氧等，给钢的性能带来有害影响。尤其是氢，它可使钢产生氢脆，也可使钢中产生微裂纹，即白点。

二、钢的分类和编号

1. 钢的分类

钢的种类繁多，如按用途不同，可分为结构钢（包括建筑用钢和机械用钢），工具钢（包括制造各种工具，如刀具、量具、模具等用钢）和特殊性能钢（具有特殊的物理、化学性能的钢）；按脱氧程度的不同，分为沸腾钢、半镇静钢、镇静钢和特殊镇静钢；按钢的品质不同，分为普通钢（$w_P \leq 0.045\%$、$w_S \leq 0.05\%$），优质钢（$w_P \leq 0.35\%$、$w_S \leq 0.35\%$），高级优质钢（$w_P \leq 0.25\%$、$w_S \leq 0.25\%$）和特级优质钢（$w_P \leq 0.025\%$、$w_S \leq 0.015\%$）。

2. 钢的编号

世界各国都根据国情制定科学而简明的钢铁分类表示方法，通常采用"牌号"来具体表示钢的品种，如表4.1所示。通过牌号能大致了解钢的类别、成分、冶金质量、性能特点、热处理要求和用途等。

表4.1 各类钢的编号方法

	分类	典型牌号	编号说明
碳钢	普通碳素结构钢	Q234 - A - F 质量为A级的沸腾钢 屈服点235 MPa	由代表屈服点的字母，屈服点数值，质量等级符号（分为A、B、C、D，从左至右质量依次提高），脱氧方法（F、B、Z、TZ依次表示沸腾钢、半镇静钢、镇静钢、特殊镇静钢）
	优质碳素结构钢	45 平均w_C为0.45% 65Mn 含Mn量较高 平均w_C为0.65%	以两位阿拉伯数字表示平均含碳量（以万分之几计），化学元素符号Mn表示钢的含锰量较高

续表

分类		典型牌号	编号说明
碳钢	碳素工具钢	T8 平均 w_C 为 0.8% T8A 高级优质 平均 w_C 为 0.8%	字母 T 为"碳"的汉语拼音字首，数字表示碳平均含量的千分数；"A"表示高级优质钢
	铸钢	ZG200-400 碳素铸钢，屈服点为 200 MPa 抗拉强度为 400 MPa	"ZG"代表铸钢。其后面第一组数字为屈服点，第二组数字为抗拉强度
合金钢	合金结构钢	60Si2Mn 平均 w_C 为 0.6% 平均 w_{Si} 为 2% 平均 w_{Mn} ≤ 1.5% GCr15SiMn w_{Cr} 为 1.5%	数字 + 化学元素符号 + 数字，前面的数字表示钢的平均 w_C，以万分之几表示；后面的数字表示合金元素的含量，以平均该合金元素的质量分数的百分之几表示，质量分数少于 1.5% 时，一般不标明含量。若为高级优质钢，则在钢号的最后加"A"字；滚动轴承钢的钢号前面加"G"，w_{Cr} 用千分之几表示
	合金工具钢	5CrMnMo 平均 w_C 为 0.5% 平均 w_{Cr}、w_{Mn}、w_{Mo} 小于 1.5%	平均 w_C 为 <1.0% 时以千分之几表示，平均 w_C ≥ 1.0% 时不标出；高速钢例外，平均 w_C <1.0% 时也不标出；合金元素含量的表示方法与合金结构钢相同
	特殊性能钢	2Cr13 平均 w_C 为 0.2% 平均 w_{Cr} 为 13%	平均 w_C 以千分之几表示，但当平均 w_C ≤ 0.03% 及 w_C ≤ 0.08% 时，钢号前分别冠以 00 及 0 表示；合金元素含量的表示方法与合金结构钢相同

三、结构钢

结构钢在工程中应用最多。凡用于各种机器零件及各种工程结构（如屋架、井架、桥梁、车辆构架等）的钢称为结构钢。

1. **碳素结构钢**

碳素结构钢中硫、磷的质量分数较高（w_P ≤ 0.045，w_S ≤ 0.055），大部分用于工程结构，小部分用于机械零件。用 Q + 数字表示，"Q"代表屈服点（"屈"汉语拼音首字母），数字表示屈服点数值。如：Q275，表示屈服点为 275 MPa，若牌号后面标注字母 A、B、C、D，则表示钢材质量等级不同，即 S、P 含量不同。A、B、C、D 质量依次提高，"F"表示沸腾钢，"b"为半镇静钢，不标"F"和"b"的为镇静钢。如 Q235-A·F 表示屈服点为 235 MPa 的 A 级沸腾钢，Q235-C 表示屈服点为 235 MPa 的 C 级镇静钢。

碳素结构钢一般情况下都不经热处理，而是在供应状态下直接使用。通常 Q195、Q215、Q235 含碳量低，有一定强度，常轧制成薄板、钢筋、焊接钢管等，用于桥梁、建筑等钢结构，也可制造普通的铆钉、螺钉、螺母、垫圈、地脚螺栓、轴套、销轴等；Q255 和 Q275 钢强度较高，塑性、韧性较好，可进行焊接，通常轧制成型钢、条钢和钢板作结构件以及制造连杆、键、销和简单机械上的齿轮、轴节等。

2. 低合金高强度结构钢

低合金高强度结构钢是在低碳钢基础上，加入少量合金元素（Mn 为主加元素）。低合金钢是一类可焊接的低碳低合金工程结构钢，主要用于房屋、桥梁、船舶、车辆、铁道、高压容器等工程结构件。钢中 $w_C \leq 0.2\%$（低碳具有较好的塑性和焊接性），$w_{Mn} = 0.8\%$ ~ 1.7%，辅以我国富产资源钒、铌等元素，通过强化铁素体、细化晶粒等作用，使其具备了高的强度和韧性、良好的综合力学性能、良好的耐蚀性等。

低合金高强度结构钢通常是在热轧经退火（或正火）状态下供应的，使用时一般不进行热处理。低合金高强度结构钢分为镇静钢和特殊镇静钢，在牌号的组成中没有表示脱氢方法的符号，其余表示方法与碳素结构钢相同。如 Q345A 表示屈服强度为 345 MPa 的 A 级低合金高强度结构钢。

3. 合金结构钢

合金结构钢主要用于制造各种机械零件，属于用途广、产量大、钢号多的一类钢，大多数需经热处理后才能使用。按其用途及热处理特点可分为渗碳钢、调质钢、弹簧钢等。

合金结构钢牌号由数字与元素符号组成。用 2 位数字表示碳的平均质量分数（以万分之几计），放在牌号头部。合金元素含量表示方法为：平均质量分数小于 1.5% 时，牌号中仅标注元素，一般不标注含量；平均质量分数为 1.5% ~ 2.49%、2.5% ~ 3.49% … 时，在合金元素后相应写成 2、3 … 例如碳、铬、镍的平均质量分数为 0.2%、0.75%、2.95% 的合金结构钢，其牌号表示为 "20CrNi3"。高级优质合金钢和特级优质合金钢的表示方法同优质碳素结构钢。

（1）渗碳钢

用于制造渗碳零件的钢称为渗碳钢。渗碳钢中 $w_C = 0.12\%$ ~ 0.25%，低的碳含量保证了淬火后零件芯部有足够的塑性、韧性。主要合金元素是铬，还可加入镍、锰、硼、钨、钼、钒、钛等元素。其中，铬、镍、锰、硼的主要作用是提高淬透性，使大尺寸零件淬回火后芯部有较高的强度和韧性；少量的钨、钼、钒、钛能形成细小、难溶的碳化物，以阻止渗碳过程中高温、长时间保温条件下晶粒长大。

渗碳后的钢件，表层经淬火和低温回火后，获得高碳回火马氏体加碳化物，硬度一般为 58 ~ 64 HRC；而芯部组织则视钢的淬透性及零件尺寸的大小而定，可得低碳回火马氏体（40 ~ 48 HRC）或珠光体加铁素体组织（25 ~ 40 HRC）。20CrMnTi 是应用最广泛的合金渗碳钢，用于制造汽车拖拉机的变速齿轮、轴等零件。

（2）调质钢

优质碳素调质钢中的 40、45、50，虽然常用而价廉，但由于存在淬透性差、耐回火性差，综合力学性能不够理想等缺点，所以对重载作用下同时又受冲击的重要零件必须选用合金调质钢。

调质钢中 $w_C = 0.25\%$ ~ 0.5%。调质钢中主加合金元素是锰、硅、铬、镍、钼、硼、铝等，主要作用是提高钢的淬透性；钼能防止高温回火脆性；钨、钒、钛可细化晶粒；铝能加速渗氮过程。

调质钢锻造毛坯应进行预备热处理，以降低硬度，便于切削加工。合金元素含量低，淬透性低的调质钢可采用退火；淬透性高的钢，则采用正火加高温回火。例如 40CrNiMo 钢正火后硬度在400 HBS以上，经高温回火后硬度才能降低到230 HBS左右满足了切削要求。调质钢的最终热处理为淬火后高温回火（500 ℃~600 ℃），以获得回火索氏体组织，使钢件具有高强度、高韧性相结合的良好综合力学性能。如果除了具备良好的综合力学性能外，还要求表面有良好的耐磨性，则可在调质后进行表面淬火或渗氮处理。

调质钢主要用来制造受力复杂的重要零件，如机床主轴、汽车半轴、柴油机连杆螺栓等。40Cr是最常用的一种调质钢，有很好的强化效果。38CrMoAl是专用渗氮钢，经调质和渗氮处理后，表面具有很高的硬度、耐磨性和疲劳强度，且变形很小，常用来制造一些精密零件，如镗床镗杆、磨床主轴等。

(3) 弹簧钢

弹簧钢主要用于制造弹簧等弹性元件，例如汽车、拖拉机、坦克、机车车辆的减振板簧和螺旋弹簧、钟表发条等。

弹簧钢中$w_C = 0.45\% \sim 0.7\%$。常加入硅、锰、铬等合金元素，主要作用是提高淬透性，并提高弹性极限。硅使弹性极限提高的效果很突出，也使钢加热时易表面脱碳；锰能增加淬透性，但也使钢的过热和回火脆性倾向增大。另外，弹簧钢中还加入了钨、钼、钒等，它们可减少硅锰弹簧钢脱碳和过热的倾向，同时可进一步提高弹性极限、耐热性和耐回火性。

弹簧钢的热处理一般是淬火加中温回火，获得回火托氏体组织，具有高的弹性极限和屈服强度。60Si2MnA是典型的弹簧钢，广泛用于汽车、拖拉机上的板簧、螺旋弹簧等。

(4) 滚动轴承钢

滚动轴承钢主要用来制造各种滚动轴承元件，如轴承内外圈、滚动体等。此外，还可以用来制造某些工具，例如模具、量具等。滚动轴承钢有自己独特的牌号：牌号前面以"G"（滚）为标志，其后为铬元素符号Cr，其质量分数以千分之几表示，其余与合金结构钢牌号规定相同，例如平均$w_{Cr} = 1.5\%$的轴承钢，基牌号表示为"GCr15"。

滚动轴承钢在工作时承受很高的交变接触压力，同时滚动体与内外圈之间还产生强烈的摩擦，并受到冲击载荷的作用以及大气和润滑介质的腐蚀作用。这就要求滚动轴承钢必须具有高而均匀的硬度和耐磨性，高的抗压强度和接触疲劳强度，足够的韧性和对大气、润滑剂的耐蚀能力。为获得上述性能，一般$w_C = 0.95\% \sim 1.15\%$，$w_{Cr} = 0.4\% \sim 1.65\%$。高碳是为了获得高硬度、耐磨性，铬的作用是提高淬透性，增加回火稳定性。滚动轴承钢的纯度要求很高，磷、硫含量限制极严，故它是一种高级优质钢（但在牌号后不加"A"字）。

轴承钢的热处理包括预备热处理（球化退火）和最终热处理（淬火与低温回火）。GCr15为常用的轴承钢，具有高的强度、耐磨性和稳定的力学性能。

四、工具钢

为了满足高硬度和耐磨性的使用要求，工具钢均为高碳成分，一般经过淬火和低温回火后使用。碳素工具钢虽然能达到较高的硬度和耐磨性，但淬透性差，淬火变形倾向大，并且韧性和红硬性差（只能在200 ℃以下保持高硬度）。因此，尺寸大、精度高、承受冲击载荷和较高工作温度的工具，都要采用合金工具钢制造。

合金工具钢的牌号表示方法与合金结构钢基本相同，只是含碳量的表示方法不同。当平

均 $w_C<1.0\%$ 时,牌号前以千分之几(一位数)表示;当 $w_C\geq1.0\%$ 时,牌号前不标数字。合金元素表示方法与结构钢相同。高速钢牌号中不标出含碳量。

1. 合金工具钢

合金工具钢通常以用途分类,主要分为量具刃具钢、耐冲击工具钢、冷作模具钢、热作模具钢、无磁工具钢和塑料模具钢。

(1) 量具刃具钢

量具刃具钢主要用于制造形状复杂、截面尺寸较大的低速切削刃具和机械制造过程中控制加工精度的测量工具,如卡尺、块规、样板等。

量具刃具钢碳的质量分数高,一般为 0.9%~1.5%,合金元素总量少,主要有铬、硅、锰、钨等,提高淬透性,获得高的强度、耐磨性,保证高的尺寸精度。

量具刃具钢的热处理与非合金(碳素)工具钢基本相同。预备热处理采用球化退火,最终热处理采用淬火(油淬、马氏体分级淬火或等温淬火)加低温回火。9SiCr 是常用的低合金量具刃具钢。

(2) 模具钢

①冷作模具钢:用于制作使金属冷塑性变形的模具,如冷冲模、冷挤压模等。冷作模具工作时承受大的弯曲应力、压力、冲击及摩擦,因此要求具有高硬度、高耐磨性和足够的强度和韧性。

冷作模具钢的热处理采用球化退火(预备热处理)+淬火后低温回火(最终热处理)。

②热作模具钢。用于制作高温金属成形的模具,如热锻模、热挤压模等。热作模具工作时承受很大的压力和冲击,并反复受热和冷却,因此要求模具钢在高温下具有足够的强度、硬度、耐磨性和韧性,以及良好的耐热疲劳性,即在反复的受热、冷却循环中,表面不易热疲劳(龟裂)。另外还应具有良好的导热性和高淬透性。

为了达到上述性能要求,热作模具钢的 $w_C=0.3\%\sim0.6\%$。若过高,则塑性、韧性不足;若过低,则硬度、耐磨性不足。加入的合金元素有铬、锰、镍、钼、钨等。其中铬、锰、镍主要作用是提高淬透性;钨、钼提高耐回火性;铬、钨、钼、硅还能提高耐热疲劳性。

热作模具钢的预备热处理为退火,以降低硬度,利于切削加工;最终热处理为淬火加高温回火。

2. 高速钢

高速钢主要用于制造高速切削刃具,在切削温度高达 600 ℃ 时硬度仍无明显下降,能以比低合金工具钢更高的速度进行切削。

高速钢碳含量高($w_C=0.7\%\sim1.2\%$),但在牌号中不标出;合金含量高(合金元素总量 $M_{Me}>10\%$),加入的合金元素有钨、钼、铬、钒,主要是提高热硬性,铬主要是提高淬透性。

高速钢的热处理特点主要是高的加热温度(1 200 ℃ 以上);高回火温度(560 ℃ 左右);高的回火次数(3 次)。采用高的淬火加热温度是为了让难溶的特殊碳化物能充分溶入奥氏体,最终使马氏体中钨、钼、钒等含量足够高,保证热硬性足够高;高回火温度是因为马氏体中的碳化物形成元素含量高,阻碍回火,因而耐回火性高;多次回火是因为高速钢淬火后残余奥氏体量很大,多次回火才能消除。正因为如此,高速钢回火时的硬化效果很显著。

五、特殊性能钢

特殊性能钢指具有某些特殊的物理、化学、力学性能，因而能在特殊的环境、工作条件下使用的钢，主要包括不锈钢、耐热钢、耐磨钢。

1. 不锈钢

在腐蚀性介质中具有抗腐蚀性能的钢，一般称为不锈钢。铬是不锈钢获得耐蚀性的基本元素。

（1）牌号

不锈钢牌号表示法与合金结构钢基本相同，只是当 w_C≤0.08% 及 w_C≤0.03% 时，在牌号前分别冠以"0"及"00"，例如 0Cr19Ni9。

（2）铬不锈钢

铬不锈钢包括马氏体不锈钢和铁素体不锈钢两种类型。其中 Cr13 型属马氏体不锈钢，可淬火获得马氏体组织。Cr13 型铬的质量分数平均为 13%，w_C = 0.1% ~ 0.4%。1Cr13 和 2Cr13 可制作塑性、韧性较高的受冲击载荷，在弱腐蚀条件工作的零件（1 000 ℃淬火加 750 ℃高温回火）；3Cr13 和 4Cr13 可制作强度较高、高硬、耐磨，在弱腐蚀条件下工作的弹性元件和工具等（淬火加低温回火）。当含铬量较高（w_{Cr}≥15%）时，铬不锈钢的组织为单相奥氏体，如 1Cr17 钢，耐蚀性优于马氏体不锈钢。

（3）铬镍不锈钢

铬镍不锈钢含铬 w_{Cr} = 18% ~ 20%，含镍 w_{Ni} = 8% ~ 12%，经 1 100 ℃水淬固溶化处理（加热 1 000 ℃以上保温后快冷），在常温下呈单相奥氏体组织，故称为奥氏体不锈钢。奥氏体不锈钢无磁性，耐蚀性优良，塑性、韧性、焊接性优于别的不锈钢，是应用最为广泛的一类不锈钢。由于奥氏体不锈钢固态下无相变，所以不能热处理强化，冷变形强化是有效的强化方法。近年来应用最多的是 0Cr18Ni10。

2. 耐热钢

耐热钢是指在高温下具有热化学稳定性和热强性的钢，它包括抗氧化钢和热强钢等。热化学稳定性是指钢在高温下对各类介质化学腐蚀的抗力；热强性是指钢在高温下对外力的抗力。

对耐热钢的主要性能要求是优良的高温抗氧化性和高温强度。此外，还应有适当的物理性能，如热膨胀系数小和良好的导热性，以及较好的加工工艺性能等。

为了提高钢的抗氧化性，加入合金元素铬、硅和铝，在钢的表面形成完整的稳定的氧化物保护膜。但硅、铝含量较高时钢材变脆，所以一般以加铬为主，也可加入钛、铌、钒、钨、钼等合金元素来提高热强性。常用牌号有 3Cr18Ni25Si2、Cr13 型、1Cr18Ni9Ti 等。

3. 耐磨钢

对耐磨钢的主要性能要求是很高的耐磨性和韧性。高锰钢能很好地满足这些要求，它是目前最重要的耐磨钢。

耐磨钢高碳高锰，一般 w_C = 1.0% ~ 1.3%，w_{Mn} = 11% ~ 14%。高碳可以提高耐磨性（过高时韧性下降，且易在高温下析出碳化物），高锰可以保证固溶化处理后获得单相奥氏体。单相奥氏体塑性、韧性很好，开始使用时硬度很低，耐磨性差，当工作中受到强烈的挤压、撞击、摩擦时，工件表面迅速产生剧烈的加工硬化（加工硬化是指金属材料发生塑性时,随变形度的增大,所出现的金属强度和硬度显著提高,塑性和韧性明显下降的现象),并且发生马氏体转变,使硬度显著提高,芯部则仍保持为原来的高韧性状态。

耐磨钢主要用于运转过程中承受严重磨损和强烈冲击的零件,如车辆履带板、挖掘机铲斗等。Mn13 是较典型的高锰钢,应用最为广泛。

任务实施

装载机、拖拉机、起重机的履带都是在严重摩擦和强烈冲击下工作的,在此工作环境下要求履带表面耐磨性好,而芯部具有很高的韧性。因此,只有选用耐磨钢制造履带,才能够满足其使用性能要求。

任务 4-2 铸铁的选择

任务引入

箱体是减速器的基础零件,它将减速器中的轴、套、齿轮等有关零件组装成一个整体,使它们之间保持正确的相互位置,并按照一定的传动关系协调地传递运动或动力。减速器箱体形状复杂、壁薄且不均匀,内部呈腔形,加工部位多,加工难度大。因此,箱体的质量将直接影响机器或部件的精度、性能和寿命。应选用什么材料制造箱体呢?

任务目标

熟悉铸铁的石墨化影响因素,掌握常用铸铁的组织特点及性能,掌握合金铸铁的性能,能够识别及分类常见铸铁,能够正确识别常见铸铁牌号,能够正确选择和合理使用铸铁。

相关知识

从铁碳合金相图可知,含碳量大于 2.11% 的铁碳合金称为铸铁,工业上常用铸铁的成分范围为 $w_C = 2.5\% \sim 4.0\%$,$w_{Si} = 1.0\% \sim 3.0\%$,$w_{Mn} = 0.5\% \sim 1.4\%$,$w_P = 0.01\% \sim 0.50\%$,$w_S = 0.02\% \sim 0.20\%$,有时还含有一些合金元素,如铬、钼、钒、铜、铝等。可见铸铁与钢在成分上的主要区别是铸铁的碳和硅含量较高,杂质元素硫、磷含量较多。

虽然铸铁的机械性能(抗拉强度、塑性、韧性)较低,但是由于其生产成本低廉,具有优良的铸造性、可切削加工性、减振性及耐磨性,因此在现代工业中仍得到了普遍应用,典型应用是制造机床的床身,内燃机的气缸、气缸套、曲轴等。铸铁的组织可以理解为在钢的组织基体上分布有不同形状、大小、数量的石墨。

一、铸铁的石墨化

在铁碳合金中,碳除了少部分固溶于铁素体和奥氏体外,以两种形式存在:碳化物状态——渗碳体(Fe_3C)及合金铸铁中的其他碳化物;游离状态——石墨(以 G 表示)。渗碳体和其他碳化物的晶体结构及性能在前面章节中已经介绍。石墨的晶格类型为简单六方晶格,其基面中的原子间距为 0.142 nm,结合力较强;而两基面间距为 0.340 nm,结合力弱,故石墨的基面很容易滑动,其强度、硬度、塑性和韧性很低,常呈片状形态存在。

影响铸铁组织和性能的关键是碳在铸铁中存在的形式、形态、大小和分布。工程应用铸铁研究的中心问题是如何改变石墨的数量、形状、大小和分布。

铸铁组织中石墨的形成过程称为石墨化过程。一般认为石墨可以从液态中直接析出，也可以自奥氏体中析出，还可以由渗碳体分解得到。

1. 铁碳合金的双重相图

实验表明，渗碳体是一个亚稳定相，石墨才是稳定相。通常在铁碳合金的结晶过程，之所以自液体或奥氏体中析出的是渗碳体而不是石墨，这主要是因为渗碳体的含碳量（6.69%）较石墨的含碳量（≈100%）更接近合金成分的含碳量（2.5%~4.0%），析出渗碳体时所需的原子扩散量较小，渗碳体的晶核形成较易。但在极其缓慢冷却（即提供足够的扩散时间）的条件下，或在合金中含有可促进石墨形成的元素（如 Si 等）时，那么在铁碳合金的结晶过程中，便会直接从液体或奥氏体中析出稳定的石墨相，而不再析出渗碳体。因此对铁碳合金的结晶过程来说，实际上存在两种相图，即 Fe－Fe_3C 和 Fe－C 相图，如图4.2所示，其中实线表示 Fe－Fe_3C 相图，虚线表示 Fe－C 相图。显然，按 Fe－Fe_3C 系相图进行结晶，就得到白口铸铁；按 Fe－C 系相图进行结晶，就析出和形成石墨。

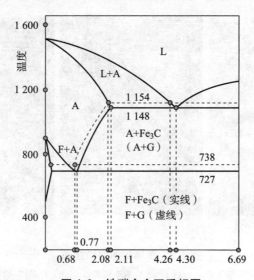

图4.2 铁碳合金双重相图

2. 铸铁冷却和加热时的石墨化过程

按 Fe－C 相图进行结晶，则铸铁冷却时的石墨化过程应包括：从液体中析出一次石墨 C_I；通过共晶反应产生共晶石墨 $C_{共晶}$；由奥氏体中析出的二次石墨 C_{II}。铸件加热时的石墨化过程：亚稳定的渗碳体当在比较高的温度下长时间加热时，会发生分解，产生石墨，即 $Fe_3C \rightarrow 3Fe + C$。加热温度越高，分解速度相对就越快。无论是冷却还是加热时的石墨化过程，凡是发生在 PSK 线（Fe－C 系相图中）以上，统称为第一阶段石墨化；凡是发生在 PSK 线以下，统称为第二阶段石墨化。

3. 影响铸铁石墨化的因素

（1）化学成分的影响

碳、硅、磷是促进石墨化的元素，锰和硫是阻碍石墨化的元素。碳、硅的含量过低，铸铁易出现白口组织，力学性能和铸造性能都较差；碳、硅的含量过高，铸铁中石墨数量多且粗大，性能变差。

(2) 冷却速度的影响

冷却速度越慢，即过冷度越小，越有利于按照 Fe－C 相图进行结晶，对石墨化越有利；反之冷却速度越快，过冷度增大，不利于铁和碳原子的长距离扩散，越有利于按 Fe－Fe_3C 相图进行结晶，不利于石墨化的进行。

二、常用铸铁

根据碳在铸铁中存在的形式及石墨的形态，可将铸铁分为灰铸铁、球墨铸铁、可锻铸铁和蠕墨铸铁等。灰铸铁、球墨铸铁和蠕墨铸铁中石墨都是自液体铁水在结晶过程中获得的，而可锻铸铁中石墨则是由白口铸铁通过在加热过程中石墨化获得。

1. 灰铸铁

(1) 灰铸铁的组织

灰铸铁由片状石墨和钢的基体两部分组成。因石墨化程度不同，得到铁素体、铁素体＋珠光体、珠光体三种不同基体的灰铸铁，如图 4.3 所示。

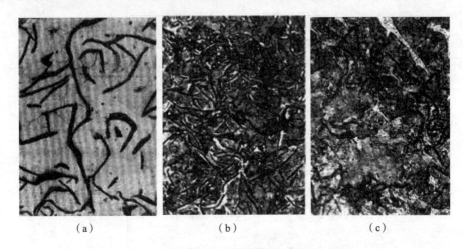

图 4.3　灰铸铁的显微组织

(a) F 基体灰铸铁；(b) F＋P 基本灰铸铁；(c) P 基体灰铸铁

(2) 灰铸铁的性能

灰铸铁的性能主要取决于基体组织以及石墨的形态、数量、大小和分布。因石墨的力学性能极低，在基体中起割裂作用、缩减作用，片状石墨的尖端处易造成应力集中，使灰铸铁的抗拉强度、塑性、韧性比钢低很多。

(3) 灰铸铁的孕育处理

为提高灰铸铁的力学性能，在浇注前向铁水中加入少量孕育剂（常用硅铁和硅钙合金），使大量高度弥散的难熔质点成为石墨的结晶核心，灰铸铁得到细珠光体基体和细小均匀分布的片状石墨组织，这样的处理称为孕育处理，得到的铸铁称为孕育铸铁。孕育铸铁强度较高，且铸件各部位截面上的组织和性能比较均匀。

(4) 灰铸铁牌号及用途

灰铸铁的牌号由"HT"（"灰铁"两字汉语拼音首字母）及后面一组数字组成，数字表

示最低抗拉强度 σ_b 值。例如 HT300，代表抗拉强度 $\sigma_b \geqslant 300$ MPa 的灰铸铁。由于灰铸铁的性能特点及生产简便，其产量占铸铁总产量的 80% 以上，应用广泛。常用的灰铸铁牌号是 HT150、HT200，前者主要用于机械制造业承受中等应力的一般铸件，如底座、刀架、阀体、水泵壳等；后者主要用于一般运输机械和机床中承受较大应力和较重要零件，如气缸体、气缸盖、机座、床身等。

（5）灰铸铁的热处理

①去应力退火：铸件凝固冷却时，因壁厚不同等原因造成冷却不均，会产生内应力，或工件要求精度较高时，都应进行去应力退火；

②消除白口、降低硬度退火：铸件较薄截面处，因冷速较快会产生白口，使切削加工困难，应进行退火使渗碳体分解，以降低硬度；

③表面淬火：目的是提高铸件表面硬度和耐磨性，常用方法有火焰淬火、感应淬火等。

2. 球墨铸铁

（1）球墨铸铁的组织

按基体组织不同，球墨铸铁分为铁素体球墨铸铁、铁素体－珠光体球墨铸铁、珠光体球墨铸铁和贝氏体球墨铸铁四种，金相显微组织如图 4.4 所示。

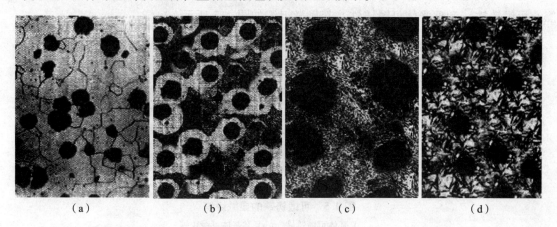

图 4.4　球墨铸铁的显微组织

(a) F 基体球墨铸铁；(b) F+P 基体球墨铸铁；(c) P 基体球墨铸铁；(d) $B_下$ 基体球墨铸铁

（2）球墨铸铁的性能

由于石墨呈球状，其表面积最小，大大减少了对基体的割裂和尖口敏感作用。球墨铸铁的力学性能比灰铸铁高得多，强度与钢接近，屈强比（$\sigma_{\gamma 0.2}/\sigma_b$）比钢高，塑性、韧性虽然大为改善，仍比钢差。此外，球墨铸铁仍有灰铸铁的一些优点，如较好的减振性、减摩性、低的缺口敏感性、优良的铸造性和切削加工性等。

但球墨铸铁存在收缩率较大、白口倾向大、流动性稍差等缺陷，故它对原材料和熔炼、铸造工艺的要求比灰铸铁高。

（3）球墨铸铁的牌号和应用

球墨铸铁的牌号由"QT"（"球铁"两字汉语拼音首字母）和两组数字组成。第一组数字表示最低抗拉强度 σ_b；第二组数字表示最低断后伸长率 δ。例如 QT600-3，代表 $\sigma_b \geqslant$ 600 MPa，$\delta \geqslant 3\%$ 的球墨铸铁。

球墨铸铁的力学性能好，又易于熔铸，经合金化和热处理后，可代替铸钢、锻钢，用于制作受力复杂、性能要求高的重要零件，在机械制造中得到广泛应用。

(4) 球墨铸铁的热处理

球墨铸铁的热处理与钢相似，但因含碳、硅量较高，有石墨存在，热导性较差，因此球墨铸铁进行热处理时，加热温度要略高，保温时间要长，加热及冷却速度要相应慢。常用的热处理方法有以下几种：

①退火。分为去应力退火、低温退火和高温退火。其目的是消除铸造内应力，获得铁素体基体，提高韧性和塑性。

②正火。分为高温正火和低温正火。其目的是增加珠光体数量并提高其弥散度，提高强度和耐磨性，但正火后需回火，消除正火内应力。

③调质处理。其目的是得到回火索氏体基体，获得较高的综合力学性能。

④等温淬火。其目的是获得下贝氏体基体，使其具有高硬度、高强度和较好的韧性。

3. 可锻铸铁

(1) 可锻铸铁的组织

可锻铸铁组织与石墨化退火方法有关，可得到两种不同基体的铁素体可锻铸铁（又称黑心可锻铸铁）和珠光体可锻铸铁，其显微组织如图4.5所示。

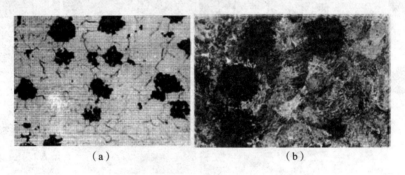

图4.5　可锻铸铁的显微组织
(a) F基体可锻铸铁；(b) P基体可锻铸铁

(2) 可锻铸铁的性能

由于石墨呈团絮状，对基体的割裂和尖口作用减轻，故可锻铸铁的强度、韧性比灰铸铁提高很多。

(3) 可锻铸铁牌号及用途

可锻铸铁牌号由"KT"（"可铁"两字汉语拼音首字母）和代表类别的字母（H、Z）及后面两组数字组成。其中，H代表"黑心"，Z代表珠光体基体。两组数字分别代表最低抗拉强度 σ_b 和最低断后伸长率 δ。例如，KTH 370－12，代表 σ_b > 370 MPa、δ ≥ 12% 的黑心可锻铸铁（铁素体可锻铸铁）。可锻铸铁主要用于形状复杂、要求强度和韧性较高的薄壁铸件。

4. 蠕墨铸铁

(1) 蠕墨铸铁组织

蠕墨铸铁组织为蠕虫状石墨形态，介于球状和片状之间，它比片状石墨短、粗，端部呈球状，如图4.6所示。蠕墨铸铁的基体组织有铁素体、铁素体＋珠光体、珠光体三种。

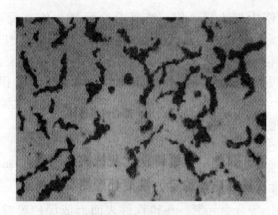

图 4.6　蠕墨铸铁的显微组织

（2）蠕墨铸铁的性能

蠕墨铸铁的力学性能介于灰铸铁和球墨铸铁之间。与球墨铸铁相比，蠕墨铸铁有较好的铸造性、良好的热导性、较低的热膨胀系数，是近三十年来迅速发展的新型铸铁。

（3）蠕墨铸铁牌号及用途

蠕墨铸铁的牌号由"RuT"（"蠕铁"两字汉语拼音首字母）加一组数字组成，数字表示最低抗拉强度，例如：RuT300。

三、合金铸铁

合金铸铁是指常规元素硅、锰高于普通铸铁规定含量或含有其他合金元素，具有较高力学性能或某些特殊性能的铸铁。合金铸铁主要有耐磨铸铁、耐热铸铁、耐蚀铸铁。

1. 耐磨铸铁

在无润滑干摩擦条件下工作的零件应具有均匀的高硬度组织。白口铸铁是较好的耐磨铸铁，但脆性大，不能承受冲击载荷。因此，生产中常采用冷硬铸铁（或称激冷铸铁），即用金属型铸铁耐磨的表面，而其他部位用砂型，同时适当调整铁液化学成分（如减少硅含量），保证白口层的深度，而芯部为灰口组织，从而使整个铸件既有较高的强度和耐磨性，又能承受一定的冲击。

我国试制成功的中锰球墨铸铁，即在稀土-镁球墨铸铁中加入 w_{Mn} 为 5.0% ~ 9.5%，w_{Si} 控制在 3.3% ~ 5.0%，并适当提高冷却速度，使铸铁基体获得马氏体、大量残余奥氏体和渗碳体。这种铸铁具有高的耐磨性和抗冲击性，可代替高锰钢或锻钢，适用于制造农用耙片、犁铧，饲料粉碎机锤片、球磨机磨球、衬板、煤粉机锤头等。

在润滑条件下工作的耐磨铸铁，其组织应为软基体上分布有硬的组织组成物，使软基体磨损后形成沟槽，保持油膜。珠光体灰铸铁基本上能满足这样的要求，其中铁素体为软基体，渗碳体层片为硬的组织组成物，同时石墨片起储油和润滑作用。为了进一步改善其耐磨性，通常将 w_P 提高到 0.4% ~ 0.6%，做成高磷铸铁。由于普通高磷铸铁的强度和韧性较差，故常在其中加入铬、钼、钨、钛、钒等合金元素，做成合金高磷铸铁，主要用于制造机床床身、气缸套、活塞环等。此外，还有钒钛耐磨铸铁、铬钼铜耐磨铸铁、硼耐磨铸铁等。

2. 耐热铸铁

铸铁的耐热性主要是指在高温下的抗氧化和抗热生长能力。

耐热铸铁是指在铸铁中加入硅、铝、铬等合金元素，使表面形成一层致密的 SiO_2、Al_2O_3、Cr_2O_3 保护膜等。此外，这些元素还会提高铸铁的临界点，使铸铁在使用温度范围内不发生固态相变，使基体组织为单相铁素体，因而提高了铸铁的耐热性。

耐热铸铁按其成分可分为硅系、铝系、硅铝系及铬系等。其中铝系耐热铸铁脆性较大，铬系耐热铸铁价格较贵，故我国多采用硅系和硅铝系耐热铸铁，主要用于制造加热炉附件，如炉底、烟道挡板、传递链构件等。

3. 耐蚀铸铁

耐蚀铸铁是指在腐蚀性介质中工作时具有耐腐蚀能力的铸铁。普通铸铁的耐蚀性差，这是因为组织中的石墨或渗碳体促进铁素体腐蚀。

加入 Al、Si、Cr、Mo 等合金元素，在铸铁件表面形成保护膜或使基体电极电位升高，可以提高铸铁的耐蚀性能。耐蚀铸铁分高硅耐蚀铸铁及高铬耐蚀铸铁。其中应用最广的是高硅耐蚀铸铁，其中 w_{Si} 高达 14%~18%，在含氧酸（如硝酸、硫酸等）中的耐蚀性不亚于 1Cr18Ni9，而在碱性介质和盐酸、氢氟酸中，由于表面 SiO_2 保护膜遭破坏，会使耐蚀性降低。因此，可在铸铁中加入 6.5%~8.5% 的铜，以改善高硅铸铁在碱性介质中的耐蚀性；为改善在盐酸中的耐蚀性，而向铸铁中加入 2.5%~4.0% 的钼。

耐蚀铸铁主要用于制造化工机械，如制造容器、管道、泵、阀门等。

任务实施

减速器箱体是机械设备中常见的零部件，要求其具有足够的强度、较好的减振性和良好的铸造性。因此，减速器箱体常选用最低抗拉强度为 200 MPa 的灰铸铁 HT200 制造。

任务 4-3　非铁合金及粉末冶金的选择

任务引入

齿轮泵泵体所用材料为 ZL401，请说明 ZL401 具体属于哪类材料，并解释牌号的含义。

任务目标

掌握常见非铁合金的分类及性能，了解粉末冶金和硬质合金的类型及特点，能够识别及分类常见非铁合金、正确识别常见非铁合金牌号，能够正确选择和合理使用非铁合金。

相关知识

工业中通常将钢铁材料以外的金属或合金，统称为非铁金属及非铁合金。因其具有优良的物理、化学和力学性能而成为现代工业中不可缺少的重要工程材料。

一、铝及其合金

工业上使用的纯铝，其纯度（质量分数）为 99.7%~98.00%。纯铝呈银白色，密度为 2.7 g/cm³，熔点为 660 ℃，具有面心立方晶格，无同素异晶转变，有良好的电导性、热导性。纯铝强度低，塑性好，易塑性变形加工成材；熔点低，可铸造各种形状零件；与氧的亲和力强，在大气中表面会生成致密的 Al_2O_3 薄膜，耐蚀性良好。

纯铝的牌号为：1070A、1060、1050A。工业纯铝主要用于制造电线、电缆、管、棒、线、型材和配制合金。

铝合金按其成分和工艺特点不同，分为变形铝合金和铸造铝合金两类。

1. 变形铝合金

不可热处理强化的变形铝合金主要有防锈铝合金；可热处理强化的变形铝合金主要有硬铝、超硬铝和锻铝。

（1）防锈铝合金

防锈铝合金属 Al-Mg 或 Al-Mg 系合金。加入锰主要用于提高合金的耐蚀能力和产生固溶强化；加入镁用于起固溶强化作用和降低密度。

防锈铝合金强度比纯铝高，并有良好的耐蚀性、塑性和焊接性，但切削加工性较差。因其不能热处理强化而只能进行冷塑性变形强化。其典型牌号是5A05、3A21，主要用于制造构件、容器、管道及需要拉伸、弯曲的零件和制品。

（2）硬铝合金

硬铝合金属 Al-Cu-Mg 系合金。加入铜和镁是为了使时效过程产生强化相。将合金加热至适当温度并保温，使过剩相充分溶解，然后快速冷却以获得过饱和固溶体的热处理工艺称为固溶处理。固溶处理后，铝合金的强度和硬度并不立即升高，且塑性较好，在室温或高于室温的适当温度保持一段时间后，强度会有所提高，这种现象称为时效。在室温下进行的称自然时效，在高于室温下进行的称人工时效。硬铝合金典型牌号是2A01、2A11，主要用于航空工业。

（3）超硬铝合金

超硬铝合金属 Al-Cu-Mg-Zn 系合金。这类合金经淬火加人工时效后，可产生多种复杂的第二相，具有很高的强度和硬度，切削性能良好，但耐蚀性差。典型牌号是7A04，主要用于航空工业。

（4）锻铝合金

锻铝合金属 Al-Cu-Mg-Si 系合金。其元素种类多，但含量少，因而合金的热塑性好，适于锻造，故称"锻铝"。锻铝通过固溶处理和人工时效来强化。典型牌号是2A05、0A07，主要用于制造外形复杂的锻件和模锻件。

2. 铸造铝合金

铸造铝合金按主加元素不同，分为 Al-Si 系、Al-Cu 系、Al-Mg 系和 Al-Zn 系四类。应用最广的是 Al-Si 系铸造铝合金，成分在共晶点附近，其铸造组织为粗大针状硅晶体与 α 固溶体组成的共晶，铸造性能良好，但强度、韧性较差。通过变质处理，得到塑性好的初晶 α 固溶体加细粒状共晶体组织，力学性能显著提高，应用很广。

铸造铝合金的牌号由"ZL"（"铸铝"汉字拼音首字母）加顺序号组成。顺序号的三位数字中：第一位数字为合金系列，1 表示 Al-Si 系，2、3、4 分别表示 Al-Cu 系、Al-Mg 系、Al-Zn 系；后两位数字为合金的顺序号。例如，ZL201 表示 1 号铝铜系铸造铝合金，ZL107 表示 7 号铝硅系铸造铝合金。

（1）铝硅合金

Al-Si 系铝合金又称硅铝明,其中 ZL102 称为简单硅铝明,$w_{Si}=11\%\sim 13\%$,铸造性能好、密度小,抗蚀性、耐热性和焊接性也相当好,但强度低,只适用于制造形状复杂但对强度要求不高的铸件,如仪表壳体等。

若在 ZL102 中加入适当的合金元素 Cu、Mg、Mn、Ni 等,称为特殊硅铝明,经淬火时效或变质处理后强度显著提高。由于特殊硅铝明具有良好的铸造性和较高的抗蚀性及足够的强度,在工业上应用十分广泛,例如 ZL108、ZL109 是目前常用的铸造铝活塞的材料。

(2) 铝铜合金

Al-Cu 合金的强度较高,耐热性好,但铸造性能较差,有热裂和疏松倾向,耐蚀性较差。

(3) 铝镁合金

Al-Mg 合金(ZL301、ZL302)强度高,相对密度小(约为 2.55),有良好的耐蚀性,但铸造性能差,耐热性低,多用于制造承受冲击载荷、在腐蚀性介质中工作的零件,如舰船配件、氨用泵体等。

(4) 铝锌合金

Al-Zn 合金(ZL401、ZL402)价格低廉,铸造性能优良,经变质处理和时效处理后强度较高,但抗蚀性差,热裂倾向大,常用于制造汽车、拖拉机的发动机零件及形状复杂的仪器零件,也可用于制造日用品。

铸造铝合金的铸件,由于形状较复杂,组织粗糙,化合物粗大,并有严重的偏析,因此它的热处理与变形铝合金相比,淬火温度应高一些,加热保温时间要长一些,以使粗大析出物完全溶解并使固溶体成分均匀化。淬火一般用水冷却,并多采用人工时效。

二、铜及铜合金

纯铜呈紫红色,又称紫铜。铜的密度为 8.96 g/cm³,熔点为 1 083℃,具有面心立方晶格,无同素异晶转变。它有良好的电导性、热导性、耐蚀性和塑性。纯铜易于热压和冷压力加工;但强度较低,不宜作结构材料。工业纯铜的纯度为 99.50%~99.90%,其牌号用"T"("铜"字汉语拼音首字母)加顺序号表示,共有 T1、T2、T3、T4 四个代号。序号越大,纯度越低。纯铜广泛用于制造电线、电缆、电刷、铜管、铜棒及配制合金。

铜合金有黄铜、青铜和白铜。

1. 黄铜

黄铜是以锌为主要添加元素的铜合金。

(1) 普通黄铜

铜锌二元合金称为普通黄铜。其牌号由"H"("黄")加数字(表示铜的平均含量)组成,如 H68 表示铜含量为 68%,其余为锌。铜中加入锌不但能使强度增高,也能使塑性增高。当 $w_{Zn}<32\%$ 时,形成单相 α 固溶体,随锌含量增加,其强度增加、塑性改善,适于冷热变形加工;当 $w_{Zn}>32\%$ 时,组织中出现硬而脆的 β 相,使强度升高而塑性急剧下降;当 $w_{Zn}>45\%$ 时,全部为 β 相组织,强度急剧下降,合金已无使用价值。

(2) 特殊黄铜

在普通黄铜中再加入其他合金元素制成特殊黄铜,可提高黄铜强度和其他性能。如加铝、锡、锰能提高耐蚀性和抗磨性;加铅可改善切削加工性;加硅能改善铸造性能等。

特殊黄铜的牌号依旧由"H"与主加合金元素符号、铜含量百分数、合金元素含量百分数组成。如 HPb59-1,表示 $w_{Cu}=59\%$、$w_{Pb}=1\%$,其余为锌的铅黄铜。铸造黄铜牌号表示方法与铸造铝合金相同。

2. 青铜

青铜原指铜锡合金,又叫锡青铜。但目前已经将含铝、硅、铍、锰等的铜合金都包括在青铜内,统称为无锡青铜。

(1)锡青铜

锡青铜是以锡为主要添加元素的铜基合金。按生产方法,锡青铜可分为压力加工锡青铜和铸造锡青铜两类。

压力加工锡青铜含锡量一般小于10%,适用于冷热压力加工。这类合金经形变强化后,强度、硬度提高,但塑性有所下降。

铸造锡青铜含锡量一般为10%~14%,在这个成分范围内的合金,结晶凝固后体积收缩很小,有利于获得尺寸接近铸型的铸件。

(2)无锡青铜

无锡青铜是指不含锡的青铜,常用的有铝青铜、铍青铜、铅青铜、锰青铜等。

铝青铜是无锡青铜中用途最广泛的一种,其强度高、耐磨性好,且具有受冲击时不产生火花之特性。铸造时,由于流动性好,可获得致密的铸件。

(3)白铜

白铜是铜镍合金,主要用作精密机械、仪表中的耐蚀零件,由于价格高,一般机械零件很少应用。

三、轴承合金

滑动轴承中用于制作轴瓦和轴衬的合金称为轴承合金。当轴承支撑轴进行工作时,由于轴的旋转,使轴和轴瓦之间产生强烈的摩擦。为了减少轴承对轴颈的磨损,确保机器的正常运转,轴承合金应具有以下性能要求:

①较高的抗压强度和疲劳强度;
②摩擦系数小,表面能储存润滑油,耐磨性好;
③良好的抗蚀性、热导性和较小的膨胀系数;
④良好的磨合性;
⑤加工性能好,原料来源广,价格便宜。

为了满足以上性能要求,轴承合金的组织应是在软基体上分布硬质点(如锡基、铅基轴承合金)或硬基体上分布软质点(如铜基、铝基轴承合金),如图4.7所示。轴承工作时,硬组织起支撑抗磨作用;软组织被磨损后形成小凹坑,可储存润滑油,减小摩擦和承受振动。

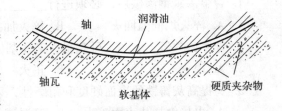

图4.7 轴承合金结构示意

最常用的轴承合金是锡基或铅基"巴氏合金"。

四、粉末冶金与硬质合金

1. 粉末冶金

粉末冶金是将几种金属或非金属粉末混合后压制成形，并在低于金属熔点的温度下进行烧结，而获得材料或零件的加工方法。其生产过程包括粉末的生产、混料、压制成型、烧结及烧结后的处理等工序。粉末冶金能生产具有特殊性能的材料和制品，是一种少（无）切削精密加工工艺。随着科技的发展，对新材料的要求不断提高，粉末冶金材料在民用和国防工业中得到广泛应用。

2. 硬质合金

硬质合金是指以一种或几种高熔点、高硬度的碳化物（如碳化钨、碳化钛等）的粉末为主要成分，加入起黏结作用的金属钴粉末，用粉末冶金法制得的材料。硬质合金具有硬度高（69~81 HRC），热硬性好（900 ℃ ~1 000 ℃，保持 60 HRC），耐磨和高抗压强度等特点。硬质合金刀具比高速钢切削速度高 4~7 倍，刀具寿命高 5~80 倍。制造模具、量具，寿命比合金工具钢高 20~150 倍，可切削 50 HRC 左右的硬质材料。

但硬质合金脆性大，不能进行切削加工，难以制成形状复杂的整体刀具，因而常制成不同形状的刀片，采用焊接、粘接、机械夹持等方法安装在刀体或模具体上使用。

任务实施

齿轮泵泵体所用材料 ZL401 为 1 号铝锌系铸造铝合金。

复习思考题

一、名词解释

合金钢 冷脆 热脆 沸腾钢 镇静钢 合金铸铁 孕育铸铁 白口铸铁 可锻铸铁 灰铸铁 球墨铸铁 蠕墨铸铁

二、说明下列符号的含义

T8、45Mn、60、Q235A、Q345、20CrMnTi、38CrMoAl、40Cr、Gr15、HT150、KTH300 - 06、QT400 - 18、Y20、ZG230 - 450、60Si2Mn

三、选择题

1. 合金渗碳钢渗碳后，必须进行_____后才能使用。

    A. 淬火加低温回火　　　　B. 淬火加高温回火　　　　C. 淬火加高温回火

2. 球墨铸铁经_____可获得铁素体基体组织，经_____可获得下贝氏体基体组织。

    A. 退火　　　　　　　　　B. 正火　　　　　　　　　C. 贝氏体等温淬火

3. 为提高灰铸铁的表面硬度和耐磨性，采用_____热处理方法效果较好。

    A. 电接触加热表面淬火　　B. 等温淬火　　　　　　　C. 渗碳后淬火加低温回火

四、判断题

1. 钢中合金元素含量越高，其淬透性越好。　　　　　　　　　　　　　　　　（　　）

2. 热处理可以改变灰铸铁的基体组织，但不能改变石墨的形状、大小和分布情况。
                                                          (   )
3. 制造滚动轴承应选用 GCr15。   (   )
4. 厚壁铸铁件的表面硬度总比其内部高。   (   )
5. 可锻铸铁比灰铸铁的塑性好，因此可以进行锻压加工。   (   )
6. 调质钢的合金化主要是考虑提高其红硬性。   (   )
7. 合金钢的淬透性比碳钢高。   (   )
8. 可锻铸铁一般只适用于薄壁小型铸件。   (   )
9. 白口铸铁件的硬度适中，易于进行切削加工。   (   )
10. 碳钢中的硅、锰是有益元素，而磷、硫是有害元素。   (   )

五、简答题

1. 合金钢与碳钢相比，具有哪些特点？
2. 钢中常存杂质元素有哪些？它们对钢的性能有何影响？
3. 高速工具钢淬火后为什么需要进行三次以上回火？560 ℃回火是否是调质处理？
4. 不同铝合金可通过哪些途径达到强化的目的？
5. 常用滑动轴承合金有哪几种？简单说明其组织、性能特点，并指出其主要应用范围。

项目五　铸造成形

项目引入

缸体（图5.1）是汽车发动机的基础零件，通过它把发动机的曲柄连杆机构（包括活塞、连杆、曲轴、飞轮等零件）和配气机构（包括缸盖、凸轮轴等）以及供油、润滑、冷却等系统连接成一个整体。缸体形状复杂，在制造时，先铸造出缸体毛坯，再经过机械加工出成品。

图 5.1　缸体

项目分析

铸造是将液体金属浇注到与零件形状相适应的铸造空腔中，待其冷却凝固后，以获得零件或毛坯的方法。被铸物质多为原为固态但加热至液态的金属（如铜、铁、铝、锡、铅等），而铸模的材料可以是砂、金属甚至陶瓷。

本项目主要学习：

铸造成形工艺基础、铸造成形方法、铸造成形工艺设计、铸件结构工艺性、常见铸造缺陷控制及修补。

1. 知识目标

◆ 熟悉铸造成形工艺基础知识。
◆ 掌握常见铸造缺陷产生原因及预防措施。
◆ 熟悉常用铸造工艺方法。
◆ 掌握铸件成形工艺设计知识。
◆ 掌握铸件结构工艺性知识。

2. 能力目标

◆ 能进行常见铸造缺陷产生原因分析及预防措施的确定。

◆ 能进行简单的铸造工艺设计。
◆ 能进行铸件结构工艺性分析。

3. 工作任务

任务 5-1　铸造成形的认知
任务 5-2　铸造成形方法的选择
任务 5-3　铸造成形工艺设计
任务 5-4　铸件结构工艺性分析
任务 5-5　常见铸造缺陷控制及修补

任务 5-1　铸造成形的认知

任务引入

什么是合金的铸造性能？铸造性能对铸造工艺、铸件结构及铸件质量有什么影响？

任务目标

掌握充型能力和流动性的概念、合金的流动性和外界条件对铸件质量的影响、影响合金流动性的主要因素、提高充型能力和流动性的主要措施以及收缩的概念。熟悉常用铸造工具、设备及砂型铸造造型（芯）材料。

相关知识

将液态金属浇注到铸型型腔中，待其冷却凝固后，获得一定形状的毛坯或零件的方法称为铸造。铸造的实质就是材料的液态成形，由于液态金属易流动，所以绝大部分金属材料都能用铸造的方法制成具有一定尺寸和形状的铸件，并使其形状和尺寸与零件接近，以节省金属，减少加工余量，降低成本。因此，铸造在机械制造工业中占有重要地位，但是，液态金属在冷却凝固过程中，形成的晶粒较粗大，容易产生气孔、缩孔和裂纹等缺陷。所以铸件的力学性能较相同材料的锻件差，而且存在生产工序多，铸件质量不稳定，废品率高，工作条件差，劳动强度较高等问题。

一、合金的铸造性能

铸造合金除应具备符合要求的力学性能和必要的物理、化学性能外，还必须具有良好的铸造性能。所谓合金的铸造性能，是指在铸造生产过程中，合金铸造成形的难易程度。容易获得正确的外形、内部无缺陷的铸件，其铸造性能就好。合金的铸造性能是一个复杂的综合性能，通常用充型能力、收缩性等来衡量。影响铸造性能的因素很多，除合金元素的化学成分外，还有工艺因素等。因此，掌握合金的铸造性能，采取合理的工艺措施，可以防止铸造缺陷，提高铸件质量。

（一）液态合金的充型能力

熔融合金充满型腔，形成轮廓清晰、形状完整的铸件的能力叫作液态合金的充型能力。影响液态合金充型能力的因素有两个，一是合金的流动性，二是外界条件。

1. 合金的流动性

铸造合金流动性的好坏,通常以螺旋形流动性试样的长度来衡量。将合金液浇入图5.2所示的螺旋形试样的铸型中,在相同的铸型及浇注条件下,得到的螺旋形试样越长,表示该合金的流动性越好。不同种类合金的流动性差别较大,铸铁和硅黄铜的流动性最好,铝硅合金次之,铸钢最差。在铸铁中,流动性随碳、硅含量的增加而提高。同类合金的结晶温度范围越小,结晶时固液两相区越窄,对内部液体的流动阻力越小,合金的流动性越好。

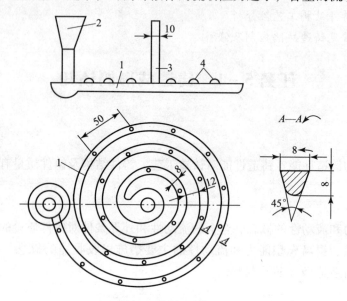

图5.2 螺旋形流动性试样
1—试样;2—浇口杯;3—冒口;4—试样凸点

流动性好的合金,充型能力强,易得到形状完整、轮廓清晰、尺寸准确、薄而复杂的铸件。流动性好,还有利于合金液中的气体、非金属夹杂物的上浮与排除,有利于补充铸件凝固过程中的收缩。流动性不好,则铸件容易产生气孔、夹渣以及缩孔、缩松等铸造缺陷。影响合金流动性的因素主要有:

①合金的种类。合金的流动性与合金的熔点、热导率、合金液的黏度等物理性能有关。如铸钢熔点高,在铸型中散热快、凝固快,其流动性差。

②合金的成分。同种合金中,成分不同的铸造合金具有不同的结晶特点,对流动性的影响也不相同。纯金属和共晶合金是在恒温下进行结晶,结晶时从表面向中心逐层凝固,凝固层的表面比较光滑,对尚未凝固金属的流动阻力小,故流动性好。特别是共晶合金,熔点最低,因而流动性最好;亚共晶合金在一定温度范围内结晶,其结晶过程是在铸件截面上一定的宽度区域内同时进行的,在结晶区域中,既有形状复杂的枝晶,又有未结晶的液体。复杂的枝晶不仅阻碍熔融合金的流动,而且使熔融合金的冷却速度加快,所以流动性差。结晶区间越大,流动性越差。

③杂质。熔融合金中出现的固态夹杂物,将使液体的黏度增加,合金的流动性下降。如灰铸铁中锰和硫,多以MnS的形式悬浮在铁液中,阻碍铁液的流动,使流动性下降。

④含气量。熔融合金中的含气量越少,合金的流动性越好。

2. 外界条件

影响充型能力的外界因素有浇注条件、铸型条件和铸件结构等。这些因素主要是通过影响合金与铸型之间的热交换条件,从而改变合金液的流动时间,或是影响合金液在铸型中的动力学条件,从而改变合金液的流动速度来影响合金充型能力的。如果能够使合金液的流动时间延长,或加快流动速度,就可以改善合金液的充型能力。

(1) 浇注条件

①浇注温度。浇注温度对合金的充型能力有决定性影响。在一定温度范围内,浇注温度高,液态合金所含的热量多,在同样冷却条件下,保持液态的时间长,流动性就好。浇注温度越高,合金的黏度越低,传给铸型的热量多,保持液态的时间延长,流动性好,充型能力强。因此,提高浇注温度是改善合金充型能力的重要措施。但浇注温度超过某一界限后,由于合金吸气多,氧化严重,流动性反而降低。合金吸气量和总收缩量的增大,增加铸件产生其他缺陷的可能性(如缩孔、缩松、黏砂、晶粒粗大等)。因此每种合金均有一定的浇注温度范围,在保证流动性足够的条件下,浇注温度应尽可能低些。

②充型压力。熔融合金在流动方向上所受的压力越大,充型能力越好。砂型铸造时,充型压力是由直浇道的静压力产生的,适当提高直浇道的高度,可提高充型能力。但过高的砂型浇注压力,易使铸件产生砂眼、气孔等缺陷。在低压铸造、压力铸造和离心铸造时,因人为加大了充型压力,故充型能力较强。

③浇注系统的结构。浇注系统的结构越复杂,流动的阻力就越大,流动性就越低。故在设计浇注系统时,要合理布置内浇道在铸件上的位置,选择恰当的浇注系统结构。

(2) 铸型条件

铸型的蓄热系数、温度以及铸型中的气体等均影响合金的流动性。如液态合金在金属型中比在砂型中的流动性差;预热后温度高的铸型比温度低的铸型流动性好;型砂中水分过多,其流动性差等。

①铸型的蓄热能力。其表示铸型从熔融合金中吸收并传出热量的能力。铸型材料的比热和热导率越大,对熔融合金的冷却作用越强,合金在型腔中保持流动的时间越短,合金的充型能力越差。

②铸型温度。浇注前将铸型预热,能减小铸型与熔融合金的温度差,减缓了合金的冷却速度,延长了合金在铸型中的流动时间,合金充型能力提高。

③铸型中的气体。浇注时因熔融金属合金在型腔中的热作用而产生大量气体。如果铸型的排气能力差,则型腔中气体的压力增大,阻碍熔融合金的充型。铸造时除应尽量减小气体的来源外,应增加铸型的透气性,并开设出气口,使型腔及型砂中的气体顺利排出。

(3) 铸件结构

当铸件壁厚过小、厚薄部分过渡面多、有大的水平面等结构时,都使合金液的流动困难。因此在进行铸件结构设计时,铸件的形状应尽量简单,壁厚应大于规定的最小壁厚。对于形状复杂、薄壁、散热面大的铸件,应尽量选择流动性好的合金或采取其他相应措施。

(二) 合金的收缩

铸件在凝固和冷却过程中,其体积减小的现象称为收缩。合金的收缩量通常用体收缩率和线收缩率来表示。合金从液态到常温的体积改变量称为体收缩，合金在固态由高温到常温的线性尺寸改变量称为线收缩。铸件的收缩与合金成分、温度、收缩系数和相变体积改变等因素有关，除此之外，还与结晶特性、铸件结构以及铸造工艺等有关。

1. 收缩三阶段

铸造合金收缩要经历三个相互联系的收缩阶段，即液态收缩、凝固收缩和固态收缩。

①液态收缩：合金从浇注温度冷却至开始凝固（液相线）温度之间的收缩。合金液的过热度越高，液态收缩越多。

②凝固收缩：合金从开始凝固至凝固结束（固相线）温度之间的收缩。结晶温度范围越宽，凝固收缩越大。

液态收缩和凝固收缩，一般表现为铸型空腔内金属液面的下降，是铸件产生缩孔或缩松的基本原因。

③固态收缩：合金在固态下，冷却至室温的收缩。它将使铸件形状、尺寸发生变化，是产生铸造应力、导致铸件变形，甚至产生裂纹的主要原因。

常用的金属材料中，铸钢收缩最大，有色金属次之，灰口铸铁最小。灰口铸铁收缩小是因析出石墨而引起体积膨胀的结果。

2. 影响收缩的因素

合金总的收缩为液态收缩、凝固收缩和固态收缩三个阶段收缩之和，它与合金本身的化学成分、温度以及铸型条件和铸件结构等因素有关。

①化学成分。不同成分合金的收缩率不同，如碳素钢随含碳量的增加，凝固收缩率增加，而固态收缩率略减。灰铸铁中，碳、硅含量越高，硫含量越低，收缩率越小。

②浇注温度。浇注温度主要影响液态收缩。浇注温度升高，使液态收缩率增加，则总收缩量相应增大。为减小合金液态收缩及氧化吸气，并且兼顾流动性，浇注温度一般控制在高于液相线温度50 ℃～150 ℃。

③铸件结构与铸型条件。铸件的收缩并非自由收缩，而是受阻收缩。其阻力来源于两个方面：一是铸件壁厚不均匀，各部分冷速不同，收缩先后不一致，而相互制约，产生阻力；二是铸型和型芯对收缩的机械阻力。铸件收缩时受阻越大，实际收缩率就越小。因此，在设计和制造模样时，应根据合金种类和铸件的受阻情况，采用合适的收缩率。

（三）合金的吸气性

1. 气体来源

铸件中的气体一般来源于合金的熔炼过程、铸型和浇注过程三个方面。熔炼过程中气体主要来自各种炉料的锈蚀物、炉衬、工具、熔剂及周围气氛中的水分、氮、氧等气体。铸型中的气体主要来自型砂中的水分，即使烘干的铸型，浇注前也会吸收水分，且其中的黏土在金属液的热作用下，结晶水还会分解。此外，有机物的燃烧也会产生大量气体。浇注过程的气体主要来自浇包未烘干，当接触金属液时便产生气体；铸型浇注系统设计不当会卷入气体；铸型透气性差，引起气体进入型腔。另外，由于浇注速度控制不当，或型腔内气体不能及时排除，当温度急剧上升、气体体积膨胀使型腔内压力增大时，也会使气体进入合金液而增加合金中的气体含量。

2. 气体种类及存在形态

铸件中存在的气体主要是氢和氧，其次是氮，以及一氧化碳和二氧化碳等。气体在铸件中的存在形态主要有固溶体、化合物和气态三种。当气体以原子态溶解于金属中时，则以固溶体形态存在；当气体与金属中某些元素的亲和力大，气体就与这些元素形化合物，此时以化合物形态存在。例如铸钢、铸铁件中的氧主要以氧化物、硅酸盐和成分复杂的硫氧化合物等夹杂物形态存在。若气体以分子状态聚集成气泡存在于合金中，则以气态形式存在。因此，其中存在氢的铸件，以及脱氧不完全的钢和含氧较高的钢的铸件易产生气孔，这是由于氢氧在合金中的含量超过其溶解度，以分子状态（即气泡形态）存在于合金中，若凝固前气泡来不及排除，便在铸件中产生气孔。

二、铸造工具与设备

（一）常用合金铸件生产用具

1. 砂箱

砂箱是长方形、方形、圆形的坚实框子，有时根据铸件结构，做成特殊形状。砂箱的作用是牢固地围紧所春实的型砂，以便于铸型的搬运及在浇注时承受合金的压力。砂箱可以用木材、铸铁、钢、铝合金制成，一般由上箱和下箱组成一对砂箱，并用销子定位，如图5.3所示。

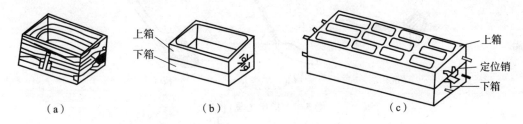

图 5.3 常用砂箱
(a) 可拆砂箱；(b) 无档砂箱；(c) 有档砂箱

2. 工具

常见工具如图 5.4 所示。

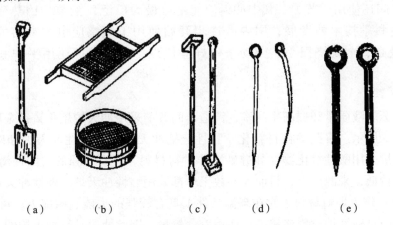

图 5.4 常用工具
(a) 铁铲；(b) 筛子；(c) 砂春；(d) 通气针；(e) 起模针、起模钉

图5.4 常用工具（续）

(f) 掸笔；(g) 排笔；(h) 粉袋；(i) 皮老虎；(j) 镘刀；(k) 提钩；
(l) 半圆；(m) 成型镘刀；(n) 压勺；(o) 双头铜勺

（二）铸铁熔炼设备

铸铁的熔炼是在化铁炉中进行的，铸造车间常用的化铁炉有冲天炉、工频感应炉，有的小型铸造车间还使用三节炉。其中冲天炉使用得最为广泛，三节炉因热效率低而逐步被淘汰。随着科学技术的发展，国内已逐步开始使用工频感应电炉来熔炼金属，它具有金属液质量高、金属烧损小、劳动条件好等优点。有的工厂还用平炉和电弧炉熔化金属。

1. 冲天炉

为了保证金属液质量和提高生产率，铸造车间普遍采用冲天炉熔化铸铁金属液。冲天炉的结构如图5.5所示。按照炉衬材料化学特性，把冲天炉分为酸性冲天炉和碱性冲天炉两种。酸性冲天炉是用酸性氧化物（如硅砂）作炉衬材料，具有较强的抗酸性渣侵蚀的能力。炉衬材料价格较低，来源广泛，目前大多数工厂都采用酸性冲天炉。碱性冲天炉是以碱性氧化物（如镁砂）作为炉衬材料，它在高温条件下具有较强的去硫、磷能力，可以获得低硫、磷的金属液。但是碱性炉衬价格较高，使用寿命较短，因此使用碱性冲天炉的工厂很少。冲天炉按照炉膛形状和送风方式不同，分为直筒形三排大风口冲天炉、曲线炉膛多排小风口热风冲天炉、大排距风口冲天炉、多排交叉风口冲天炉等类型。

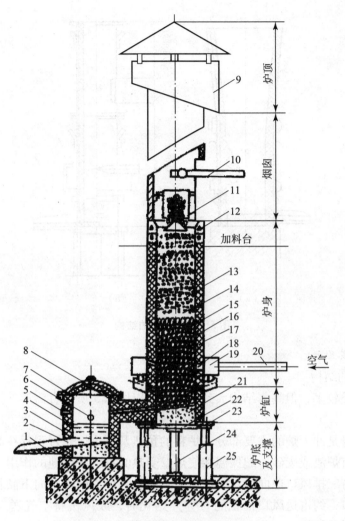

图 5.5 冲天炉的结构

1—铁槽；2—出铁口；3—前炉炉壳；4—前炉炉衬；5—过桥窥视孔；6—出渣口；7—前炉盖；8—过桥；9—火花捕集器；10—加料机械；11—加料桶；12—铸铁砖；13—层焦；14—金属炉料；15—底焦；16—炉衬；17—炉壳；18—风口；19—风箱；20—进风口；21—炉底；22—炉门；23—炉底板；24—炉门支撑；25—炉腿

2. 工频感应炉（工频炉）

采用工业频率（50 Hz）的交流电进行熔化的感应炉称为工频感应炉。在工频感应炉中，电流通入感应线圈，使炉膛中的炉料内部产生感应电动势并形成电涡流，产生热量，使金属块料熔化。

3. 三节炉

三节炉由上、中、下三节组成，上面一节起到装料、排烟及预热炉料作用。中间为熔化部分，使金属熔化并过热。下面一节为炉缸，储存铁液并设有出渣口和出铁口。这种炉结构简单、高度低、占地少、容易修补，但铁液质量差、温度低、热量损失大，焦炭消耗大。三节炉熔铁量一般为 1 吨/小时左右。其结构如图 5.6 所示。

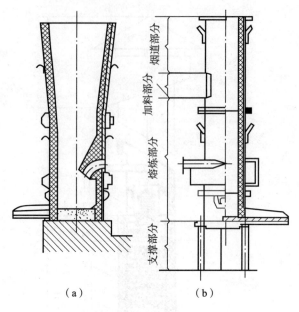

图 5.6 三节炉的结构

4. 冲天炉及其附属

（1）冲天炉的结构

冲天炉的种类较多，但基本结构大致相同，现以图 5.5 所示直筒形三排大风口冲天炉为例进行分析。

① 炉身。炉身是冲天炉的主要部分，炉料的预热及整个熔化过程都在此进行。金属炉壳与耐火砖之间填有炉渣或废砂，起保温和使炉壁受热时有膨胀余地的作用，炉身下部钢板结构的风带上开设有三排风口通向炉门，风口为圆形孔，风口朝里稍向下倾斜，下面一排风口直径较大称主风口，约占送风口面积的 60%。熔化时，鼓风机将空气送入风带经风口进入炉内，促使焦炭充分燃烧。

② 炉缸。风口以下直到炉底这一部分为炉缸。它的下部有出铁口和过桥，侧面开有一个工作门，工作门的作用是传递修炉材料、封底和进行点火操作。

③ 炉底及支撑。它是由炉门、炉底、炉门支撑、炉腿等组成。炉底下面装有两扇半圆形的炉门，用于熔炼结束后放出炉料，熔化前先将炉门合上封好底，用支撑柱撑好。整个炉内炉料重量都由支撑柱承受，故要求结实、牢固。

④ 烟囱。烟囱内壁用耐火砖砌成，烟囱的作用是加强炉内气体流动，把炉内生成的气体和火花引出室外。烟囱下部与炉身相接处开有加料门，炉料由此加入炉内。

⑤ 炉顶除尘装置。除尘装置分为湿法除尘和干法除尘两种。炉顶湿法除尘装置在工作过程中连续喷水并形成水幕，以消除烟气中的火花和灰尘，并溶解二氧化硫和氢氟酸等有害成分。干法除尘即在炉顶装上火花捕集器，它是利用废气在改变流动方向时，质量较大的粉尘由于惯性和重力的作用下沉的原理制成，下沉的灰尘积聚到底部管道放出。

⑥ 前炉。前炉的作用是储存金属液。它可使金属液的成分和温度更加均匀，减少金属液从焦炭中吸碳和吸硫的机会，以改善金属液质量。前炉外壳为钢板，里面砌有耐火砖并筑有耐火内衬，正面底部开有出铁口，正面上方与过桥对应处开有过桥窥视孔，炉侧中部开有出

渣口，前炉顶部有金属炉盖，可以减少金属液热量的散失。

(2) 冲天炉的附属设备

冲天炉的主要附属设备有加料设备、鼓风机等。

①加料设备。冲天炉常见加料设备有悬轨式中心加料起重机、倾斜式翻转加料机和倾斜式中心加料机三种。悬轨式中心加料起重机和倾斜式中心加料机所加炉料均匀度好，倾斜式翻斗加料机所加炉料常出现偏堆现象，炉料均匀性差。

②鼓风机。炉内所需的大量空气由鼓风机供给。鼓风机有叶片式、离心式、罗茨式三种。可以一台单独供风，也可两台并联增大风量送风，或两台串联增大风压送风。在输送压力风的管路上装有风压计和风量计，以及风压风量控制机构。

(三) 铸钢熔炼设备

铸钢熔炼设备有电弧炉、钢包精炼炉、感应电炉、等离子电弧炉、平炉等。电弧炉熔炼速度快，钢液温度高，有良好的脱磷、脱硫条件，容易操作控制，可以熔炼出质量较高的碳素钢和合金钢，适合于浇注各种类型的铸件。因此，电弧炉是铸钢生产中使用最广泛的一种炼钢设备。感应电炉及等离子电弧炉主要用来熔炼高级合金钢及高温合金。平炉应用比较少，只在重型铸钢厂浇注大件时使用。

我国目前铸钢件生产多使用三相电弧炉。电弧炉的容量（每次熔炼钢液量）有 0.5 t、1.5 t、3 t、5 t、10 t、20 t 等。三相电弧炉主要由炉体、炉盖、电极升降机构与夹持机构、倾炉机构、炉体开出或炉盖旋转机构、电气装置和水冷装置等构成。三相电弧炉的结构如图5.7所示。

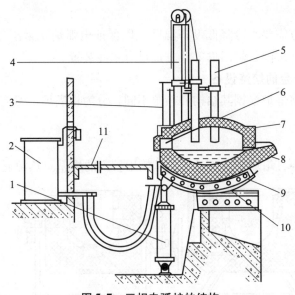

图 5.7 三相电弧炉的结构

1—炉体倾转机构；2—配电设备；3—电缆；4—电极夹持与升降机构；5—石墨电极；
6—操作孔；7—炉盖；8—出钢槽；9—炉体；10—炉体支撑机构；11—工作台

1. 炉体

炉体是电弧炉的主要部分，它的外壳是由钢板焊成，内部用耐火材料砌筑而成。酸性炉的炉体内部用硅砖砌成，硅砖表面的炉衬用水玻璃硅砂打结而成。碱性炉的炉体内部用镁砖和黏土砖砌成，镁砖表面的炉衬用焦油镁砂或焦油镁砂砖或卤水镁砂烧结而成，炉体上开有炉门、出钢口及出钢槽。

2. 炉盖

炉盖是用钢板焊成的旋转体（空心的，内部通水冷却），在其内用耐火砖砌筑。酸性电弧炉一般是用硅砖砌筑炉盖，碱性炉一般是用高铝砖砌筑炉盖。电弧炉炉盖有用耐火水泥捣制成的，还有通水冷却的全水冷和半水冷炉盖。三相电弧炉盖上开有引入电极的三个电极圆孔。

3. 电极升降机构与夹持机构

电弧炉中的电极上升与下降一般是自动控制的。电极升降的自动控制系统包括电气部分（自动控制线路）和电极升降机构（执行机构）两部分。立柱固定不动，电动机驱动升降机构使横臂沿着立柱上下运动，从而带动电极升降。升降机构有液压传动式和机械传动式两种。电极夹持机构一般用弹簧压紧的夹板或螺栓压紧的夹板夹持电极。

4. 倾炉机构

在熔炼过程中出渣和出钢液都要倾斜电炉。出渣倾斜量小一些，出钢液倾斜量较大，以便将炉内钢液和熔渣出净。倾斜机构有液压传动式和机械传动式两种。

5. 电气装置

电气装置包括供电线路、变压器、互感器、开关等。高压电流经过空气断路器、高压开关、限流线圈、切换开关等接到变压器的原边线圈上，经过降压后，由变压器的二次侧线圈向各电极供低电压。电压互感器和电流互感器是电弧炉的功率自动调节装置，对电弧长度进行自动控制。

6. 水冷装置

电弧炉有很多地方需要水冷降低设备温度，以保证电弧炉正常工作。在炉盖、电极孔、电极夹持器、变压器、炉门、炉门框等地方都设有水冷装置。

（四）铸造有色合金的熔炼设备

铸造有色合金的熔炼炉根据其结构和热源不同，分为坩埚炉、感应电炉、反射炉和电弧炉多种炉型。

1. 坩埚炉

在有色合金熔炼中，坩埚炉（图5.8）是使用较广的炉型。热源通过坩埚的侧面和底面

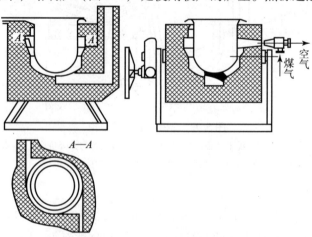

图 5.8 坩埚炉的结构

加热炉料，合金可以不与炉气接触，合金成分几乎不受燃气的影响，能保证合金液的合金成分和温度的均匀性，并且可以进行多种合金的交替连续的高质量熔炼。坩埚炉的热源较广，有焦炭料和煤炭固体燃料、重油液体燃料、天然气或煤气气体燃料以及电能等。但是坩埚炉的热效率低，不容易获得高温，每炉的熔化量也较小（一般最大熔化量为500 kg）。

2. 感应电炉

图5.9所示为感应电炉的结构。加热原理是：由一次线圈产生的交变电磁场在被加热的炉料内感应出强大的涡流而发热，使炉料熔化。在涡流的作用下合金液被搅动而使合金成分和温度均匀。感应电炉根据交流电的频率分为工频（50 Hz）、中频（500 Hz~10 kHz）和高频（10 kHz以上）三种，目前常用产品中，工频炉容量可达数吨，中频炉最大容量500 kg，高频炉最大容量只有100 kg。感应电炉的优点是热效率高（可达70%~90%），操作卫生、安全，适用于多种合金的熔炼。但是其设备较复杂，成本较高，电涡流搅动增大了合金液的氧化烧损和吸气等。

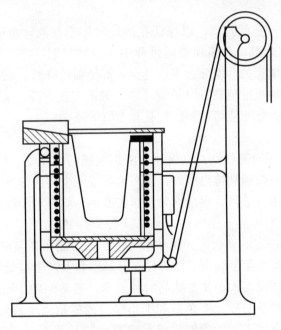

图5.9 感应电炉的结构

三、砂型铸造造型（芯）材料

（一）造型和制芯材料的组成及特点

型（芯）砂是由原砂、黏结剂、水及其他附加物（如煤粉、重油、木屑等）经混制而成，根据黏结剂的种类不同，可分为黏土砂、水玻璃砂、树脂砂等。根据铸造工艺要求，将上述各种材料按一定配比混制后便成为砂型铸造所需的型（芯）砂，其质量直接影响到铸件的质量。质量差的型砂，易使铸件产生气孔、砂眼、黏砂、夹渣和裂纹等缺陷。这是由于在砂型铸造中，当高温液态金属浇入铸型后，由于金属与铸型间存在大的温度差而发生强烈的热交换作用，其结果使铸型温度不断升高，铸型中的水分发生迁移，并使铸型产生大的温度梯度和水分梯度，从而使铸型各部分的强度发生变化。若在金属表面结构具有足够强度的硬壳之前，在铸型的型腔内、外层发生分离或表层掉砂，将会导致铸件中产生夹砂或表面缩沉等缺陷。液态金属对铸型的热作用，还会使铸型中的各种附加物和有机物发生化学反应，产生气体和氧化物，从而可能使铸件产生气孔、氧化和夹渣等缺陷。例如铝合金在通常的浇注温度下铝与水汽会发生化学反应，产生三氧化二铝和氢气并放出大量热，其结果会导致在铸件中形成夹渣和气孔等缺陷，并使铸件进一步氧化。此外，在浇注过程中，液态金属除对铸型产生冲刷和静压力作用，金属与铸型间的这种机械作用可能会使铸件产生砂眼、裂纹和尺寸超差等缺陷。

（二）型（芯）砂应具备的性能要求

根据液态金属和铸型的相互作用可见，用于制造砂型（芯）的型砂和芯砂的性能优劣直接影响到铸件的质量。型（芯）砂的性能主要有强度、透气性、耐火度和化学稳定性、退让性和工艺性能等。砂芯处于金属液体的包围之中，其工作条件较型砂更恶劣，因此对芯砂的性能要求比型砂高。

1. 强度

型（芯）砂应具有一定的强度，以保证在浇注时铸型在液体金属的冲刷和压力作用下不掉砂、不变形以及在造型、合箱和搬运过程中不损坏。型（芯）砂强度的大小与水分、黏结剂含量以及紧砂程度有关。水分过多或过少，都使强度降低。黏结剂含量越多，砂的粒度越细和紧实度越大，则强度越高。但是型（芯）砂的强度太高，又会使铸（芯）型太硬，透气性变差，阻碍铸件收缩而使铸件形成气孔和裂纹等缺陷。

2. 透气性

型（芯）砂具有良好的透气性，以保证在液态金属的作用下，铸（芯）型中产生的大量气体能通过砂粒间的空隙顺利排出型外，从而消除或减少铸件内产生气孔等缺陷。通常砂粒大、黏结剂含量少、水分适当、混合均匀及紧实度小，均有利于改善型砂的透气性。

3. 耐火度和化学稳定性

型（芯）砂应具有一定的耐火度和化学稳定性，以保证在高温液态金属作用下不软化、不熔化、不与液态金属发生化学反应，使铸件不易黏砂和不产生过量气体。影响耐火度的因素有原砂的化学成分、形状、大小和黏结剂的种类等。通常型砂中石英含量高而杂质少时，其耐火度好。圆形和大颗粒的砂比多角形和细小颗粒的砂耐火度要好。为提高型（芯）砂的耐火度，防止黏砂，常加入一些附加物或在型腔（芯）表面涂刷涂料。例如常在铸铁用型砂中加入适量煤粉或在铸型表面涂一层石墨涂料，而在铸钢件铸型表面涂石英粉加黏结剂的涂料。

4. 退让性

型（芯）砂应具有良好的退让性，这是因为铸件在凝固和随后冷却过程中将伴随着体积的收缩。为了不使铸件产生内应力、变形和裂纹，要求铸型在高温下丧失部分强度，当铸件发生收缩时，能发生相应的变形和退让。影响退让性的主要因素是黏结剂的种类和数量。例如为了提高型砂的退让性，除用油、树脂等黏结剂外，还可在型砂中加入锯木屑、焦炭粒等。

5. 工艺性能

型（芯）砂应具有良好的工艺性能，即在造型时不粘模，具有好的流动性和可塑性，使铸型有清晰的轮廓，从而保证铸件有精确的轮廓尺寸。此外，在铸件落砂和清理时具有好的出砂性。需要指出的是，在实际生产条件下，要求型（芯）砂全部满足上述要求不可能，也不必要，而是应根据铸造合金的种类和铸件的技术要求，在某些性能方面有所侧重。否则不仅会使铸造工艺过程复杂化，而且使生产成本大大提高。

（三）常用型（芯）砂

根据黏结剂的种类不同，常用的型（芯）砂有黏土型砂、水玻璃砂和有机黏结砂三类。

1. 黏土型砂

黏土型砂是用黏土（膨润土、高岭土等）作为黏结剂的型砂，价格便宜，回用方便，适用于要求不高的铸件。黏土型砂根据浇注时的干燥情况分为湿型、表干型及干型三种。表干型和干型通常强度较高，水分较低，适合于铸造一些大型复杂件，而一般生产中、小铸件则采用湿型。

黏土型砂是铸造生产中最常用的型砂，它是由原砂、黏土、附加物及水按一定比例混制而成。黏土型砂的质量受原砂的矿物组成和含泥量、原砂的颗粒组成和黏土种类的影响。原砂的矿物组成和含泥量对原砂的耐火度、热化学稳定性和复用性都有很大的影响，因此直接关系到铸件质量。例如石英是原砂中的主要矿物组成成分，其耐火度和硬度都较高，故其含量越高，复用性越好。而铁的氧化物和硫化物的熔点和硬度都比石英低，因此它们的存在对原砂性能有害。原砂中黏土含量对型砂的透气性和强度有很大影响。

原砂颗粒组成主要是指颗粒大小、不同颗粒之间比例、颗粒形状和表面状况等，它们对型砂的强度、透气性、流动性和可塑性都有很大影响，因此也是判断原砂质量的重要指标之一。黏土是型砂中应用最广的一种黏结剂，它的主要成分是颗粒细小的硅酸盐铝矿物，根据它含有的黏土矿物不同，可分为普通黏土和膨润土两种。由于膨润土的颗粒更细，表面和层间均可吸附水分，故其湿态时结力比普通黏土好。但由于膨润土失水后体积收缩大，容易引起砂型和砂芯的开裂，所以一般不单独用膨润土作为干型的黏结剂。

不同型砂的成分配比应根据合金的种类、铸件的尺寸、技术条件、造型方法及原材料的性能等进行综合考虑。对铸铁用型砂，湿型中加煤粉（或重油）是为了提高其抗夹砂能力。在湿型、干型中加 0.5% ~ 2% 木屑是为了保证砂型具有良好的透气性、退让性和高的抗夹砂能力。由于干型所用原砂很粗，为保证铸件表面质量，必须使用由石墨粉、膨润土、水玻璃和水配制的涂料；对铸钢用型砂，由于其浇注温度高（在 1 500 ℃左右），钢液密度和收缩大，铸件易产生氧化、黏砂、夹砂、变形和裂纹等缺陷。因此型砂应有较高的耐火度、好的透气性和退让性、低的发气性和热膨胀性。故铸钢用原砂为耐火度高的石英砂，且粒度比铸铁的粗。加纸浆或糖浆是为了提高砂型表面强度。干型均要刷涂料，以防铸件粘砂；对于铝（镁）合金用型砂，由于其密度小、浇注温度低、易氧化，故对型砂的耐火度无严格要求。对型砂的透气性和强度也相应要求较低，而主要要求型砂必须干净，否则易使铸件产生气孔。此外，要求原砂粒度较细，以获得表面光洁、轮廓清晰、尺寸精确的铸件。

由于黏土砂的性能基本能满足铸造工艺要求，且黏土储备量丰富，来源广，价格低，故被广泛应用于各种黑色和有色合金铸件的生产，其用量占整个型砂用量的 70% ~ 80%。一般大型、复杂的重要铸件用干型（芯）砂或表面干型砂，而中小型铸件或成批大量生产铸件大都采用湿型砂。

2. 水玻璃砂

水玻璃砂是用水玻璃作黏结剂的型（芯）砂，它是由原砂、水玻璃和附加物等组成，水玻璃砂铸型或型芯无须烘干，通常向铸型或型芯吹入气体便可快速硬化。其原理在于其是酸性氧化物，能与水玻璃（硅酸钠水溶液）水解产物中的 NaOH 反应，从而促使硅酸溶胶的生成，并将砂粒包裹连接起来，使型（芯）砂具有一定强度。它的硬化过程主要是化学反应的结果，并可采用多种方法使之自行硬化，因此也称为化学硬化砂。与黏土砂相比，它有许多优点：型砂流动性好，易于紧实，劳动强度低；可简化造型（芯）工艺，缩短生产周期，提高生产率；可在铸型（芯）硬化后再起模及拆除芯盒，因此能得到尺寸精度高的铸型（芯）；铸件缺陷少，内在质量高；车间的生产环境较好。但一般水玻璃砂湿强度低、粘模倾向大、高温溃散性差。为提高其湿强度，可在水玻璃砂中加 3%~5% 的黏土。为提高型砂的流动性，减小粘模倾向和改善溃散性，可在型砂中加 0.5%~1% 的重油或柴油。水玻璃砂的缺点是易粘砂、干强度高、退让性差、出砂困难、回用性差，因而它的应用受到一定限制，目前主要用于铸钢件生产，在铸铁和有色合金铸造中很少使用。

3. 有机黏结砂

有机黏结砂是用植物油、合脂和树脂作黏结剂，将原砂、黏土、附加物和水混制而成的一种型砂，它主要用作芯砂。

(1) 植物油砂

植物油砂一般用亚麻油、桐油、豆油等作黏结剂，其主要特性是有高的干强度、低的发气量、小的吸湿性、好的流动性和不易粘模。同时，植物油在高温燃烧分解可生成还原性气体，形成气体隔膜，有利于提高铸件内腔的表面光洁度，并使砂芯具有良好的透气性、退让性和溃散性。但其湿强度太低，不易打芯，烘干前和烘干过程中容易变形，为提高其湿强度，通常在油砂中加入少量黏土或纸浆废液。由于植物油来源有限，且是工业的重要原料，所以很少用作黏结剂。

(2) 合脂砂

合脂砂是制皂生产中的石蜡经氧化、蒸馏提取皂用脂肪酸后所剩下的残液，经煤油或汽油稀释后作黏结剂。其性能与植物油砂相近：干强度高、透气性和退化性好、发气量较低、不吸湿。但单纯用合脂配制的芯砂湿强度低，砂芯易发生变形，甚至倒塌。为此，通常在合脂砂中加适量糊精、纸浆、黏土等以提高湿强度。此外，合脂砂比植物油砂易粘模，因此要严格控制合脂黏度、加入量和合脂砂的含水量。合脂是工业的副产品，来源广、价格低，且合脂砂性能与植物油砂相近，故得到了广泛推广使用。

(3) 树脂砂

树脂砂是用合成树脂作黏结剂，它是一种新型的制芯或造型材料。制芯时，只要在芯盒内通入固化剂（乌洛托品）或加热，树脂在芯盒内就可迅速固化，将砂粒固结在一起。树脂砂的主要优点是发气量比植物油砂低，透气性好，固化后干强度高，且溃散性好，因此铸件质量高。此外，砂型或型芯能自行硬化或稍加热就固化，故可节省能源，节省工时费用；工艺过程简单，易实现机械化和自动化，适于大批量生产。其主要问题是有少量游离甲醛污染环境，成本较高，其质量和生产率受气候的影响。

任务实施

合金的铸造性能通常指充型能力、收缩性和吸气性，对铸造成形过程中的铸造工艺、铸件结构及铸件质量有显著的影响。

任务 5-2　铸造成形方法的选择

🔄 任务引入

常用的铸造方法有哪些？如何正确选择合适的铸造方法？

🔄 任务目标

掌握砂型铸造过程、方法、特点及应用，了解熔模铸造、金属型铸造、低压铸造、压力铸造和离心铸造等特种铸造方法的工艺过程、特点及应用。

🔄 相关知识

液态金属凝固成形的方法主要是指铸造成形的工艺过程，它是首先制造一个形状、尺寸与所需零件相应的铸型型腔，待其冷却凝固后，而获得零件（称为铸件）的方法。凝固成形的方法很多，根据金属液充填铸型方法的不同可分为重力铸造（液态金属靠自身重力充填型腔）、低压铸造、挤压铸造、压力铸造等。根据铸型材料的不同，可分为一次型及永久型。对于砂型铸造，根据型砂黏结剂的不同，有黏土砂、树脂砂、合脂砂、油砂、水玻璃砂等。根据造型方法不同有手工造型和机械造型。此外，对于一些特殊的凝固成形件，还可采用连续铸造、离心铸造、实型铸造、熔模铸造等方法。砂型铸造是目前最常用、最基本的铸造方法。

一、砂型铸造

砂型铸造是适用面最广的一种凝固成形方法，它几乎适用于所有零部件生产，但由于砂型的导热系数较低，液态金属在砂型中的凝固速度较慢，特别是对一些壁厚较大的铸件，导致了铸件内部晶粒粗大，易于产生组织及成分的偏析等，从而降低了材料的力学性能。另一方面，砂型铸造生产的铸件的表面粗糙度较其他凝固成形方法高。

砂型铸造的基本工艺过程如图 5.10 所示，主要工序有制造模样和芯盒、配置型砂和芯砂、造型、造芯、合型、浇注、落砂清理和检验等。其中造型（芯）是砂型铸造最基本的工序，按紧实型砂和起模方法不同，造型方法可分为手工造型和机械造型两种。

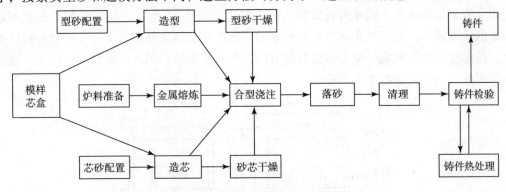

图 5.10　砂型铸造的基本工艺过程

1. 手工造型

手工造型指紧砂与起模由手工完成。手工造型的优点是操作灵活，工艺装备简单，生产准备时间短，适应性强，可用于各种大小形状的铸件。但是，手工造型对工人的技术水平要求较高，生产率低，劳动强度大，铸件质量不稳定，主要用于单件、小批量的生产。手工造型的方法很多，有整模造型、分模造型、活块造型、挖砂造型、假箱造型、刮板造型等。

（1）整模造型

模样是整体结构，最大截面在模样一端且是平面，分型面多为平面。铸型型腔全部在半个铸形内，操作简单，铸件不会产生错型缺陷。整模造型适用于简单形状的铸件。

（2）分模造型

将模样外形的最大截面分成两半，型腔位于上下两个砂箱内。分模造型适用于形状较复杂的铸件。

（3）活块造型

模样上可拆卸或活动的部分叫活块。为了起模方便，将模样上妨碍起模的部分做成活块。起模时，先起出主体模样，再单独取出活块。

（4）挖砂造型

模样是整体的，分型面为曲面，为了便于起模，造型时用手工挖去阻碍起模的型砂，每造一型需挖砂一次，生产率低，要求操作技术水平高。挖砂造型适用于形状复杂铸件的单件生产。

（5）假箱造型

为克服挖砂造型的挖砂缺点，在造型前预先做个底胎，然后在底胎上制下箱，因底胎不参加浇注，故称假箱，假箱造型比挖砂造型操作简单，且分型面整齐。

（6）刮板造型

用刮板代替实体模样造型，它可以降低模样成本，节约木材，缩短生产周期，但要求操作者技术水平高。刮板造型适用于有等截面或回转体的铸件。

2. 机械造型

机械造型指紧砂和起模两个重要工序采用机械完成。机械造型实现了机械化，因而生产率高，铸件质量好。但设备投资大，适用于中、小型铸件的批量生产。机器造型按紧实的方式不同，分为压实造型、振击造型、抛砂造型和射砂造型四种基本方式。

（1）压实造型

压实造型是利用压头的压力将砂箱的型砂紧实，图 5.11 所示为压实造型。先把型砂填入砂箱的辅助框内，然后压头向下将型砂紧实，辅助框是用来补偿紧实过程中型砂被压缩的高度。压实造型生产率高，但型砂沿高度方向的紧实度不够均匀，一般越接近底板，紧实度越差。因此，适用于高度不大的砂箱。

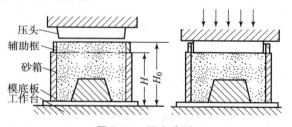

图 5.11　压实造型

（2）振击造型

振击造型是利用振动和撞击对型砂进行紧实，如图 5.12 所示。

砂箱填砂后，振击活塞将工作台连同砂箱举起一定高度，然后下落，与缸体撞击，依靠型砂下落时的冲击力产生紧实作用。型砂紧实度分布规律与压实造型相反，越接近模底板，型砂紧实度越高。因此可以将振击造型与压实造型联合使用。

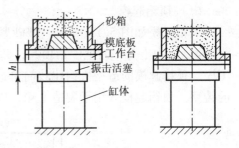

图 5.12　振击造型

（3）抛砂造型

图 5.13 所示为抛砂造型的工作原理。抛砂头转子上装有叶片，型砂由皮带输送机连续地送到叶片上，高速旋转的叶片将型砂分成一个个砂团，当砂团随叶片转到出口处时，由于离心力作用，型砂被高速抛入砂箱，同时完成填砂和紧实。

（4）射砂造型

射砂紧实的方法除用于造型外多用于造芯。图 5.14 所示为射砂机的工作原理。由储气筒中的压缩空气迅速进入射膛，将型砂由射砂孔射入芯盒的空腔中，而压缩空气经射砂上的排气孔排出，射砂过程是在较短的时间内同时完成填砂和紧实，生产率极高。

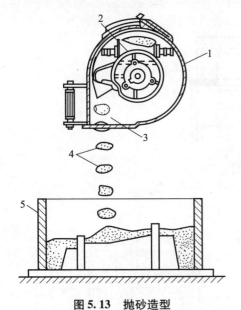

图 5.13　抛砂造型

1—机头外壳；2—型砂入口；
3—砂团出口；4—被紧实的砂团；5—砂箱

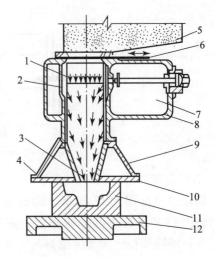

图 5.14　射砂机的工作原理

1—射砂筒；2—射膛；3—射砂孔；
4—排气孔；5—砂斗；6—砂闸板；
7—进气阀；8—储气筒；9—射砂头；
10—射砂板；11—芯盒；12—工作台

3. 起模方法

型砂紧实以后，就要从型砂中正确地将模样起出，使砂箱内留下完整的型腔。造型机大都装有起模机构，其动力也多半是应用压缩空气，目前应用广泛的起模机构有顶箱起模、漏模起模和翻箱起模三种形式。

(1) 顶箱起模

顶箱起模如图 5.15 所示,型砂紧实后,开动顶箱机构,使四根顶杆自模板四角的孔(或缺口)中上升,而把砂箱顶起,此时固定模型的模板仍留在工作台上,这样就完成起模工序。顶箱起模的造型机构比较简单,但起模时易漏砂,因此只适用于型腔简单且高度较小的铸型。顶箱起模多用于制造上箱,以省去翻箱工序。

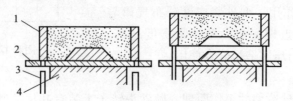

图 5.15 顶箱起模

1—砂箱;2—模板;3—顶杆;4—工作台

(2) 漏模起模

漏模起模如图 5.16 所示,为了避免起模时掉砂,将模型上难以起模部分做成可以从漏板的孔中漏下,即将模型分成两部分,模型本身的平面部分固定在模板上,模型上的各凸起部分可向下抽出,在起模过程中由于模板托住型砂,因而可以避免掉砂,漏模起模机构一般用于形状复杂或高度较大的铸型。

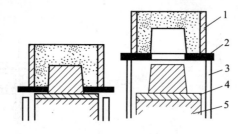

图 5.16 漏模起模

1—砂箱;2—漏模板;3—顶杆;4—模板;5—工作台

(3) 翻箱起模

翻箱起模如图 5.17 所示,型砂紧实后,砂箱夹持器将砂箱夹持在造型机转板上,在翻转气缸推动下,砂箱随同模板、模型一起翻转 180°,然后承受台上升,接住砂箱后,夹持器打开,砂箱随承受台下降,与模板脱离而起模。这种起模方法不易掉砂,适用于型腔较深,形状复杂的铸型。由于下箱通常比较复杂,且本身为了合箱的需要,也需翻转 180°,因此翻转起模多用来制造下箱。

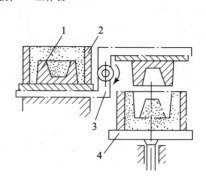

图 5.17 翻箱起模

1—模板;2—砂箱;3—翻台;4—拖台

二、特种铸造

与砂型铸造不同的其他铸造方法统称为特种铸造。各种特种铸造方法均有其突出的特点和一定的局限性,下面简要介绍常用的特种铸造方法。

1. 熔模铸造

用易熔材料如蜡料制成模样,在模样上包覆若干层耐火涂料,制成型壳,制出模样后经高温焙烧即可浇注的铸造方法称熔模铸造。熔模铸造可用蜡基模料,也可用松香基模料、塑料和盐基模料等,如塑料聚苯乙烯模、尿素模。

熔模铸造是一种精密铸造方法。熔模铸造的特点:熔模铸造属于一次成型,无分型面,型壳内表面光洁,耐火度高,可以生产尺寸精度高和表面质量好的铸件,可实现少切削或无切削加工;适应各种铸造合金,尤其适合铸造高熔点、难切削加工和用其他加工方法难以成形的合金,如耐热合金、磁钢、不锈钢等;可生产形状复杂的薄壁铸件,最小壁厚可达 0.5 mm,最小铸孔直径达 0.7 mm。而随着工艺的不断改进,最小铸出尺寸还在不断减小;熔模铸造工艺过程复杂,工序多,生产周期长(4~15 天),生产成本高。由于熔模易变形,型壳强度不高等原因,熔模铸件的质量一般在 25 kg 以内。因此,熔模铸造主要用来生产形状复杂、熔点高、难于切削加工的小型零件。

2. 金属型铸造

将熔融金属浇入金属铸型而获得铸件的方法称为金属型铸造。与砂型不同的是,金属型可以反复使用,故金属型铸造又称"永久型铸造"。

(1) 金属型的结构类型

按金属型的结构形式分,金属型分为整体式、水平分形式、垂直分形式、复合分形式等,其中,垂直分形式由于便于开设内浇道、取出铸件和易实现机械化而应用较多。金属型一般用铸铁或铸钢制造,型腔采用机加工的方法制成,不妨碍抽芯的铸件内腔可用金属芯获得,复杂的内腔多采用砂芯。

(2) 金属型铸造的特点

金属型复用性好,实现了"一型多铸",可节省大量造型材料和工时,提高了劳动生产率;金属型导热性能好,散热快,使铸件结晶致密,提高了力学性能;铸件尺寸精确,切削加工余量小,节约原材料和加工费用;金属型生产成本高,周期长,铸造工艺要求严格,不适于单件、小批量生产。金属型的冷却速度快,不宜铸造形状复杂和大型薄壁件。金属型铸造主要用于大批量生产的、形状简单的有色金属件。

金属型导热快,无退让性和透气性,铸件容易产生浇不足、冷隔、裂纹、气孔等缺陷。此外,在高温金属液的冲刷下型腔易损坏。为此,需要采取如下工艺措施:浇注前要对金属型进行预热,在使用过程中,为防止铸型吸热升温,还必须用散热装置来散热。金属型应保持合理的工作温度,铸铁件 250 ℃~300 ℃,有色金属件 100 ℃~250 ℃;喷刷涂料,其目的是防止高温的熔融金属对型壁直接进行冲击,保护型腔。利用涂层厚薄,可调整和减缓铸件各部分冷却速度,提高铸件的表面质量,涂料一般由耐火材料(石墨粉、氧化锌、石英粉等),水玻璃黏结剂和水制成。涂料层厚度为 0.1~0.5 mm;掌握好开型时间,为防止铸件产生裂纹和白口组织,通常铸铁件出型温度为 780 ℃~950 ℃,开型时间为 10~20 s。

3. 压力铸造

(1) 压力铸造过程

熔融金属在高压下高速充型,并在压力下凝固的铸造方法称为压力铸造,简称压铸。压铸时所用的压力高达数十兆帕,其速度为 5~40 m/s,熔融金属充满铸型的时间为 0.01~0.2 s,高压和高速是压铸区别于一般金属型铸造的重要特征。压铸是通过压铸机完成的,

图 5.18 所示为立式压铸机的工作过程。合型后把金属液浇入压室[图 5.18（a）]，压射活塞向下推进，将液态金属压入型腔[图 5.18（b）]，保压冷凝后，压射活塞退回，下活塞上移顶出余料，动型移开，利用顶杆顶出铸件[图 5.18（c）]。

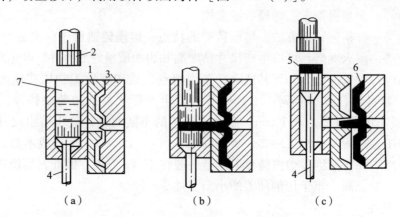

图 5.18　立式压铸机的工作过程
1—定型；2—压射活塞；3—动型；4—下活塞；5—余料；6—压铸件；7—压室

（2）压力铸造的特点和应用范围

压铸件尺寸精度高，表面质量好，一般不需要机加工就能直接使用；压力铸造在快速、高压下成型，可压铸出形状复杂、轮廓清晰的薄壁精密铸件；铸件组织致密，力学性能好，其强度比砂型铸件提高 25%～40%；生产率高，劳动条件好；设备投资大，铸型制造费用高，周期长。

压力铸造主要用于大批量生产低熔点合金的中小型铸件，如铝、锌、铜等合金铸件。

4. 低压铸造

在一个盛有液态金属的密封坩埚中，由进气管通入干燥的压缩空气或惰性气体，由于金属液面受到气体压力的作用，金属液则自下而上地沿升液导管和浇口充满铸型的型腔，保持压力直至铸件完全凝固。消除金属液面上压力后，这时升液导管及浇口中尚未凝固的金属因重力作用而回流到坩埚，然后打开铸型取出铸件。低压铸造所用压力较低（一般低于 0.1 MPa），设备简单，充型平稳，对铸型的冲刷力小，铸型可用金属型也可用砂型。铸件在压力下结晶，组织致密，质量较高，广泛应用于铝合金、铜合金及镁合金铸件，如发动机的气缸盖、曲轴、叶轮、活塞等。

5. 离心铸造

离心铸造是将熔融金属浇入绕水平、倾斜或立轴旋转的铸型，在离心力作用下，凝固成形的铸造方法，其铸件的轴线与旋转铸型轴线重合。铸件多是简单的圆筒形，不用型芯即可形成圆筒内孔。

离心铸造使用的离心铸造机，根据铸型旋转轴空间位置不同，离心铸造机可分为立式和卧式两大类（图 5.19）。立式离心铸造机的铸型绕垂直轴旋转[图 5.19（a）]，由于离心力和液态金属本身重力的共同作用，使铸件的内表面为一回转抛物面，造成铸件上薄下厚，而且铸件越高，壁厚差越大。因此，它主要用于生产高度小于直径的圆环类铸件。卧式离心铸造机的铸型绕水平轴旋转[图 5.19（b）]，由于铸件各部分冷却条件相近，故铸件壁厚均匀,适于生产长度较大的管、套类铸件。

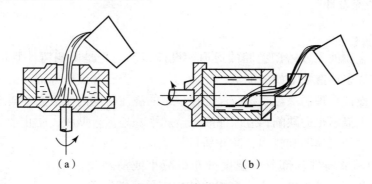

图 5.19 离心铸造机
(a) 立式离心铸造机;(b) 卧式离心铸造机

离心铸造的特点:不需要型芯就可直接生产筒、套类铸件,使铸造工艺大大简化,生产率高、成本低;在离心力作用下,金属从外向内定向凝固,铸件组织致密,无缩孔、缩松、气孔、夹杂等缺陷,力学性能好;不需要浇口、冒口,金属利用率高;便于生产双金属铸件。例如钢套镶铜轴承,其结合面牢固,又节省铜料,降低成本;离心铸造的铸件易产生偏析,不宜铸造偏析倾向大的合金;内孔尺寸不精确,内表面粗糙度值高,加工余量大;不适宜单件、小批量生产,目前,离心铸造已广泛用于制造铸铁管、气缸套铜套、双金属轴承、特殊的无缝管坯、造纸机滚筒等。

任务实施

各种铸造方法都具有优缺点及适用范围,选择铸造方法时,要根据具体情况进行全面分析比较,最后才能正确选出合适的铸造方法。

任务 5-3 铸造成形工艺设计

任务引入

对联轴器零件进行铸造成形工艺设计。

任务目标

熟悉铸造浇注系统设计内容,掌握浇注位置和分型面的选择原则,学会铸造工艺参数(加工余量、起模斜度、收缩余量等)的选择,能进行简单的铸造工艺设计。

相关知识

铸造生产要实现优质、高产、低成本、少污染,必须根据铸件结构的特点、技术要求、生产批量、生产条件等进行铸造工艺设计,确定铸造方案和工艺参数,绘制图样和标注符号,编制工艺卡和工艺规范等。其主要内容包括确定铸件的浇注位置、分型面、浇注系统、加工余量、收缩率、起模斜度和砂芯设计等。

一、浇注系统设计

1. 浇注系统

浇注系统是金属液流入铸型型腔的通道，设计正确与否是影响铸件质量的关键因素之一。在生产中，许多铸造缺陷如浇不足、冷隔、气孔、渣孔和缩松等都与浇注系统设计不当有关。通常一个设计合理的浇注系统应保证在一定的浇注时间内使液态金属充满型腔，防止大型薄壁铸件产生浇不足的缺陷；应保证液态金属平稳地流入型腔，防止金属液的冲击、飞溅；应能将型腔中的气体顺利排出，防止铸件产生氧化；应能够合理地控制和调节铸件各部分的温度分布，减小或消除缩孔、缩松、裂纹和变形等缺陷；浇注系统的结构应尽可能简单且体积较小，以简化造型操作、减少金属液的消耗和清理工作量。

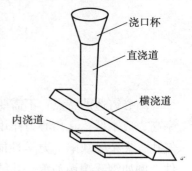

图 5.20 浇注系统

一般情况下，一个完整的浇注系统由浇口杯、直浇道、横浇道和内浇道四部分组成，如图 5.20 所示。铸铁件浇注系统设计主要是选择浇注系统类型，确定内浇道开设位置，各组元截面积、形状和尺寸等。按照内浇道在铸件上开设的位置不同，浇注系统类型可分为顶注式、底注式、中间注入式和分段注入式，如图 5.21 所示。

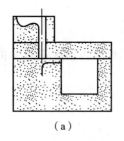 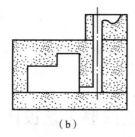 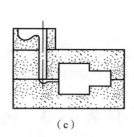 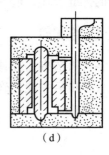

(a)　　　　　　　(b)　　　　　　　(c)　　　　　　　(d)

图 5.21 浇注系统类型

(a) 顶注式；(b) 底注式；(c) 中间注入式；(d) 分段注入式

(1) 浇口杯

浇口杯的作用在于承接来自浇包的金属液，并将其引入直浇道。设计正确的浇口杯，可对来自浇包的金属液起缓冲、挡渣和浮渣作用。例如池形浇口杯 [图 5.22 (b)] 比漏斗形浇口杯 [图 5.22 (a)] 的缓冲、挡渣和浮渣作用好，常用于大、中型铸铁件和有色合金铸件的手工造型中。而漏斗形浇口杯广泛用于机器造型的小型铸铁件和铸钢件。为防止最初浇入的金属液中氧化夹杂从浇口杯流入直浇道，对一些重要的大、中型铸件常采用带浇口塞的平底池形浇口杯，如图 5.23 所示。浇注前先用浇口塞堵住浇口杯的流出口，然后进行浇注，待浇口杯被充填到一定高度，熔渣已浮起时，即可拔起浇口塞，金属液流入直浇道，同时不断注入金属液，保持液面高度不变，以利浮渣。

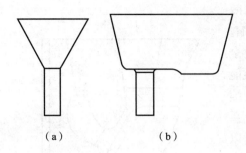

图 5.22 浇口杯类型
(a) 漏斗形浇口杯；(b) 池形浇口杯

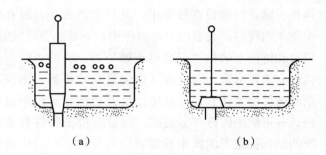

图 5.23 带浇口塞的平底池形浇口杯
(a) 锥形塞头；(b) 平塞头

(2) 直浇道

直浇道的功用是把金属液从浇口杯引入横浇道或直接导入型腔，并建立起金属液充填整个铸型的压头。直浇道的截面设计应为自上而下逐渐缩小的圆锥形，以保证金属液流不产生离壁和吸入空气。为增大金属液在直浇道中的流动阻力，降低出口处流速，缓和紊乱程度，以保证直浇道各个截面上均为正压，常采用蛇形或片状直浇道。这种直浇道形式常应用于铝、镁合金铸造中。此外，在直浇道底部设置缓冲窝，并用圆角连接直浇道与横浇道，可以减轻合金液沿直浇道下落时对横浇道的冲击作用，平稳地改变液流方向，以减小涡流、氧化和吸气倾向。

(3) 横浇道

横浇道的作用是把直浇道和内浇道连接起来，并使金属液平稳而均匀地分配给各个内浇道。此外，还起最后一道挡渣作用。横浇道的设计应有利于熔渣的上浮和滞留在其顶部而不进入型腔。对于大型薄壁铸件，为了均衡各个内浇道的流量，应将横浇道设计成渐缩形结构，这样可以避免个别内浇道内流量过大而引起局部过热。此外，在生产中为了使横浇道起到良好的挡渣作用，通常将横浇道置于内浇道之上（称为搭接式横浇道）或在横浇道中设置集渣包。

(4) 内浇道

内浇道是液态金属由浇注系统进入型腔的最后通道。内浇道的合理设置可以调节铸型和铸件各部分的温差和凝固顺序，控制金属液的充型速度和方向，使之平稳地充填型腔。通常要求内浇道与横浇道的连接方式将有助于横浇道挡渣，内浇道与横浇道的交角不小于 90°，但不大于 120°，可防止最初被合金液带入横浇道的杂质进入型腔。内浇道的截面形状为扁平梯形，其位置不开在直浇道的下方或横浇道的尽头，可增加横浇道的挡渣效果，且易从铸件上消除。

2. 冒口、冷铁设计

(1) 冒口

冒口一般设置在铸件最后凝固部位的上方或侧面，它的主要作用是利用冒口中液体金属来补偿铸件凝固过程中所产生的体积收缩，避免铸件最后凝固区域产生缩孔和缩松缺陷，以获得致密的铸件。此外，冒口还有集渣和排气作用。因此，冒口的正确设计与否也影响铸件的质量。生产中最常用的冒口有明冒口和暗冒口两种，如图 5.24 所示。明冒口有较好重力补缩效果和排气浮渣作用，但由于它顶部敞开，热量发散快，故适用于熔点较低的有色合金铸件。暗冒口被设在砂型中，其热量散失小，故补缩效果优于明冒口，大多用于铸钢件中、下部热节处的补缩。冒口在铸件上的位置安放得正确与否，对能否获得健全铸件有重要影响。因为若冒口位置安放不当，不仅不能消除铸件的缩孔和缩松缺陷，反而会加重冒口附近的缩松，并可能使铸件产生裂纹。通常应根据铸件和浇注系统的结构特点等因素来确定冒口的位置，一般应遵循以下原则：

①冒口应设置在铸件最后需补缩部位的上方或热节附近。

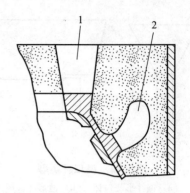

图5.24　明冒口和暗冒口示意
1—明冒口；2—暗冒口

②冒口应尽量设置在铸件最高最厚处，以便于靠金属液的自重进行补缩。

③对铸件上不同高度处的热节进行补缩时，冒口可分别设置，但要用冷铁把各个冒口的补缩范围隔开，防止上部冒口对下部冒口进行补缩而导致铸件高处产生缩孔或缩松。

④冒口的设置应尽量不阻碍铸件的收缩，不要设置在铸件应力集中部位，以免产生裂纹。

确定合理的冒口尺寸是保证获得致密铸件和降低生产成本的重要措施之一。因此冒口尺寸的确定，应保证有足够的金属液，且其凝固时间应大于或等于铸件的凝固时间，以补充铸件的收缩。此外，在整个凝固期间，应保证冒口与铸件被补缩部位之间有通畅的补缩通道。

（2）冷铁

冷铁的作用是加速铸件厚壁部位的冷却。使其与邻近部位同时凝固，避免在热节处出现缩孔、缩松，当它与冒口配合使用时，可实现铸件的顺序凝固和扩大冒口的有效补缩距离，从而消除铸件的缩孔、缩松缺陷。

冷铁可分为内冷铁和外冷铁两种。内冷铁是采用与铸件材质相同或相近的材料直接插入需要激冷处的型腔内，随后与浇注金属熔接在一起，成为铸件壁的一部分。内冷铁大多用于厚大而又不十分重要的铸件，对于承受高温、高压的铸件不宜采用。外冷铁只与铸件上被激冷部位表面相接触而不熔接，故用后可回收重复使用。

冷铁的设计包括安放位置、形状和尺寸。通常冷铁位置的安放与冒口同时考虑。凡在铸件热节处不设置冒口的位置就必须放冷铁。冷铁的尺寸取决于铸造合金的种类和冷铁的用途。通常冷铁的厚度为铸件壁厚的1~25倍。冷铁的形状应与铸件激冷处的型面一致，其厚度应逐渐向边缘处减薄，使急冷作用平缓过渡，以防止冷铁和砂型交界处因不同步收缩而产生热裂。为防止铸件在冷铁处产生气窝缺陷，在较大冷铁工作表面要开通气槽，并在其上开通气孔等。

二、浇注位置的选择

浇注位置是指浇注时铸件在铸型中所处的空间位置。浇注位置与分型面的选择密切相关，通常分型面取决于浇注位置，选择时既要保证质量又要简化造型工艺。对一些质量要求不高的铸件，为了简化造型工艺，可以先选定分型面。

浇注位置选择得正确与否，对铸件质量影响很大。选择时应考虑以下原则：

1. 铸件的重要加工面应朝下或位于侧面

由于气孔、夹渣等缺陷多出现在铸件上表面,而底部或侧面组织致密,缺陷少,质量好。如图 5.25 所示,床身的导轨面是重要受力面和加工面,浇注时要朝下。这是因为铸件上部凝固速度慢,晶粒较粗大,易在铸件上部形成砂眼、气孔、渣孔等缺陷。铸件下部的晶粒细小,组织致密,缺陷少,质量优于上部。如图 5.26 所示伞齿轮,齿面质量要求高,采用立浇方案,则容易保证铸件质量。个别加工表面必须朝上时,可采用增大加工余量的方法来保证质量要求。

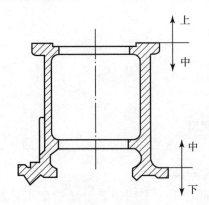

图 5.25 床身

图 5.26 伞齿轮
(a) 不合理;(b) 合理

2. 铸件的大平面应尽量朝下

由于在浇注过程中金属液对型腔上表面有强烈的热辐射,铸型因急剧热膨胀和强度下降而拱起开裂,在铸件表面造成夹砂结疤缺陷。对于平板类铸件,使其大平面朝下,如图 5.27 所示,既可避免气孔、夹渣,又可防止型腔上表面经受强烈烘烤而拱起开裂使铸件产生夹砂、结疤缺陷。

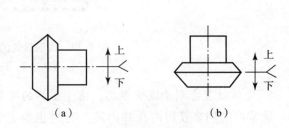

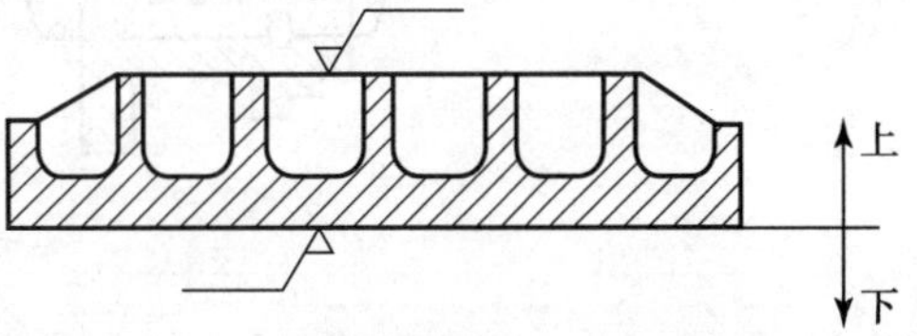

图 5.27 大平面铸件正确的浇注位置

3. 铸件薄壁部分应位于铸型下部或使其处于垂直或倾斜位置

如图 5.28 所示曲轴箱,将薄壁部分置于铸型上部,易产生浇不足、冷隔等缺陷。改置于铸型下部后,可避免出现缺陷。

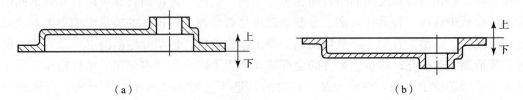

图 5.28 曲轴箱的浇注位置
(a) 不合理;(b) 合理

4. 较厚部分置于上部或侧面

易形成缩孔的铸件,较厚部分置于上部或侧面便于安置冒口,实现自下而上的定向凝固，防止产生缩孔。这对于流动性差的合金尤为重要。如图 5.29 所示的铸钢链轮，厚壁部分在上方，并设置冒口，可保证铸件的充型，防止产生浇不足、冷隔缺陷。

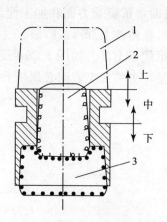

图 5.29　铸钢链轮的浇注位置图

1—冒口；2，3—型芯

5. 浇注位置应利于减少型芯，便于型芯的安装、固定和排气

通常型芯用来获得内孔和内腔，有时也为了获得局部外形，采用型芯会使造型工艺复杂，增加成本，因此选择浇注位置应有利于减少型芯数目，如图 5.30 所示。

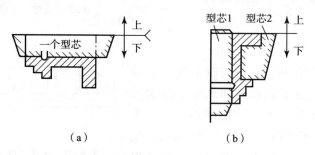

图 5.30　浇注位置应利于减少型芯

（a）一个型芯；（b）两个型芯

三、铸型分型面的选择

铸型时，砂箱与砂箱之间的结合面称为分型面。就同一铸件而言，可以有几种不同的分型方案，应从中选出一种最佳方案。分型面选择是否合理，对铸件的质量影响很大。选择不当还将使制模、造型、合型、甚至切削加工等工序复杂化，铸型分型面的选择原则为：便于起模，使造型工艺简化；尽量使铸件的全部或大部置于同一铸型内，保证铸件精度；尽量使型腔及主要型芯位于下箱。在确定某一铸件的铸造工艺时，必须抓主要矛盾，全面综合考虑，在确定了浇注位置及分型面后，还应确定铸件的机械加工余量、拔模斜度、铸件收缩率、浇注系统、被补缩冒口的位置及尺寸、型芯头尺寸等。

1. 应尽量使铸件位于同一铸型内

铸件的加工面和加工基准面应尽量位于同一砂箱，避免合型不准产生错型，从而保证铸件尺寸精度。图 5.31（a）所示的管子堵头是以顶部方头为基准加工管螺纹的，图 5.31（b）

所示分型方案易产生错型,无法保证外螺纹加工精度,故图 5.31（a）合理。

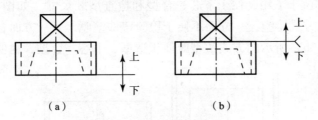

图 5.31　管子堵头分型方案
(a) 合理；(b) 不合理

2. 尽量减少分型面

分型面数量少,既能保证铸件精度,又能简化造型操作,三通铸件分型面的选择如图 5.32 所示。机器造型一般只允许有一个分型面,凡阻碍起模的部位均采用型芯减少分型面。图 5.33 所示为绳轮铸件分型面的确定。

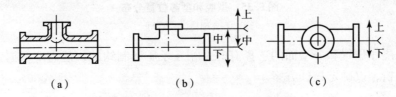

图 5.32　三通铸件分型面的选择
(a) 零件图；(b) 两个分型面；(c) 一个分型面

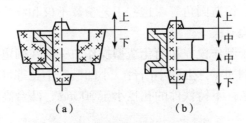

图 5.33　绳轮铸件分型面的确定
(a) 用于机器造型；(b) 用于手工造型

3. 分型面应尽量平直

平直的分型面可简化造型工艺和模板制造,容易保证铸件精度,这对于机器造型尤为重要。图 5.34 所示为起重臂分型面的确定。

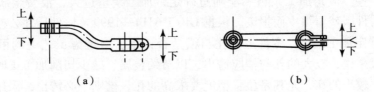

图 5.34　起重臂分型面的确定
(a) 不合理；(b) 合理

4. 尽量使型腔和主要型芯位于下砂箱

型腔和主要型芯位于下箱，便于下芯、合型和检查型腔尺寸。如图5.35所示铸件，若按图5.35（a）所示方式铸型，一方面不便于检验铸件壁厚，另一方面合型时还容易碰坏型芯，而采用图5.35（b）所示的方式铸型既便于造型、下芯、合型，也便于检验铸件壁厚。

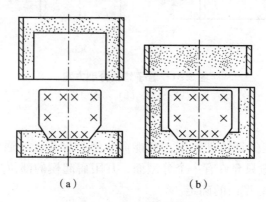

图5.35　型腔和型芯位置分布
（a）不合理；（b）合理

生产中，浇注位置和分型面的选择有时是相互矛盾和制约的，这需要根据铸件特点和生产条件综合分析，以确定最佳方案。

四、确定工艺参数

铸造工艺参数是指铸造工艺设计时需要确定的某些数据，主要指加工余量、起模斜度、铸造收缩率、型芯头尺寸、铸造圆角等。这些工艺参数不仅和浇注位置及模样有关，还与造芯、下芯及合型的工艺过程有关。

在铸造过程中为了便于制作模样和简化造型操作，一般在确定工艺参数前要根据零件的形状特征简化铸件结构。例如零件上的小凸台、小凹槽、小孔等可以不铸出，留待以后切削加工。在单件小批量生产条件下铸铁件的孔径小于30 mm，凸台高度和凹槽深度小于10 mm时，可以不铸出。

1. 加工余量

铸件为进行机械加工而加大的尺寸称为机械加工余量。加工余量的大小，要根据铸件的大小、生产批量、合金种类、铸件复杂程度及加工面在铸型中的位置来确定。灰铸铁件表面光滑平整，精度较高，加工余量小；铸钢件的表面粗糙度值大，变形较大，其加工余量比铸铁件要大些；有色金属件由于表面光洁，其加工余量可以小些。机器造型比手造型精度高，故加工余量小一些。但是加工余量不能随意确定，加工余量过大，浪费金属材料和加工工时，过小则使铸件因残留黑皮而报废。根据GB/T 6414—1999《铸件尺寸公差与机械加工余量》的规定，确定加工余量。零件上的孔与槽是否铸出，应考虑工艺上的可行性和使用上的必要性。一般来说，较大的孔与槽应铸出，以节约金属、减少切削加工工时，同时可以减小铸件的热节；较小的孔，尤其是位置精度要求高的孔、槽则不必铸出，采用机加工方法反而更经济。

2. 起模斜度

为使模样容易地从铸型中取出或型芯自芯盒中脱出，平行于起模方向在模样或芯盒壁上的斜度,称为起模斜度。

起模斜度的大小根据立壁的高度、造型方法和模样材料来确定。立壁越高,斜度越小;外壁斜度比内壁小;机器造型的一般比手工造型的小;金属模斜度比木模小。具体数据可查有关手册。

起模斜度的形式有三种,如图5.36所示。当不加工的侧面壁厚<8 mm时,可采用增加壁厚法;当壁厚为8~16 mm时,可采用加减壁厚法;当壁厚>16 mm时,可采用减小壁厚法。当铸件侧面需要加工时必须采用增加壁厚法,而且加工表面上的起模斜度,应在加工余量的基础上再给出斜度数值。

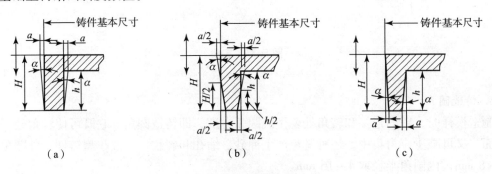

图5.36 起模斜度
(a)增加铸件壁厚;(b)加减铸件壁厚;(c)减小铸件壁厚

3. 收缩余量

因铸件收缩的影响,铸件冷却后其尺寸要比模样的尺寸小,为了补偿收缩,模样比铸件图纸尺寸增大的数值称收缩余量。收缩余量的大小与铸件尺寸大小、结构的复杂程度和铸造合金的线收缩率有关,常常以铸件线收缩率表示,即

$$K = \frac{L_M - L_J}{L_M} \times 100\%$$

式中 L_M——模样(芯盒)尺寸;
L_J——铸件尺寸。

4. 芯头设计

型芯在铸型中的位置一般是用型芯头来固定的,芯头主要有垂直芯头和水平芯头,如图5.37所示。芯头设计主要是确定芯头长度、斜度和间隙。

(1)芯头长度

为了保证型芯的稳固,芯头必须有一定的长度L,垂直芯头的长度通常称为芯头高度h。芯头长度取决于型芯的直径和长度,其具体尺寸可查手册。

(2)芯头斜度

垂直型芯的上、下芯头都留有斜度。为增加型芯的稳定性,下芯头斜度小,高度大;为便于合型,上芯头斜度大,高度小。垂直芯头的斜度可查手册。水平芯头一般不留斜度,而是在芯座上形成一定的间隙。

(3)芯头间隙

为便于下芯,芯头与芯座之间应留有间隙S。间隙大小取决于造型方法、铸型种类及型芯大小,水平芯头和垂直芯头的间隙可查手册。

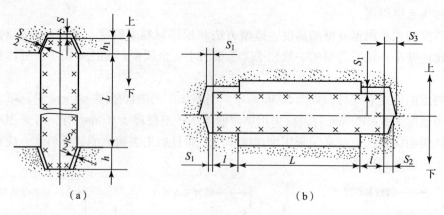

图 5.37 芯头
(a) 垂直芯头；(b) 水平芯头

5. 铸造圆角

制造模样时，壁的连接和转角处要做成圆弧过度，即铸造圆角。它既可使转角处不产生脆弱面，又可减少应力集中，还可避免产生冲砂、缩孔和裂纹。一般小型铸件，外圆角半径取 2～8 mm，内圆角半径取 4～16 mm。

五、铸造工艺图的绘制

铸造工艺图就是根据零件图利用各种铸造工艺符号、各种工艺参数，把制造模样和铸型所需的资料，直接绘制在图纸上的图样，图中应表示出铸件的浇注位置、分型面、型芯的形状、数量、尺寸及其固定方式、加工余量、起模斜度、收缩率、浇注系统、冒口、冷铁的尺寸和布置等。这既是生产管理的需要，也是铸件验收和经济核算的依据。

铸造工艺图是指导模型（芯盒）设计、生产准备、铸型制造和铸件检验的基本工艺文件。依据铸造工艺图，结合所选定的造型方法，便可绘制出模型图及合箱图。

任务实施

现以联轴器零件为例，说明铸造工艺设计的步骤。

图 5.38 所示为联轴器的零件图。

材料：HT200。

生产批量：小批量。

铸造方法：砂型手工造型。

零件的工艺分析：

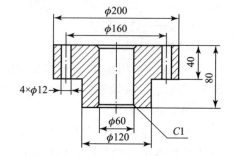

图 5.38 联轴器的零件图

该零件为一般连接件，$\phi 60$ mm 孔和两端面质量要求较高，不允许有铸造缺陷。$\phi 60$ mm 孔较大，用型芯铸出，四个 $\phi 12$ mm 小孔则不予铸出。

1. 选择浇注位置和分型面

该铸件的浇注位置有两个方案：一是零件轴线呈垂直位置，二是零件轴线呈水平位置。若采用后者，需分模造型，容易错型，而且质量要求高的 $\phi 60$ mm 孔和两端面质量无法保证;浇注采用垂直位置,并沿大端端面分型,造型操作方便,可采用整模造型,避免了错型,质量要求高的端面和孔处于下面或侧面,铸件质量好。直立型芯的高度不大,稳定性尚可,所以选择前者方案。

2. 确定加工余量

该铸件为回转体,基本尺寸取 φ200 mm,大端面是顶面,查资料可得加工余量 8.5mm。φ200 mm 与 φ120 mm 之间的台阶面可视为底面,此面加工余量 7 mm。φ200 mm 外圆是侧面,加工余量 7 mm,φ120 mm 端面是底面,加工余量 5.5 mm,φ120 mm 外圆加工余量 5.5 mm。φ60 mm 孔径小于高度 80 mm,故基本尺寸取 80 mm,加工余量 5.5 mm。

3. 确定起模斜度

因铸件全部加工,两处侧壁高度均为 40 mm,木模的起模斜度上增加值 a 为 1,侧壁分别增加 8 mm 和 6.5 mm,上端比下端大 1 mm 构成起模斜度。

4. 确定线收缩率

对于灰铸铁、小型铸件,线收缩率取 1%。

5. 芯头尺寸

垂直芯头查手册得到图 5.39 所示的芯头尺寸。

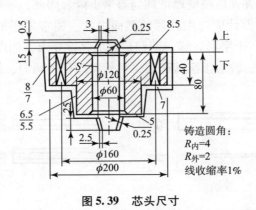

图 5.39 芯头尺寸

任务 5-4 铸件结构工艺性分析

任务引入

在设计铸件结构时,不仅应考虑到能否满足铸件的使用性能和力学性能需要,还应考虑铸造工艺和所选用合金的铸造性能对铸件结构的要求。铸件结构的工艺性好坏,对铸件的质量、生产率及其成本有很大影响。

任务目标

熟悉铸造工艺和合金铸造性能对铸件结构设计的要求,能进行铸件结构工艺性分析。

相关知识

一、从合金的铸造性能考虑设计铸件结构

进行铸件结构设计，不仅要保证其工作性能和机械性能要求，还必须考虑铸造工艺和合金铸造性能对铸件结构的要求，使铸件的结构与这些要求相适应。使这些铸件具有良好的工艺性，以便保证铸件质量，降低生产成本，提高生产率。铸件的结构如果不能满足合金铸造性能的要求，将可能产生浇不足、冷隔、缩松、气孔、裂纹和变形等缺陷。

1. 铸件壁厚的设计

（1）铸件的壁厚应合理

每种铸造合金都有其适宜的铸件壁厚范围，选择合理，既可保证铸件力学性能，又能防止铸件缺陷。

在一定的工艺条件下，铸件的最小壁厚在保证强度的前提下，还必须考虑其合金的流动性。最小壁厚由合金种类、铸件大小和铸造方法而定。若实际壁厚小于它，就会产生浇不到、冷隔等缺陷。但是，铸件壁厚过大，铸件壁的中心冷却较慢，会使晶粒粗大，还容易引起缩孔、缩松缺陷，使铸件强度随壁厚增加而显著下降，因此，不能单纯用增加壁厚的方法提高铸件强度。铸件结构设计应选用合理的截面形状。通常采用加强筋或合理的截面结构（丁字形、工字形、槽形、十字形）满足薄壁铸件的强度要求，如图 5.40 所示，T 形梁由于受较大热应力易产生变形，改成工字截面后，虽然壁厚仍不均匀，但热应力相互抵消，变形大大减小。

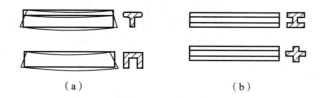

图 5.40 合理的截面结构满足薄壁铸件的强度
（a）不合理；（b）合理

细长形铸件在收缩时易产生翘曲变形。改不对称结构为对称结构或采用加强筋，提高其刚度，均可有效地防止铸件变形。铸件的最大临界壁厚约为最小壁厚的 3 倍。

（2）铸件的壁厚应均匀

如图 5.41 所示，铸件各部分壁厚相差过大，厚壁处会产生金属局部积聚形成热节，凝固收缩时在热节处易形成缩孔、缩松等缺陷。此外，各部分冷却速度不同，易形成热应力，致使铸件薄壁与厚壁连接处产生裂纹。因此在设计中，应尽可能使壁厚均匀，以防上述缺陷产生。

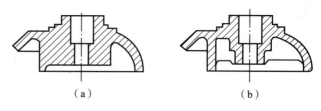

图 5.41 铸件壁厚应均匀
（a）不合理；（b）合理

确定铸件壁厚,应将加工余量考虑在内,有时加工余量会使壁厚增加而形成热节。

(3) 铸件壁连接要合理

①铸件壁间的转角处设计出结构圆角。如图5.42所示,当铸件两壁直角连接时,因两壁的散热方向垂直,导致交角处可能产生两个不同结晶方向晶粒的交界面,使该处的力学性能降低;此外,直角处因产生应力集中现象而开裂。为了防止转角处的开裂、缩孔和缩松,应采用圆角结构。铸件结构圆角的大小必须与其壁厚相适应。

②厚壁与薄壁间的连续要逐步过渡。为了减少铸件中的应力集中现象,防止产生裂纹,铸件的厚壁与薄壁连接时,应采取逐步过渡的方法,防止壁厚的突变。其过渡的形式如图5.43所示。

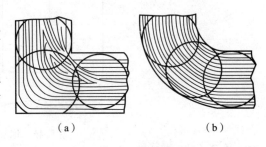

图 5.42 铸造圆角

(a) 不合理;(b) 合理

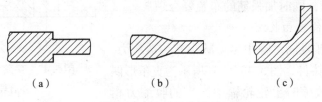

图 5.43 壁厚过渡形式

(a) 不合理;(b)、(c) 合理

③避免十字交叉和锐角连接。为了减小热节和防止铸件产生缩孔和缩松,铸件的壁应避免交叉连接和锐角连接。中、小铸件可采用交错接头,大件宜采用环形接头,如图5.44所示。锐角连接宜采用过渡形式,如图5.45所示。

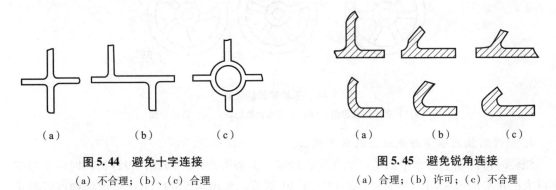

图 5.44 避免十字连接

(a) 不合理;(b)、(c) 合理

图 5.45 避免锐角连接

(a) 合理;(b) 许可;(c) 不合理

(4) 铸件内壁应薄于外壁

铸件内壁和筋,散热条件较差,内壁薄于外壁,可使内、外壁均匀冷却,减小内应力,防止裂纹。内、外壁厚相差值为10% ~30%。

2. 对铸件加强筋的设计

①增加铸件的刚度和强度,防止铸件变形。

薄而大的平板,收缩易发生翘曲变形,增加几条加强筋便可避免,如图5.46所示。

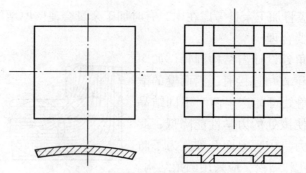

图 5.46　增加加强筋防止翘曲变形

②减小铸件壁厚，防止铸件产生缩孔、裂纹。

如图 5.47 所示，铸件壁较厚，容易产生缩孔。将壁厚减薄，采用加强筋，可防止以上的缺陷。但要注意适当，加强筋的厚度不宜过大，一般取为被加强壁厚度的 0.6～0.8 倍，同时加强筋的布置要合理。

3. 尽量使铸件能自由收缩

铸件的结构应在凝固过程中尽量减小其铸造应力。如图 5.48 所示手轮铸件，图 5.48（a）所示为直条形偶数轮辐，在合金线收缩时手轮轮辐中产生的收缩力相互抗衡，容易出现裂纹。可改用奇数轮辐［图 5.48（b）］或弯曲轮辐［图 5.48（c）］，这样可借助轮缘、轮毂和弯曲轮辐的微量变形自行减缓内应力，防止开裂。

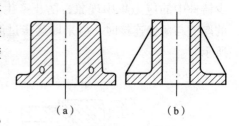

图 5.47　采用加强筋减小壁厚
（a）不合理；（b）合理

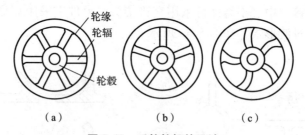

图 5.48　手轮轮辐的设计
（a）直条形偶数轮辐；（b）直条形奇数轮辐；（c）弯曲轮辐

4. 铸件结构应尽量避免过大的水平壁

浇注时铸件朝上的水平面易产生气孔、砂眼、夹渣等缺陷。因此，设计铸件时应尽量减小过大的水平面或采用倾斜的表面，如图 5.49 所示，采用图 5.49（b）所示结构可以避免过大的水平壁。

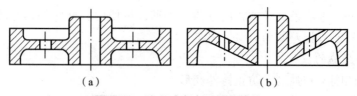

图 5.49　防止过大水平壁的措施

二、从铸造工艺考虑设计铸件结构

铸件结构工艺性是指铸件的结构应在满足使用要求的前提下，还要满足铸造性能和铸造工艺对铸件结构要求的一种特性。它是衡量铸件设计质量的一个重要方面。合理的铸件结构设计，除了满足零件的使用性能要求外，还应使其铸造工艺过程尽量简单。以提高生产率，降低废品率，为生产过程的机械化创造条件。

1. 铸件外形设计

①避免外部的侧凹，减小分型面或外部型芯。

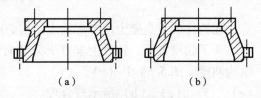

图 5.50 端盖铸件
(a) 需三箱造型；(b) 采用两箱造型

铸件外形力求简单，在满足铸件使用要求的前提下，应尽量简化外形，减少分型面，以便造型。图 5.50（a）所示端盖存在侧凹，需三箱造型或增加环状型芯。若改为图 5.50（b）所示结构，可采用简单的两箱造型，造型过程大为简化。

②分型面应平直。

如图 5.51 所示摇臂铸件，原设计两臂不在同一平面内，分型面不平直，使制模、造型都很困难。改进后，分型面为简单平面，使造型工艺大大简化。

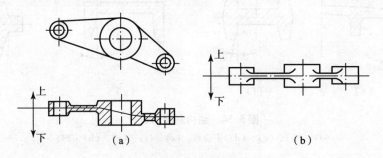

图 5.51 摇臂铸件
(a) 不合理；(b) 合理

③凸台和筋的设计应便于造型和起模。

如图 5.52 所示，图 5.52（a）所示结构凸台通常采用活块（或外型芯）才能起模，若改为图 5.52（b）所示结构，可以避免活块或型芯，造型简单。图 5.53（a）所示铸件上的筋条使起模受阻，改为图 5.53（b）所示结构后便可顺利地取出模样。

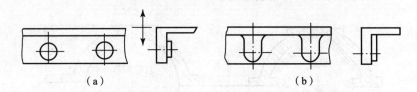

图 5.52 凸台设计
(a) 不合理；(b) 合理

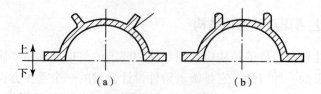

图 5.53 结构斜度的设计
(a) 不合理；(b) 合理

④铸件的垂直壁上应考虑给出结构斜度。

为了起模方便，铸件上垂直于分型面的侧壁（尤其非加工表面或大件）应尽可能给出结构斜度。图 5.54 中（a）、（b）、（c）、（d）所示不带结构斜度不便起模，改为图 5.54（e）、（f）、（g）、（h）所示较合理。

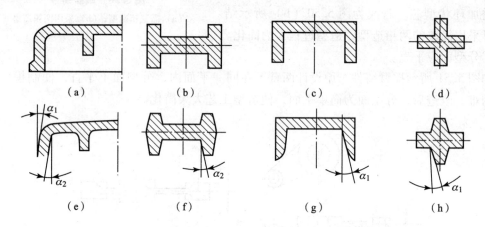

图 5.54 结构斜度的设计
(a)、(b)、(c)、(d) 不合理；(e)、(f)、(g)、(h) 合理

2. 铸件内腔设计

①应使铸件尽量不用或少用型芯。

不用或少用型芯可以节省制造芯盒、造芯和烘干等工序的工具和材料，可避免型芯在制造过程中的变形、合型中的偏差，从而提高铸件精度。如图 5.55（a）所示，铸件有一内凸缘，造型时必须使用型芯，改成图 5.55（b）所示设计后，可以去掉型芯，用砂垛在下型形成"自带型芯"，简化了造型工艺。图 5.56 所示支架，用图 5.56（b）所示的开式结构代替图 5.56（a）所示的封闭结构，可省去型芯。

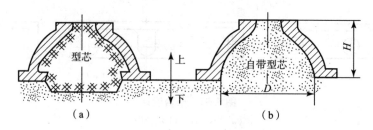

图 5.55 铸件内腔设计
(a) 需制造型芯；(b) 无须另制型芯

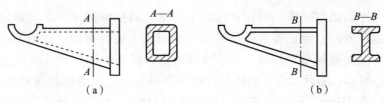

图 5.56 支架

(a) 不合理；(b) 合理

②应使型芯安放稳定、排气通畅、清理方便。

在必须采用型芯的情况下，应尽量做到便于下芯、安装、固定以及排气和清理。如图 5.57 所示支架铸件，图 5.57（a）所示的结构需要两个型芯，其中大的型芯呈悬臂状态，需用芯撑支撑，若按图 5.57（b）所示改为整体芯，其稳定性大大提高，排气通畅，清砂方便。

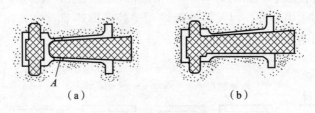

图 5.57 支架铸件

(a) 需用两个型芯；(b) 整体型芯

任务实施

铸件结构工艺性是指所设计的零件在满足使用要求的前提下，铸造成形的可行性和经济性，即铸造成形的难易程度。良好的铸件结构应适应铸造工艺和金属的铸造性能。

任务 5-5 常见铸造缺陷控制及修补

任务引入

由于铸造生产工序繁多，很容易使铸件产生缺陷。为了减少铸件缺陷，首先应正确判断缺陷类型，找出产生缺陷的主要原因，以便采取相应的预防措施。

任务目标

熟悉常见铸造缺陷，能进行常见铸造缺陷产生原因分析及预防措施的确定。

相关知识

一、铸造常见缺陷

1. 缩孔与缩松

（1）缩孔

缩孔通常隐藏在铸件上部或最后凝固部位。缩孔产生的基本原因是合金的液态收缩和凝固收缩值远大于固态收缩值。缩孔形成的条件是金属在恒温或很小的温度范围内结晶，如纯金属、共晶成分的合金，铸件壁是以逐层凝固方式进行凝固。图5.58所示为缩孔形成过程。液态合金注满铸型型腔后，开始冷却阶段，液态收缩可以从浇注系统得到补偿，如图5.58（a）所示；随后，由于型壁的传热，使得与型壁接触的合金液温度降至其凝固点以下，铸件表层凝固成一层细晶薄壳，并将内浇口堵塞，使尚未凝固的合金被封闭在薄壳内，如图5.58（b）所示；温度继续下降，薄壳产生固态收缩，液态合金产生液态收缩和凝固收缩，而且远大于薄壳的固态收缩，致使合金液面下降，并与硬壳顶面分离，形成真空孔洞，在负压及重力作用下，壳顶向内凹陷，如图5.58（c）所示；温度再度下降，上述过程重复进行，凝固的硬壳逐层加厚，孔洞不断加大，直至整个铸件凝固完毕，这样在铸件最后凝固的部位形成一个倒锥形的大孔洞，如图5.58（d）所示；铸件冷至室温后，由于固态收缩，使缩孔的体积略有减小，如图5.58（e）所示。通常缩孔产生的部位一般在铸件最后凝固区域，如壁的上部或中心处，以及铸件两壁相交处，即热节处。若在铸件顶部设置冒口，缩孔将移至冒口，如图5.58（f）所示。

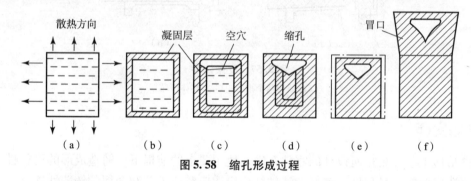

图5.58 缩孔形成过程

（2）缩松

缩松实质上是将集中缩孔分散为数量极多的小缩孔。它分布在整个铸件断面上，一般出现在铸件壁的轴线区域、热节处、冒口根部和内浇口附近，也常分布在集中缩孔的下方。缩松形成的基本原因虽然和形成缩孔的原因相同，但是形成的条件却不同，它主要出现在结晶温度范围宽、呈糊状凝固方式的合金中。图5.59所示为缩松形成过程。一般合金在凝固过程中都存在液-固两相区，形成树枝状结晶。这种凝固方式称为糊状凝固。凝固区液固交错，枝晶交叉，将尚未凝固的液体合金彼此分隔成许多孤立的封闭液体区域，它们继续凝固时也将产生收缩，这时铸件中心虽有液体存在，但由于树枝晶的阻碍使之得不到新的液体合金补充，在凝固后形成许多微小的孔洞，这就是缩松。

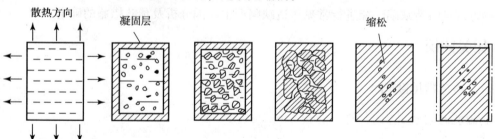

图5.59 缩松形成过程

(3) 缩孔和缩松的防止

不论是缩孔还是缩松,都使铸件的力学性能、气密性和物理化学性能大大降低,以致成为废品。所以缩孔和缩松是极其有害的铸造缺陷,必须设法防止。

为了防止铸件产生缩孔、缩松,在铸件结构设计时,应避免局部金属积聚。工艺上,应针对合金的凝固特点制定合理的铸造工艺,常采取顺序凝固和同时凝固两种措施。

顺序凝固如图5.60所示,就是在铸件可能出现缩孔或最后凝固的部位(多数在铸件厚壁或顶部),设置冒口,使铸件按照远离冒口的部位先凝固,靠近冒口的部位后凝固,最后才是冒口凝固的顺序进行。这样,先凝固的收缩由后凝固部位的液体金属补缩,后凝固部位的收缩由冒口中的金属液补缩,使铸件各部位的收缩均得到金属液补缩,而缩孔则移至冒口,最后将冒口切除。也可将冒口与冷铁配合使用,调节铸件的凝固顺序,扩大冒口的有效补缩距离,如图5.61所示。顺序凝固适于收缩大的合金铸件,如铸钢件、可锻铸铁件、铸造黄铜件等,还适于壁厚悬殊以及对气密性要求高的铸件。顺序凝固使铸件的温差大、热应力大、变形大,容易引起裂纹,必须妥善处理。

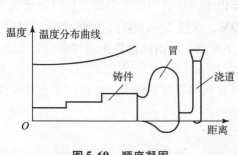

图5.60 顺序凝固

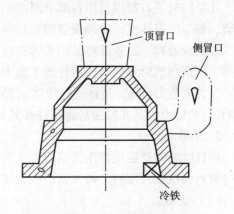

图5.61 冒口与冷铁

同时凝固就是使铸件各部位几乎同时冷却凝固,以防止缩孔产生。例如,在铸件厚部或紧靠厚部处的铸型上安放冷铁,如图5.62所示。同时凝固可减轻铸件热应力,防止铸件变形和开裂,但是容易在铸件芯部出现缩松,故仅适于收缩小的合金铸件,例如,碳、硅含量较高的灰口铸铁件。

冒口、冷铁的合理综合运用是消除缩孔、缩松的有效措施。

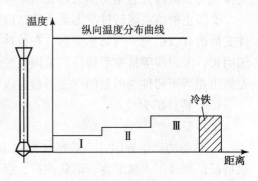

图5.62 同时凝固

2. 铸造应力

铸件收缩时受阻就产生铸造应力,铸造应力按产生的原因不同,主要可分为热应力、收缩应力两种。

(1) 热应力

铸件在凝固和冷却过程中,不同部位由于不均衡的收缩而引起的应力,称为热应力。热应力使冷却较慢的厚壁处受拉伸,冷却较快的薄壁处或表面受压缩,铸件的壁厚差别越大合金的线收缩率或弹性模量越大,热应力越大。定向凝固时,由于铸件各部分冷却速度不一致,产生的热应力较大,铸件易出现变形和裂纹。

（2）收缩应力

铸件在固态收缩时,因受铸型、型芯、浇冒口等外力的阻碍而产生的应力称收缩应力。一般铸件冷却到弹性状态后,收缩受阻都会产生收缩应力。收缩应力常表现为拉应力。形成原因一经消除（如铸件落砂或去除浇口后）,收缩应力也随之消失,因此收缩应力是一种临时应力。但在落砂前,如果铸件的收缩应力和热应力共同作用其瞬间应力大于铸件的抗拉强度时,铸件会产生裂纹。

（3）减小和消除铸造应力的措施

①合理地设计铸件的结构。铸件的形状越复杂,各部分壁厚相差越大,冷却时温度越不均匀,铸造应力越大。因此,在设计铸件时应尽量使铸件形状简单、对称、壁厚均匀。

②采用同时凝固的工艺。所谓同时凝固是指采取一些工艺措施,使铸件各部分温差很小,几乎同时进行凝固。因各部分温差小,不易产生热应力和热裂,铸件变形小。设法改善铸型、型芯的退让性,合理设置浇冒口等。

③时效处理。时效处理是消除铸造应力的有效措施。时效分自然时效、热时效和共振时效等。所谓自然时效,是将铸件置于露天场地半年以上,让其内应力消除。热时效（人工时效）又称去应力退火,是将铸件加热到550℃~650℃,保温2~4小时,随炉冷却至150℃~200℃,然后出炉。共振法是将铸件在其共振频率下振动,以消除铸件中的残余应力。

3. 变形和裂纹

铸件收缩时受阻就产生铸造应力,当应力超过材料的屈服极限时,铸件产生变形。应力超过材料的抗拉强度时,铸件就产生裂纹。

（1）变形

①铸件的变形原因。如前所述,在热应力的作用下,铸件薄的部分受压应力,厚的部分受拉应力,但铸件总是力图通过变形来减缓其内应力。因此,铸件常发生不同程度的变形。

②防止措施。因铸件变形是由铸造应力引起的,减小和防止铸造应力的办法,是防止铸件变形的有效措施。为防止变形,在铸件设计时,应力求壁厚均匀、形状简单而对称。对于细而长、大而薄等易变形铸件。采用反变形法,即在统计铸件变形规律基础上,在模型上预先做出相当于铸件变形量的反变形量,以抵消铸件的变形。

（2）铸件的裂纹

①热裂。

a. 热裂的产生原因。一般是在凝固末期,金属处于固相线附近的高温时形成的。其形状特征是裂缝短,缝隙宽,形状曲折,缝内呈氧化颜色。铸件结构不合理,浇注温度太高,合金收缩大,型（芯）砂退让性差以及铸造工艺不合理等均可引发热裂。钢和铁中的硫、磷降低了钢和铁的韧性,使热裂倾向增大。

b. 热裂的防止。合理地调整合金成分（严格控制钢和铁中的硫、磷含量）,合理地设计铸件结构,采用同时凝固的原则和改善型（芯）砂的退让性,都是防止热裂的有效措施。

②冷裂。

a. 冷裂的产生原因。冷裂是铸件冷却到低温处于弹性状态时所产生的热应力和收缩应力的总和，如果大于该温度下合金的强度，则产生冷裂。冷裂是在较低温度下形成的，其裂缝细小，呈连续直线状，缝内干净，有时呈轻微氧化色。壁厚差别大、形状复杂的铸件，尤其是大而薄的铸件易于发生冷裂。

b. 冷裂的防止。凡是减小铸造内应力或降低合金脆性的措施，都能防止冷裂的形成。例如，钢和铸铁中的磷能显著降低合金的冲击韧性，增加脆性，容易产生冷裂倾向，因此在金属熔炼中必须严格限制。

4. 气孔

（1）缺陷特征

在铸件内部、表面或近于表面处，出现的大小不等的光滑孔眼，形状有圆的、长的及不规则的，有单个的，也有聚集成片的。颜色有白色的或带一层暗色，有时覆有一层氧化皮。

（2）产生原因

熔炼工艺不合理、金属液吸收了较多的气体；铸型中的气体侵入金属液；起模时刷水过多，型芯未干；铸型透气性差；浇注温度偏低；浇包、工具未烘干。

（3）预防措施

降低熔炼时金属的吸气量；减少砂型在浇注过程中的发气量；改进铸件结构；提高砂型和型芯的透气性，使型内气体能顺利排出。

5. 渣气孔

（1）缺陷特征

在铸件内部或表面形状不规则的孔眼。孔眼不光滑，里面全部或部分充塞着熔渣。

（2）产生原因

浇注时挡渣不良；浇注温度太低，熔渣不易上浮；浇注时断流或未充满浇口，渣和液态金属一起流入型腔。

（3）预防措施

提高金属液温度，降低熔渣黏性；提高浇铸系统的挡渣能力，增大铸件内圆角。

6. 砂眼

（1）缺陷特征

在铸件内部或表面充塞着型砂的孔眼。

（2）产生原因

型砂、芯砂强度不够，紧实较松，合型时松落或被液态金属冲垮；型腔或浇口内散砂未吹净；铸件结构不合理，无圆角或圆角太小。

（3）预防措施

严格控制型砂性能和造型操作，合型前注意打扫型腔。

7. 黏砂

（1）缺陷特征

在铸件表面上，全部或部分覆盖着一层金属（或金属氧化物）与砂（或涂料）的混（化）合物或一层烧结的型砂，致使铸件表面粗糙。

（2）产生原因

浇注温度太高；型砂选用不当，耐火度差；未刷涂料或涂料太薄。

（3）预防措施

适当降低金属的浇注温度。提高型砂、芯砂的耐火度；减少砂粒间隙。

8. 夹砂

（1）缺陷特征

在金属瘤片和铸件之间夹有一层型砂。

（2）产生原因

型砂材料配比不合理，浇注系统设计不合理。

（3）预防措施

严格控制型砂、芯砂性能；改善浇注系统，使金属液流动平稳；大平面铸件要倾斜浇注。

9. 冷隔

（1）缺陷特征

在铸件上有一种未完全融合的缝隙或洼坑，其交界边缘是圆滑的。

（2）产生原因

铸件设计不合理，铸壁较薄；合金流动性差；浇注温度太低，浇注速度太慢；浇口太小或布置不当，浇注时曾有中断。

（3）预防措施

提高浇注温度和浇注速度；改善浇注系统；浇注时不断流。

10. 浇不到

（1）缺陷特征

金属液未完全充满型腔。

（2）产生原因

铸件壁太薄，铸型散热太快；合金流动性不好或浇注温度太低；浇口太小，排气不畅；浇注速度太慢；浇包内液态金属不够。

（3）预防措施

提高浇注温度和浇注速度；不要断流，防止跑火。

二、铸件的修补

当铸件的缺陷经修补后能达到技术要求时，可作合格品使用。铸件的修补方法有：

1. 气焊或电焊修补

常用于修补裂纹、气孔、缩孔、冷隔、砂眼等。焊补的部位能达到与铸件本体相近的力学性能，可承受较大载荷。

2. 金属喷镀

在缺陷处喷镀一层金属。先进的等离子喷镀效果较好。

3. 浸渍法

此法用于承受气压不高，渗漏又不严重的铸件。方法：将稀释后的酚醛清漆、水玻璃压入铸件隙缝，或将硫酸铜或氯化铁和氨的水溶液压入黑色金属空隙，硬化后即可将空隙填塞堵死。

4. 填腻修补

用腻子填入孔洞类缺陷。但只用于装饰，不能改变铸件的质量。腻子用铁粉（5%）+

水玻璃（20%）+水泥（5%）配置。

5. 金属液熔补

大型铸件上有浇不足等尺寸缺陷或损伤较大的缺陷，修补时，可将缺陷处铲除，浇入高温金属液将缺陷处填满。此法适用于青铜、铸钢件修补。

任务实施

铸造缺陷会影响铸件使用的可靠性，在铸造生产过程中要采取措施尽量避免铸造缺陷的产生。

复习思考题

一、判断题

1. 金属液流动性好，有利于防止铸件产生缩孔或缩松。（　）
2. 碳、硅含量高的灰铸铁较含量低的灰铸铁流动性好。（　）
2. 灰铸铁的流动性较铸钢好。（　）
3. 结晶温度范围大的合金比范围小的合金流动性好。（　）
5. 湿砂造型的优点是生产周期短，生产率高，铸件成本低。（　）
6. 湿砂型适宜浇注大型重要铸件。（　）
7. 湿砂型广泛应用于非铁合金铸件的生产中。（　）
8. 铸钢件黏土砂造型春砂要领与铸铁件基本相同，但春砂的紧实度要高很多。（　）
9. 春砂时，干砂型要比湿砂型春得紧些。（　）
10. 起模动作先快后慢。（　）

二、选择题

1. 使用最广泛的造型原砂是（　）。
   A. 硅砂　　　　　　B. 石灰石砂　　　　　C. 铬铁矿砂
2. 铸型在浇注后解体的难易程度称为（　）。
   A. 残留强度　　　　B. 落砂性　　　　　　C. 溃散性
3. 大型、复杂、高要求铸铁件宜采用（　）生产。
   A. 干型　　　　　　B. 表干型　　　　　　C. 湿型
4. 生产周期短，生产率高，铸件成本低的造型方法是（　）造型。
   A. 干砂型　　　　　B. 表面烘干型　　　　C. 湿砂型
5. 金属液在内浇道中的流动方向不应和横浇道（　）。
   A. 逆向　　　　　　B. 同向　　　　　　　C. 成直角
6. 充型平稳，不利于补缩的浇注系统是（　）浇注系统。
   A. 顶访式　　　　　B. 中注式　　　　　　C. 低注式
7. 冒口的主要作用是（　）。
   A. 补缩　　　　　　B. 出气　　　　　　　C. 集渣
8. 形状大多半椭圆或梨形、尺寸较大的气孔是（　）气孔。
   A. 析出性　　　　　B. 侵入性　　　　　　C. 反应性

9. 造型材料在浇注过程中受热产生气体形成的气孔为（　　）气孔。
   A. 析出性　　　　　B. 侵入性　　　　　C. 反应性
10. 修复铸件缺陷最常用的方法是（　　）。
   A. 焊补　　　　　　B. 熔补　　　　　　C. 浸补

三、简答题

1. 什么是合金的流动性？合金流动性对铸件质量有什么影响？
2. 铸件为什么会产生缩孔、缩松？如何防止或减少它们的危害？
3. 什么是铸造应力？铸造应力对铸件质量有何影响？
4. 确定铸件浇注位置应遵循哪几项原则？
5. 典型浇注系统由哪几部分组成？各部分有何作用？

四、作图题

1. 试确定题图 5.1 所示各灰铸铁零件的浇注位置和分型面（批量生产、手工造型，浇、冒口设计略）。

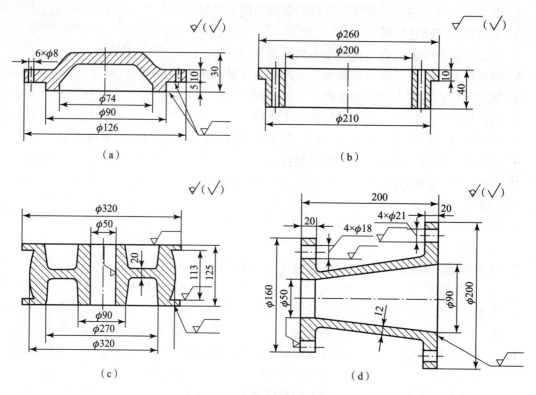

题图 5.1　灰铸铁件零件图
(a) 端盖；(b) 压圈；(c) 带轮；(d) 支撑台

2. 题图 5.2 所示是轮类铸件的轮毂和轮辐交接部分剖面图，试用作图法确定冒口和补贴的形状。

3. 题图 5.3 所是一材料为 ZG230-450 的铸钢法兰。试确定其铸造工艺，具体内容是
   ①分型及浇注位置；
   ②铸件线收缩率；

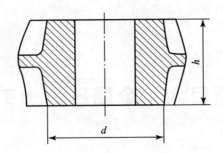

题图 5.2　轮毂和轮辐交接部分剖面图

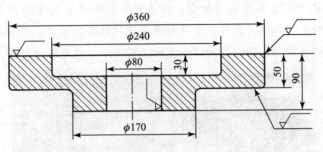

题图 5.3　铸钢法兰

③机械加工余量及起模斜度；
④砂芯；
⑤冒口的形状和数量；
⑥浇注系统的位置。

项目六　金属压力加工

项目引入

汽车覆盖件是指构成汽车车身或驾驶室、覆盖发动机和底盘的异形体表面和内部的汽车零件。汽车覆盖件既是外观装饰性的零件，又是封闭薄壳状的受力零件。钣金类覆盖件，一般指车身壳体零件，是由薄钢板冲压成形，然后按一定的工艺次序焊接成车身壳体，如图6.1所示。

图6.1　汽车车身壳体

项目分析

利用金属在外力作用下所产生的塑性变形，来获得具有一定形状、尺寸和力学性能的原材料、毛坯或零件的生产方法，称为金属压力加工，又称金属塑性加工。压力加工成形的基本方法主要包括锻造、冲压、轧制、挤压、拉拔等。

本项目主要学习：

金属压力加工的基本原理、锻造、板料冲压、其他常用压力加工方法、锻压新工艺等。

1. 知识目标

◆ 熟悉金属塑性变形的实质、塑性变形对金属组织和性能的影响、金属的锻造性。

◆ 掌握锻造、冲压的结构工艺设计知识。

◆ 了解其他常用压力加工方法及锻造新工艺的应用。

2. 能力目标

◆ 能进行简单的金属压力加工成形零件的结构工艺设计。

3. 工作任务

任务6-1　金属压力加工的认知

任务6-2　锻造结构工艺设计

任务6-3　板料冲压结构工艺设计

任务 6-1　金属压力加工的认知

任务引入

金属塑性变形的实质是什么？金属塑性变形对金属组织和性能的影响有哪些？

任务目标

理解金属塑性变形的实质，熟悉金属塑性变形对金属组织和性能所产生的影响。

相关知识

金属压力加工是使金属材料在外力作用下产生塑性变形（永久变形）以获得所需形状、尺寸及力学性能的毛坯或零件的一种加工方法，因适合于塑性好的金属材料，如中、低碳钢和大多数有色金属及其合金，故又称为金属塑性加工，最常用的加工方法是锻造和冲压，简称锻压。

金属压力加工的特点：
① 改善金属的组织，提高其力学性能。
② 可节约金属材料和切削加工工时。
③ 除自由锻造外，其他压力加工方法具有较高的劳动生产率。
④ 零件的结构工艺性要求高。
⑤ 需要重型设备和复杂的工模具，不能加工脆性材料。
⑥ 劳动条件差。

金属的塑性变形及随后的加热对金属材料组织和性能有显著的影响，掌握塑性变形的实质，塑性变形对金属组织和性能的影响及金属的锻造性，对于发挥金属的性能潜力，正确确定加工工艺，提高产品质量和合理使用金属材料等方面都具有重要意义。

一、金属塑性变形的实质

金属在外力作用下首先要产生弹性变形，当外力增大到内应力超过材料的屈服强度时，就会产生塑性变形。金属的压力加工就是利用塑性变形实现的。

金属塑性变形是由于金属在外力作用下，金属晶体每个晶粒内部的变形和晶粒间的相对移动、晶粒转动的综合结果。单晶体的塑性变形主要是通过滑移的形式实现的，即在切应力的作用下，晶体的一部分相对于另一部分沿着一定的晶面产生滑移，如图6.2所示。

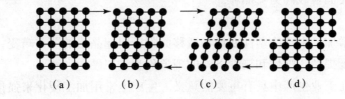

图 6.2　单晶体滑移示意

(a) 未变形；(b) 弹性变形；(c) 弹塑性变形；(d) 塑性变形

单晶体的滑移是通过晶体内的位错运动来实现的,不是沿滑移面所有的原子同时做刚性移动的结果,只是位错中心附近的少数原子进行微量的位移,所以滑移所需要的切应力比理论值低得多。图 6.3 所示为位错运动引起塑性变形。

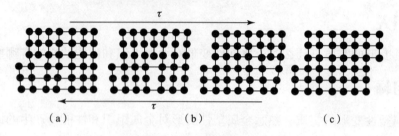

图 6.3 位错运动引起塑性变形
(a)未变形;(b)位错运动;(c)塑性变形

工程上使用的金属绝大多数是多晶体。多晶体中每个晶粒内部的变形情况与单晶体的变形情况大致相似,可以看作是单个晶粒的位错及晶粒之间的滑动和转动的综合结果。如图 6.4 所示,多晶体中首先发生滑移的是那些滑移系与外力夹角等于或接近于 45°的晶粒,使位错在晶界附近塞积,当塞积位错前端的应力达到一定程度,加上相邻晶粒的转动,使相邻晶粒中原来处于不利位向滑移系上的位错开动,从而使滑移由一批晶粒传递到另一

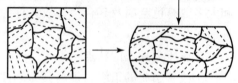

图 6.4 多晶体塑性变形示意

批晶粒,当有大量晶粒发生滑移后,金属便显示出明显的塑性变形。

二、塑性变形对金属组织和性能的影响

塑性变形程度的大小对金属组织和性能有较大的影响。变形程度过小,不能起到细化晶粒,提高金属力学性能的目的;变形程度过大,不仅不会使力学性能再提高,还会出现纤维组织,增加金属的各向异性,当超过金属允许的变形极限时,将会出现开裂等缺陷。

1. 塑性变形后的组织变化

金属在常温下经过塑性变形后,内部组织将发生以下变化:

①金属发生塑性变形时,不仅外形发生变化,而且其内部的晶粒也相应地被拉长或压扁。

②当变形量很大时,晶粒将被拉长为纤维状,晶界变得模糊不清。

③晶格与晶粒均发生扭曲,产生内应力。

④塑性变形还使晶粒破碎为亚晶粒。

2. 加工硬化

随着变化程度增加,由于冷塑性变形在滑移面附近引起晶格的严重畸变,甚至产生碎晶而引起的强度和硬度提高,塑性和韧性下降的现象称为加工硬化。

加工硬化现象在工业生产中具有重要的意义。生产上常用加工硬化来强化金属,提高金属的强度、硬度及耐磨性,尤其是难以用热处理强化的纯金属、某些铜合金及镍铬不锈钢等材料,加工硬化更是唯一有效的强化方法。

加工硬化也有其不利的一面。在冷轧薄钢板、冷拔细钢丝及深拉工件时，由于产生加工硬化，金属的塑性降低，使进一步冷塑性变形困难，故必须采用中间热处理来消除加工硬化现象。

3. 恢复、再结晶与晶粒长大

金属经冷变形后，组织处于不稳定状态，有自发恢复到稳定状态的倾向。但在常温下，原子扩散能力小，不稳定状态可长时间维持。加热可使原子扩散能力增加，金属将依次发生恢复、再结晶和晶粒长大。

（1）恢复

恢复是指加热温度较低时，冷变形金属的纤维组织没有明显变化，而当温度适当提高时，由于原子动能的增加，使原子扩散能力提高，晶格畸变程度减轻，内应力大大降低，从而使加工硬化部分消除的现象。恢复温度一般为金属熔点的 0.25~0.30 倍，即

$$T_{恢} \approx (0.25 \sim 0.30) T_{熔}$$

式中　$T_{恢}$——以热力学温度表示的金属恢复温度；

　　　$T_{熔}$——以热力学温度表示的金属熔点温度。

在恢复阶段，金属组织变化不明显，其强度、硬度略有下降，塑性略有提高，但内应力显著下降[图 6.5（a）]。工业上，常利用恢复现象将冷变形金属低温加热，既稳定组织又保留加工硬化，这种热处理方法称为去应力退火。如碳钢弹簧在冷卷后加热到 250 ℃~300 ℃，再缓慢冷却以消除内应力。

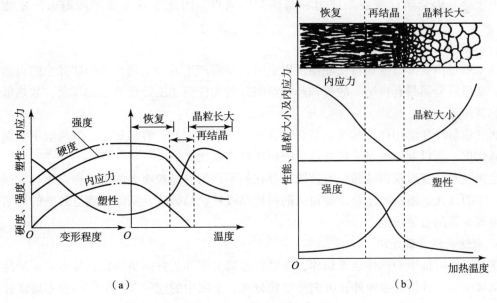

图 6.5　变形金属组织和性能的关系

(a) 冷变形与温度和性能的关系；(b) 形变组织与性能的关系

（2）再结晶

再结晶是指当温度继续升高时，由于金属原子动能不断增加，使原子扩散能力更高，能以某些碎晶或杂质为核心，重新生核和成长为新的晶粒，从而完全消除加工硬化的现象[图 6.5（b）]。发生再结晶的最低温度称为再结晶温度，一般约为金属熔点的 0.4 倍，即

$$T_{再} \approx 0.4\, T_{熔}$$

式中　$T_{再}$——以热力学温度表示的金属再结晶温度;

　　　$T_{熔}$——以热力学温度表示的金属熔点温度。

再结晶也是一个晶核形成和长大的过程,但不是相变过程,再结晶前后新旧晶粒的晶格类型和成分完全相同。由于再结晶后组织的复原,因而金属的强度、硬度下降,塑性、韧性提高,加工硬化现象消失。

在实际生产中,把消除加工硬化的热处理称为再结晶退火。金属在常温下进行压力加工,常安排中间再结晶退火工序,为缩短生产周期,再结晶退火温度一般比再结晶温度高 100 ℃ ~ 200 ℃。

(3) 再结晶后的晶粒长大

再结晶过程完成后,若继续升高加热温度或延长保温时间,则晶粒会产生明显长大,这是一个自发的过程 [图 6.5 (b)]。晶粒的长大是通过晶界迁移进行的,是大晶粒吞并小晶粒的过程。晶粒粗大会使金属的强度下降,尤其是塑性和韧性降低,使锻造性能恶化。

4. 冷变形和热变形

(1) 冷变形

金属在再结晶温度以下进行的塑性变形称为冷变形,如钢在常温下进行的冷冲压、冷轧、冷挤压等。在变形过程中,有加工硬化现象而无再结晶组织。

冷变形工件没有氧化皮,可获得较高的公差等级,较小的表面粗糙度值,强度和硬度较高。由于冷变形金属存在残余应力和塑性差等缺点,因此常常需要中间退火,才能继续变形。

(2) 热变形

热变形是指变形温度在再结晶温度以上时,变形产生的加工硬化被随即发生的再结晶所抵消,变形后金属具有再结晶的等轴晶粒组织,而无任何加工硬化痕迹的现象,如热锻、热轧、热挤压等。

热变形与冷变形相比,其优点是塑性良好,变形抗力低,容易加工,但高温下金属容易产生氧化皮,所以制件的尺寸精度低,表面粗糙度值大。

金属经塑性变形及再结晶,可使原来存在的不均匀、晶粒粗大的组织得以改善,或将锻锭组织中的气孔、缩松等压合,使粗大的树枝晶或柱状晶破碎,从而得到更致密的再结晶组织,提高金属的力学性能。

5. 锻造流线及锻造比

热变形使锻锭中的脆性杂质粉碎,并沿着金属主要伸长方向呈碎粒状分布,而塑性杂质则随金属变形,并沿着主要伸长方向呈带状分布,金属中的这种杂质的定向分布通常称为锻造流线。

热变形对金属组织和性能的影响主要取决于热变形的程度,而热变形的大小可用锻造比 Y 来表示。锻造比是金属变形程度的一种表示方法,通常用变形前后的截面比、长度比或高度比来计算。

拔长锻造比　　　　　　　　　$Y_{拔} = F_0/F = L/L_0$

镦粗锻造比　　　　　　　　　$Y_{镦} = F/F_0 = H_0/H$

式中 F_0、L_0、H_0——变形前坯料的截面积、长度和高度；

F、L、H——变形后坯料的截面积、长度和高度。

锻造比越大，热变形程度越大，则金属的组织、性能改善越明显，锻造流线也越明显。锻造流线的形成使金属的性能呈各向异性。当分别沿着流线方向和垂直流线方向拉伸时，前者有较高的抗拉强度。当分别沿着流线方向和垂直方向剪切时，后者有较高的抗剪强度。

在设计和制造机器零件时，必须考虑锻造流线的合理分布，使零件工作时的最大切应力与流线方向垂直，最大拉应力与流线方向平行，并尽量使锻造流线与零件的轮廓相符而不被切断。

例如，用同种材料加工螺栓，图6.6（a）所示为采用棒料直接切削加工制造的螺栓，受横向切应力时使用性能好，受纵向切应力时易损坏；若采用图6.6（b）所示局部镦粗方法制造的螺栓，则其受横向、纵向切应力时使用性能均好。图6.7所示是锻造曲轴和轧材切削加工曲轴的流线分布，明显看出经切削加工的曲轴流线易沿轴肩部位发生断裂，流线分布不合理。曲轴毛坯的锻造，应采用拔长后弯曲工序，使纤维组织沿曲轴轮廓分布，这样曲轴工作时不易断裂。

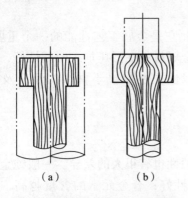

图6.6 螺栓的显微组织与加工方法关系示意

（a）切削加工的螺栓毛坯；（b）局部镦粗加工的螺栓毛坯

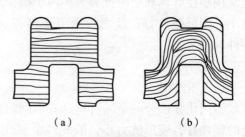

图6.7 锻造曲轴和轧材切削加工曲轴的流线分布

（a）切削加工的曲轴；（b）锻造曲轴

任务实施

材料在外力作用下产生的不可恢复的永久变形称为塑性变形，金属塑性变形对金属组织和性能有较大影响。

任务6-2 锻造结构工艺设计

任务引入

常用的锻造工艺方法有哪些？如何进行锻造结构工艺设计？

任务目标

理解金属的锻造性，熟悉常用锻造工艺方法，掌握锻造结构工艺设计知识，能进行简单的锻造结构工艺设计。

相关知识

锻造是一种借助工具或模具在冲击或压力作用下，对金属坯料施加外力，使其产生塑性变形，改变尺寸、形状及性能，用以制造机械零件或零件毛坯的成形加工方法。锻造通常是在高温（再结晶温度以上）下成形的，因此也称为金属热变形或热锻。

在锻造加工过程中，能压密或焊合铸态金属组织中的缩孔、缩松、空隙、气泡和裂纹等缺陷，又能细化晶粒和破碎夹杂物，从而获得一定的锻造流线组织。因此，与铸态金属相比，锻造具有细化晶粒、致密组织，并具有连贯的锻造流线，其性能得到了极大的改善。此外，锻造还具有生产率高，节省材料的优点，主要用于生产各种重要的、承受重载荷的机器零件或毛坯，如机床的主轴和齿轮、内燃机的连杆、起重机的吊钩等。在锻造过程中，由于高温下金属表面的氧化和冷却收缩等各方面的原因，使锻件精度不高、表面质量不好，加之锻件结构工艺性的制约，锻件通常只作为机器零件的毛坯。

一、金属的可锻性

金属的可锻性是指材料在锻压加工时的难易程度，它是金属工艺性能的一个重要指标，通常用塑性好坏和变形抗力大小两个指标来衡量。若金属材料在锻压加工时塑性好，变形抗力小，则可锻性好；反之，则可锻性差。金属的可锻性主要取决于材料的性质及其变形条件。

1. **材料的性质**

（1）化学成分

不同化学成分的金属材料具有不同的塑性，其可锻性也有很大的差异。一般纯金属比合金的塑性好，变形抗力小，因此纯金属比合金的可锻性好；合金元素的含量越高，塑性越差，变形抗力越大，因此，低合金钢比高合金钢的可锻性好；对钢来讲，含碳量低的钢比含碳量高的钢塑性好，因此，低碳钢比高碳钢的可锻性好。

（2）组织结构

金属内部的组织结构不同，其可锻性也不同。金属的晶粒越细，塑性越好，但金属变形抗力越大。金属的组织越均匀，塑性也越好，可锻性好。相同成分的合金，单相固溶体比多相固溶体塑性好，变形抗力小，锻造性能好。若含有多种合金而组成不同性能的组织结构，则塑性降低，可锻性较差。

另外，一般来说，面心立方和体心立方结构的金属比密排六方结构的金属塑性好。金属组织内部有缺陷，如铸锭内部有疏松、气孔等缺陷，将引起金属的塑性下降，锻造时易出现锻裂等现象。

2. **变形条件**

（1）变形温度

温度的高低直接影响金属的可锻性。随着变形温度的升高，金属原子的动能增大，削弱了原子间的引力，滑移所需的应力下降，金属的塑性增加，变形抗力降低，可锻性变好。但变形温度过高，晶粒将急剧长大，从而降低了金属材料的力学性能，这种现象称为"过热"。当变形温度进一步升高到接近金属材料的熔点时，金属晶界产生氧化，锻造时金属易沿晶界产生裂纹，这种现象称为"过烧"。过热可通过重新加热锻造和再结晶使金属恢复原来的力学性能，但过烧则导致金属报废。因此，必须将金属的锻造温度控制在一定的范围内，来保证锻件的质量。

（2）变形速度

变形速度是指金属在单位时间内的变形量。它对可锻性有两个方面的影响：一方面由于变形速度的增大，恢复和再结晶不能及时克服加工硬化现象，金属则表现出塑性下降、变形抗力增加，使金属的可锻性变差，因此塑性较差的材料（如铜和高合金钢）宜采用较低的变形速度（即用液压机而不用锻锤）成形；另一方面，金属在变形过程中，消耗于塑性变形的能量有一部分转化为热能，使金属温度升高（称为热效应现象），变形速度越大，热效应越明显，则金属的塑性提高、变形抗力下降（图6.8中a点以后），使金属的可锻性变好，因此生产上常用高速锤锻造高强度、低塑性等难以锻造的合金。

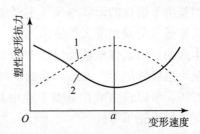

图6.8 变形速度对塑性及变形抗力的影响
1—变形抗力曲线；2—塑性变化曲线

（3）变形方式（应力状态）

金属的变形方式不同，它在变形时的内应力状态也不同。实践证明，三个方向上压应力的数量越多，则其塑性越好；拉应力的数量越多，则其塑性越差。挤压时，金属处于三向压应力状态，金属呈现良好的塑性状态（图6.9）。拉拔时，坯料沿轴向受到拉应力，其他方向为压应力，这种应力状态的金属塑性较差（图6.10）。镦粗时，坯料中芯部分受到三向压应力，周边部分上下和径向受到压应力，而切向为拉应力，周边受拉部分塑性较差，易镦裂。

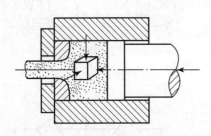

图6.9 挤压时金属应力状态

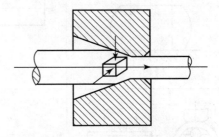

图6.10 拉拔时金属应力状态

二、锻造工艺方法

（一）自由锻

自由锻是指利用冲击力或压力，将加热好的金属坯料，用简单的通用性工具或在锻造设备的上、下砧铁之间，使坯料产生变形而获得所需的几何形状及内部质量的锻件的加工方法。坯料在锻造过程中，除与上、下砧铁或其他辅助工具接触的部分表面外，都是自由表面，变形不受限制，故无法精确控制变形的发展。采用自由锻方法生产的锻件称为自由锻件。

自由锻通常可分为手工自由锻和机器自由锻。手工自由锻主要是依靠人力利用简单工具对坯料进行锻打，改变坯料的形状和尺寸从而获得所需锻件。手工锻造只能生产小型锻件，生产率低，劳动强度大，锤击力小，在现代工业生产中已为机器锻造所代替。机器自由锻主要依靠专用的自由锻设备和专用工具对坯料进行锻打，改变坯料的形状和尺寸，从而获得所需锻件。

自由锻所用工具简单、通用性强、灵活性大，因而自由锻应用较为广泛，生产准备周期短；但是由于锻件的形状与尺寸主要靠人工操作来控制，故存在锻件精度低、加工余量大、生产效率低及劳动强度大等缺陷。

生产的自由锻件质量可以从 1 kg 的小件到 300 t 的大件，适合于单件和小批量生产，修配以及大型锻件的生产和新产品的试制等，特别是特大型锻件的生产，自由锻是唯一可行的加工方法，所以自由锻在重型工业中具有重要意义，例如水轮机主轴、多拐曲轴、大型连杆、重要的齿轮等零件。

1. 自由锻工序

自由锻工序分为基本工序、辅助工序、精整（或修整）工序三大类。

（1）基本工序

基本工序是指锻造过程中，使金属材料产生一定程度的塑性变形，从而达到所需形状和所需尺寸的工艺过程，如镦粗、拔长、冲孔、弯曲、切割和扭转等，如表 6.1 所示。实际生产中最常用的是镦粗、拔长和冲孔三个基本工序。

表 6.1 自由锻基本工序简图

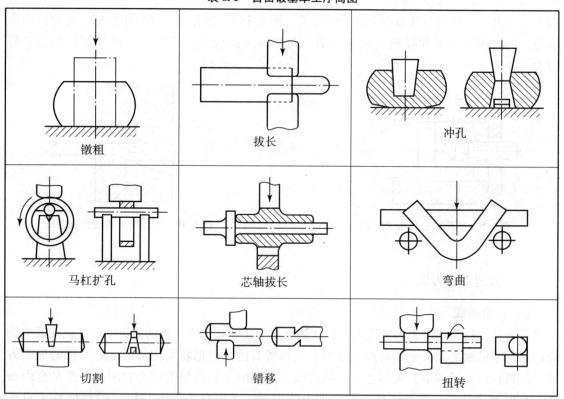

①镦粗。沿工件轴向进行锻打，使其长度减小，横截面积增大的操作过程称为镦粗。常

用来锻造齿轮坯、凸缘、圆盘等零件,也可用来作为锻造环、套筒等空心锻件冲孔前的预备工序。

镦粗时,坯料不能过长,高度与直径之比应小于2.5,以免镦弯,或出现细腰、夹层等现象。坯料镦粗的部位必须均匀加热,以防止出现变形不均匀。镦粗可分为全镦粗和局部镦粗两种形式。

②拔长。拔长是沿垂直于工件的轴向进行锻打,以使其截面积减小,而长度增加的操作过程称为拔长,常用于锻造轴类和杆类等零件。

对于圆形坯料,一般先锻打成方形后再进行拔长,最后锻成所需形状,或使用V形砧铁进行拔长,在锻造过程中要将坯料绕轴线不断翻转。拔长的方法主要有在平砧上拔长和在芯棒上拔长两种形式。

③冲孔。利用冲头在工件上冲出通孔或盲孔的操作过程称为冲孔,常用于锻造齿轮、套筒和圆环等空心锻件,对于直径小于25 mm的孔一般不锻出,而是采用钻削的方法进行加工。冲孔的方法主要有单面冲孔法和双面冲孔法两种形式。

在薄坯料上冲通孔时,可用冲头一次冲出。若坯料较厚时,可先在坯料的一边冲到孔深的2/3深度后,拔出冲头,翻转工件,从反面冲通,以避免在孔的周围冲出毛刺。

实心冲头双面冲孔时,圆柱形坯料会产生畸变。畸变程度与冲孔前坯料直径 D_0、高度 H_0 和孔径 d_1 等有关。D_0/d_1 越小,畸变越严重,另外冲孔高度过大时,易将孔冲偏,因此用于冲孔的坯料直径 D_0 与孔径 d_1 之比 (D_0/d_1) 应大于2.5,坯料高度应小于坯料直径。

(2) 辅助工序

辅助工序是为基本工序操作方便而进行的预先变形工序,如钢锭倒棱、压痕、压钳把等(见表6.2)。

表6.2 自由锻辅助工序简图

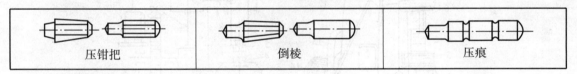

| 压钳把 | 倒棱 | 压痕 |

(3) 精整工序

精整工序是用以减少锻件表面缺陷而进行的工序,如校正、滚圆、平整等(见表6.3)。

表6.3 自由锻精整工序简图

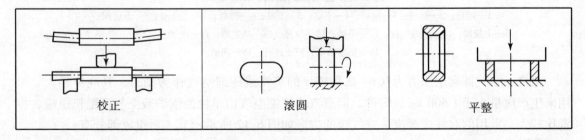

| 校正 | 滚圆 | 平整 |

在任何一个自由锻件的成形过程中,上述三类工序中的各工步可以按需要单独使用或组合使用。

2. 自由锻设备

根据作用在坯料上力的性质，自由锻设备分为锻锤和液压机两大类。前者用于锻造中、小自由锻件，后者主要用于锻造大型自由锻件。自由锻设备的选择应根据锻件大小、质量、形状以及锻造基本工序等因素，并结合生产实际条件来确定。

（1）锻锤

锻锤产生冲击力使金属坯料变形，锻锤的吨位以落下部分的质量来表示。锤锻的通用设备是空气锤和蒸汽－空气自由锻锤。

空气锤利用电动机带动活塞产生压缩空气，使锤头上下往复运动进行锤击，落下部分重量在 40～1 000 kg。它的特点是结构简单，操作方便，维护容易，但吨位较小，锤击能量较小，只能锻造 100 kg 以下的小型锻件。空气锤的结构和工作原理如图 6.11 所示，它主要由以下几个主要部分组成：

①机架部分。机架又称锤体，由工作缸、压缩缸、锤身和底座等组成。
②传动部分。由电动机、减速器、曲柄连杆及压缩活塞等组成。
③操纵部分。由上旋阀、下旋阀、旋阀套和操纵手柄（踏杆）等组成。
④工作部分。由落下部分（工作活塞、锤杆和上砧）和锤砧（砧座、砧垫、下砧）等组成。

为满足锻造的稳定性，砧座的质量要求不小于落下部分质量的 12～15 倍。砧座安装在坚固的钢筋混凝土基础上，而且在砧座与基础之间垫有垫木，以消除打击时产生的振动。

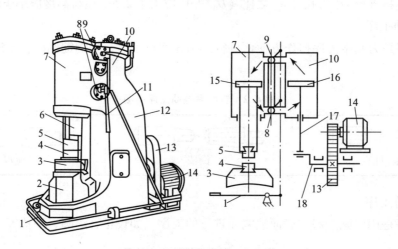

图 6.11 空气锤的结构和工作原理
1—踏杆；2—砧座；3—砧垫；4—下砧；5—上砧；6—锤杆；7—工作缸；8—下旋阀；
9—上旋阀；10—压缩气缸；11—手柄；12—锤身；13—减速器；14—电动机；15—工作活塞；
16—压缩活塞；17—连杆；18—曲柄

蒸汽－空气锤利用压力为 0.6～0.9 MPa 的蒸汽或压缩空气作为动力，其吨位稍大，可用来生产质量小于 1 500 kg 的锻件。但蒸汽或压缩空气由单独的锅炉或空气压缩机供应，投资比较大。常用的双柱式蒸汽－空气锤的构造如图 6.12 所示，其主要组成部分有：

①机架部分。机架又称锤身，由铸铁或铸钢铸成的左右立柱 15 组成，并由螺栓紧固在底座 16 上，再用前后拉杆将两立柱连接起来，以增强刚性。

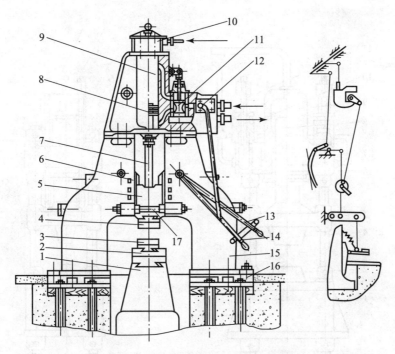

图 6.12 双柱式蒸汽-空气自由锻锤
1—砧座；2—砧垫；3—下砧；4—上砧；5—锤头；6—导轨；7—锤杆；
8—活塞；9—气缸；10—缓冲缸；11—滑阀；12—节气阀；13—滑阀操纵杆；
14—节气阀操纵杆；15—立柱；16—底座；17—拉杆

②气缸及缓冲机构。气缸 9 是将蒸汽或压缩空气所具有的能量转变为打击功能的结构，在上部安装有缓冲气缸 10，以防止活塞 8 冲击气缸盖。

③落下部分。落下部分包括上砧 4、锤头 5、锤杆 7 和活塞 8 等。

④配气-操纵机构。配气机构位于气缸侧面，由滑阀 11 和节气阀 12 组成。操纵机构由滑阀操纵杆 13 和节气阀操纵杆 14 等组成。操纵机构的作用是通过操纵滑阀和节气阀，使锤头实现悬空、压紧工件、单次打击和连续打击等动作。

⑤砧座。砧座由砧座 1、砧垫 2 和下砧 3 组成。砧座的质量是落下部分质量的 10~15 倍，足够的质量可保证打击时不会产生弹跳和减弱打击，也不易产生下沉。

（2）液压机

液压机产生静压力使金属坯料变形。由于静压力作用时间长，容易达到较大的锻透深度，可获得整个断面为细晶粒组织的锻件。液压机是大型锻件的唯一成形设备，故大型先进液压机的制造和拥有量常常标志着一个国家工业技术水平发达的程度。另外，液压机工作平稳，金属变形过程中无振动，噪声小，劳动条件较好，但液压机设备庞大、造价高。

目前大型水压机可达万吨以上，能够锻造 300 t 的锻件。我国已经能自行设计制造 125 000 kN 以下的各种规格的自由锻水压机。水压机是根据液体的静压力传递原理（即帕斯卡原理）设计制造的。水压机主要由本体和附属设备组成。水压机本体的典型结构如图 6.13 所示，它由固定系统和活动系统两部分组成：

①固定系统。其主要由固定在基础上的下横梁 1、立柱 3、上横梁 6、工作缸 9 和回程缸 10 等组成。

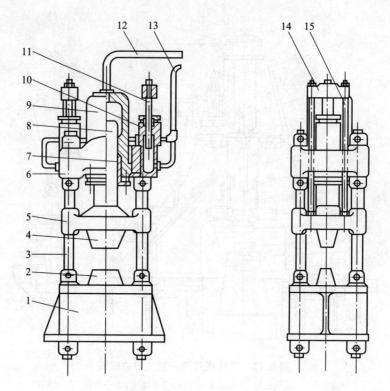

图 6.13 水压机本体的典型结构

1—下横梁；2—下砧；3—立柱；4—上砧；5—活动横梁；6—上横梁；7—密封圈；8—工作柱塞；
9—工作缸；10—回程缸；11—回程柱塞；12，13—管道；14—回程横梁；15—回程拉杆

②活动系统。其主要由活动横梁5、工作柱塞8、回程柱塞11、回程横梁14和回程拉杆15等部分组成。

水压机的附属设备主要有水泵、蓄压器、充水罐和水箱等。

在水压机上锻造时，以压力代替锤锻时的冲击力，大型水压机能够产生数万 kN，甚至更大的锻造压力，坯料变形的量大，锻透深度大，从而可改善锻件内部的质量，这对于以钢锭为坯料的大型锻件是很必要的。

3. 自由锻工艺规程的制定

制订工艺规程、编写工艺卡片是进行自由锻生产必不可少的技术准备工作，是组织生产、规范操作、控制和检查产品质量的依据。制订工艺规程，必须结合生产条件、设备能力和技术水平等实际情况，力求技术上先进、经济上合理、操作上安全，以达到正确指导生产的目的。

自由锻工艺规程主要包括绘制锻件图、计算坯料的质量与尺寸、确定锻造工序、选择锻造设备、确定坯料加热规范和填写工艺卡片等内容。

（1）绘制锻件图

锻件图是以零件图为基础，结合自由锻工艺特点绘制而成的图形，它是制订锻造工艺规程和锻件检验的依据。锻件图必须全面而准确地反映锻件的特殊内容（如圆角、斜度等），以及对产品的技术要求（如性能、组织等）。

绘制锻件图时主要考虑以下几个因素：

①敷料（余块）。对难以用自由锻方法锻出的键槽、齿槽、退刀槽以及小孔、盲孔、台阶等结构，必须暂时添加一部分金属以简化锻件的形状。为了简化锻件形状以便于进行自由锻造而增加的这一部分金属，称为敷料。它将在切削加工时去除，如图6.14所示。

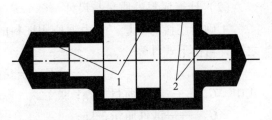

图6.14 敷料及锻件余量

1—敷料；2—余量

②锻件余量。因为自由锻的锻件一般需要进一步切削加工，故在零件的加工表面上应增加供切削加工用的余量，这部分余量称为锻件余量，如图6.14所示。锻件余量的大小与零件的材料、形状、尺寸、批量大小、生产实际条件等因素有关。零件越大，形状越复杂，则余量越大。

③锻件公差。锻件公差是指锻件名义尺寸的允许变动量，其值的大小与锻件形状、尺寸有关，并受生产具体情况的影响，通常为加工余量的1/4～1/3。

自由锻件余量和锻件公差可查有关手册。钢轴自由锻件的余量和锻件公差，如表6.4所示。

表6.4 钢轴自由锻件的余量和锻件公差（双边） mm

零件长度	零件直径					
	<50	50~80	80~120	120~160	160~200	200~250
	锻件余量和锻件公差					
<315	5±2	6±2	7±2	8±3	—	—
315~630	6±2	7±2	8±3	9±3	10±3	11±4
630~1 000	7±2	8±3	9±3	10±3	11±4	12±4
1 000~1 600	8±3	9±3	10±3	11±4	12±4	13±4

在锻件图上，锻件的外形用粗实线表示，为了使操作者了解零件的形状和尺寸，在锻件图上用双点画线画出零件的主要轮廓形状，并在锻件尺寸线的上方标注锻件尺寸与公差，尺寸线下方用圆括弧标注出零件尺寸，如图6.15所示。对于大型锻件，还必须在同一个坯料上锻造出供性能检验用的试样来，该试样的形状与尺寸也在锻件图上表示。

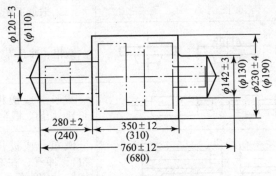

图6.15 典型锻件图

(2) 计算坯料的质量与尺寸

①确定坯料的质量。自由锻所用坯料的质量为锻件的质量与锻造时各种金属消耗的质量之和，可由下式计算：

$$G_{坯料} = G_{锻件} + G_{烧损} + G_{料头}$$

式中　$G_{坯料}$——坯料质量，kg；

　　　$G_{锻件}$——锻件质量，kg；

　　　$G_{烧损}$——坯料加热时因表面氧化而烧损的质量，kg；第一次加热取被加热金属质量分数的2%~3%，以后各次加热取1.5%~2.0%；

　　　$G_{料头}$——锻造过程中被冲掉或切掉的那部分金属的质量，kg；如冲孔时坯料中部的料芯，修切端部产生的料头等。

对于大型锻件，当采用钢锭作坯料进行锻造时，还要考虑切掉的钢锭头部和尾部的质量。

②确定坯料的尺寸。根据塑性加工过程中体积不变原则和采用的基本工序类型（如镦粗、拔长等）的锻造比，高度与直径之比等计算出坯料的横截面积、直径或边长等尺寸。

典型锻件的锻造比如表6.5所示。

表6.5　典型锻件的锻造比

锻件名称	计算部位	锻造比	锻件名称	计算部位	锻造比
碳素钢轴类锻件	最大截面	2.0~2.5	锤头	最大截面	≥2.5
合金钢轴类锻件	最大截面	2.5~3.0	水轮机主轴	轴身	≥2.5
热轧辊	辊身	2.5~3.0	水轮机立柱	最大截面	≥3.0
冷轧辊	辊身	3.5~5.0	模块	最大截面	≥3.0
齿轮轴	最大截面	2.5~3.0	航空用大型锻件	最大截面	6.0~8.0

(3) 选择锻造工序

自由锻锻造工序的选取应根据工序特点和锻件形状来确定。一般而言，盘类零件多采用镦粗（或拔长-镦粗）和冲孔等工序；轴类零件多采用拔长、切肩和锻台阶等工序。一般锻件的分类及采用的工序如表6.6所示。

表6.6　一般锻件的分类及采用的工序

锻件类别	图例	锻造工序	实例
盘类零件		镦粗、冲孔等	齿轮、法兰等
轴类零件		拔长（或镦粗-拔长）、切肩、锻台阶等	传动轴、主轴等
筒类零件		镦粗（或拔长-镦粗）、冲孔、在芯轴上拔长、滚圆等	圆筒、套筒等

续表

锻件类别	图例	锻造工序	实例
杆类零件		拔长、压肩、修整、冲孔等	连杆等
曲轴类零件		拔长、错移、压肩、扭转、滚圆等	曲轴、偏心轴等
环类零件		镦粗、冲孔、在芯轴上扩孔等	齿圈、圆环等
弯曲类零件		拔长、弯曲等	吊钩、弯杆

自由锻工序的选择与整个锻造工艺过程中的火次（即坯料加热次数）和变形程度有关。所需火次与每一火次中坯料成形所经历的工序都应明确规定出来，写在工艺卡片上。

4. 锻造温度范围

锻造温度范围是指始锻温度和终锻温度之间的温度范围。

锻造温度范围应尽量选宽一些，以减少锻造火次，提高生产率。加热的始锻温度一般取固相线以下100 ℃~200 ℃，以保证金属不发生过热与过烧。终锻温度一般高于金属的再结晶温度50 ℃~100 ℃，以保证锻后再结晶完全，锻件内部得到细晶粒组织。此外，锻件终锻温度还与变形程度有关，变形程度较小时，终锻温度可稍低于规定温度。部分金属材料的锻造温度范围如表6.7所示。

表6.7 部分金属材料的锻造温度范围

材料类型	锻造温度/℃		保温时间/(min·mm^{-1})
	始锻	终锻	
10、15、20、25、30、35、40、45、50	1 200	800	0.25~0.7
15CrA、16Cr$_2$MnTiA、38CrA、20MnA、20CrMnTiA	1 200	800	0.3~0.8
12CrNi$_3$A、12CrNi$_4$A、38CrMoAlA、25CrMnNiTiA、30CrMnSiA、50CrVA、18Cr$_2$Ni$_4$WA、20CrNi$_3$A	1 180	850	0.3~0.8
40CrMnA	1 150	800	0.3~0.8
铜合金	800~900	650~700	—
铝合金	450~500	350~380	—

5. 自由锻工艺举例

半轴的自由锻工艺卡片如表6.8所示。

表6.8 半轴的自由锻工艺卡片

锻件名称	半轴	图例
坯料质量	26 kg	
坯料尺寸	$\phi130$ mm × 240 mm	
材料	18CrMnTi	
火次	工序	图例
1	锻出头部	
1	拔长	
1	拔长及修整台阶	
1	拔长并留出台阶	
1	锻出凹档及拔长端部并修整	

（二）模型锻造

将加热后的坯料放在模锻设备上的锻模模膛内，利用高强度锻模，使金属坯料在模膛内受压产生塑性变形，而获得所需形状、尺寸以及内部质量锻件的加工方法称为模型锻造

（简称模锻）。在变形过程中由于模腔对金属坯料流动的限制，因而锻造终了时可获得与模腔形状相符的模锻件。

与自由锻相比，模锻具有如下优点：

①生产效率较高。模锻时，金属的变形在模腔内进行，故能较快获得所需形状。

②能锻造形状复杂的锻件，并可使金属流线分布更为合理，提高零件的使用寿命。

③模锻件的尺寸较精确，表面质量较好，加工余量较小。

④节省金属材料，减少切削加工工作量。在批量足够的条件下，能降低零件成本。

⑤模锻操作简单，劳动强度低，易于实现机械化。

但是，模锻生产受模锻设备吨位限制，模锻件的质量一般在 150 kg 以下。模锻设备投资较大，模具加工工艺复杂、制造周期长、费用高，工艺灵活性较差，生产准备周期较长。因此，模锻适合于小型锻件的大批大量生产，不适合单件小批量生产以及中、大型锻件的生产。随着 CAD/CAM 技术的飞速进步，锻模的制造周期将大大缩短。

模锻按使用的设备不同，可分为锤上模锻、压力机上模锻和胎模锻。

1. 锤上模锻

锤上模锻是将上模固定在锤头上，下模紧固在模垫上，通过随锤头做上下往复运动的上模，对置于下模中的金属坯料施以直接锻击来获取锻件的锻造方法。模锻工作示意如图 6.16 所示。

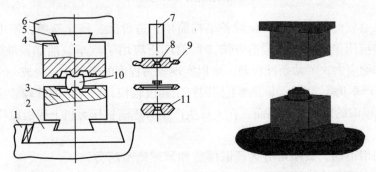

图 6.16　模锻工作示意

1—砧铁；2—模座；3—下模；4—上模；5—楔铁；
6—锤头；7，10—坯料；8—连皮；9—毛边；11—锻件

锤上模锻的工艺特点是：

①金属在模腔中是在一定速度下，经过多次连续锤击而逐步成形的。

②锤头的行程、打击速度均可调节，能实现轻重缓急不同的打击，因而可进行制坯工作。

③由于惯性作用，金属在上模模腔中具有更好的充填效果。

④锤上模锻的适应性广，可生产多种类型的锻件，可以单腔模锻，也可以多腔模锻。

模锻锤包括蒸汽－空气模锻锤、无砧座锤、高速锤和螺旋锤，其中蒸汽－空气模锻锤是普遍应用的模锻锤，其结构如图 6.17 所示。

锤上模锻能完成镦粗、拔长、滚挤、弯曲、成形、预锻和终锻等各变形工步的操作，锤击力量的大小和锤击频率可以在操作中自由控制和变换，以完成各种轴类锻件的模锻，在各

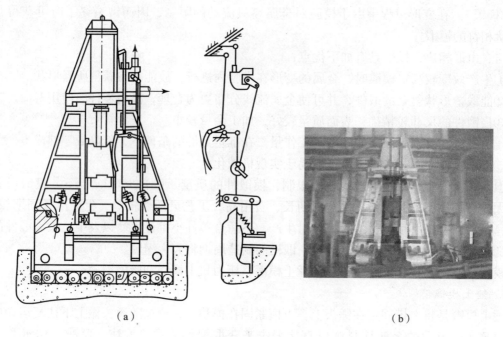

图 6.17 模锻锤
(a) 结构简图；(b) 实物图

种模锻方法中具有较好的适应性；该设备结构简单、造价低、操作简单、使用灵活，是我国当前模锻生产中应用最多的一种锻造方法，目前广泛应用于汽车、船舶及航空锻件的生产。其缺点是振动和噪声大，劳动条件较差，难以实现较高程度的机械化；完成一个变形工步要经过多次锤击，生产率仍不太高。由于锤上模锻打击速度较快，对变形速度较敏感的低塑性材料不如在压力机上模锻的效果好。因而，在大批生产中有逐渐被压力机上模锻取代的趋势。

（1）锻模

根据模膛功用不同，锻模可分为模锻模膛和制坯模膛两类。

①模锻模膛。可分为预锻模膛和终锻模膛两种。

a. 预锻模膛。其作用是使外形较为复杂的锻件坯料先变形到接近锻件的外形与尺寸，以便合理分配坯料各部分的体积，避免折叠的产生，并有利于金属的流动，易于充满模膛，同时可减小终锻模膛的磨损，延长锻模的使用寿命。预锻模膛和终锻模膛的主要区别是前者的圆角半径和模锻斜度较大，高度较大，一般不设飞边槽。对于形状简单或批量不大的模锻件可不设置预锻模膛。

b. 终锻模膛。其作用是使金属坯料最终变形到所要求的形状与尺寸。由于模锻需要加热后进行，锻件冷却后尺寸会收缩，所以终锻模膛的尺寸应比实际锻件尺寸放大一个收缩量。钢锻件的收缩量可取 1.5%。模膛四周设飞边槽，用以增加金属从模膛中流出的阻力，促使金属充满整个模膛，同时容纳多余的金属，另外还可以起到缓冲作用，减弱对上下模的打击，防止锻模开裂。飞边槽在锻后利用压力机上的切边模去除。

对于有通孔的锻件，由于不可能靠上、下模的凸起部分把金属完全挤压掉，故终锻后在孔内留下一薄层金属，称为冲孔连皮（图 6.18）。把冲孔连皮和飞边冲掉后，才能得到有通孔的模锻件。

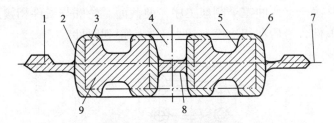

图 6.18 齿轮坯模锻件图

1—毛边；2—模锻斜度；3—加工余量；4—不通孔；5—凹圆角；
6—凸圆角；7—分模面；8—冲孔连皮；9—零件

②制坯模膛。对于形状复杂的模锻件，为了使坯料基本接近模锻件的形状，以便模锻时使金属合理分布，并很好地充满模膛，必须预先在制坯模膛内制坯。制坯模膛有以下几种：

a. 拔长模膛。减小坯料某部分的横截面积，以增加其长度。操作时一边送料一边反转。拔长模膛分为开式和闭式两种，如图 6.19 所示。

b. 滚压模膛。减小坯料某部分的横截面积，以增大另一部分的横截面积，使金属坯料能够按模锻件的形状来分布。操作时需不断反转坯料，滚压模膛分为开式和闭式两种，如图 6.20 所示。

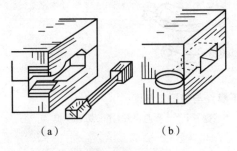

图 6.19 拔长模膛

（a）开式；（b）闭式

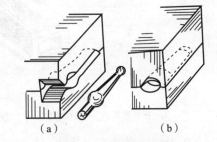

图 6.20 滚压模膛

（a）开式；（b）闭式

c. 弯曲模膛。使坯料弯曲，如图 6.21（a）所示。坯料可直接或先经其他工步后再放入弯曲模膛进行弯曲变形。

d. 切断模膛。在上模与下模的角部组成一对刃口，用来切断金属，如图 6.21（b）所示。可用于从坯料上切下锻件或从锻件上切下钳口，也可用于多件锻造后分离成单个锻件。

根据锻件的复杂程度，锻模可设计成单膛锻模和多膛锻模两种。对于形状简单的锻件，在锻模上只需一个终锻模膛，即锻模可

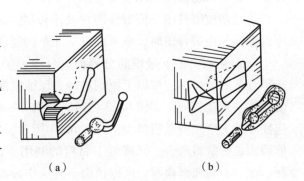

图 6.21 弯曲和切断模膛

（a）弯曲模膛；（b）切断模膛

设计成单膛锻模；对于形状复杂的锻件，根据需要可在锻模上安排多个模膛，即锻模可设计成多膛锻模。图 6.22 所示为弯曲连杆锻件的锻模（下模）及模锻工序图。锻模上有 5 个模

膛，坯料经过拔长、滚压、弯曲三个制坯工序，使截面、轮廓与锻件相接近，再经预锻、终锻制成带有飞边的锻件，最后在切边模上切去飞边，得到锻件。

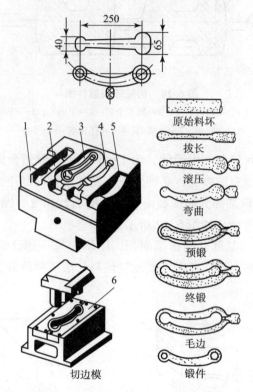

图 6.22　弯曲连杆锻模（下模）与模锻工序图

1—拔长模膛；2—滚压模膛；3—终端模膛；4—预锻模膛；5—弯曲模膛；6—切边模膛

（2）模锻工艺规程的制订

模锻工艺规程的制订主要包括绘制模锻件图、计算坯料尺寸、确定模锻工步、选择锻造设备、确定锻造温度范围及安排修整工序等。

①绘制模锻件图。模锻件图是设计和制造锻模、计算坯料以及检验模锻件的依据，根据零件图绘制模锻件图时，应考虑以下几个问题。

a. 分模面。上下锻模的分界面。分模面关系到锻件成形、出模及材料利用率等问题，选择合适的分模面应按以下原则进行：保证模锻件能从模膛中顺利取出，并使锻件形状尽可能与零件形状相同，如图 6.23 所示。若选 a—a 面作为分模面，则无法从模膛中取出锻件；应使零件上所加的敷料最少，如图 6.23 所示。若将 b—b 面选作为分模面，零件中间的孔不能锻出，其敷料最多，既降低了材料的利用率，又增加了切削加工工作量。另外，模膛太深，金属不易充满模膛，所以该面不宜选作分模面；应使上下模沿分模面的模膛轮廓一致，以便在安装锻模和生产中容易发现错模现象，如图 6.23 所示。若选 c—c 面作为分模面，则不容易发现错模；最好使分模面为一个平面，并使上下锻模的模膛深度基本一致，差别不宜过大，以便于均匀充型。

按上述原则综合分析，该模锻件的分模面应选在最大截面尺寸上。图 6.23 所示的 d—d 面为最合理的分模面。

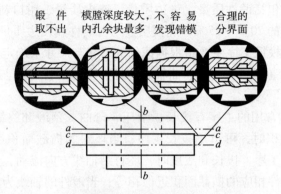

图 6.23 分模面比较图

b. 加工余量和锻件公差。模锻件加工余量和公差比自由锻小得多。一般余量为 1~4 mm，公差为 ±（0.3~3）mm。其具体数值可查相关手册。

c. 模锻斜度。为便于从模膛中取出锻件，模锻件上平行于锤击方向的表面必须具有斜度，称为模锻斜度，如图 6.24 所示。外斜度 α 值一般取 5°~10°，内斜度 β 值为 7°~15°。模锻斜度与模膛深度和宽度有关，通常模膛深度与宽度的比值（h/b）较大时，模锻斜度取较大值。

d. 模锻圆角半径。为使金属容易充满模膛，避免模锻内尖角处产生裂纹，减缓锻模外尖角处的磨损，提高锻模的寿命，在模锻件上所有平面的交角处均需做成圆角过渡，此过渡处称为锻件的圆角，如图 6.25 所示。钢的模锻件外圆角半径 r 取 1.5~12 mm，内圆角半径 R 比外圆角半径 r 大 2~3 倍。

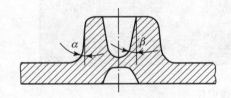

图 6.24 模锻斜度

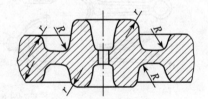

图 6.25 模锻圆角半径

上述各参数确定后，便可绘制锻件图，图 6.26 所示为齿轮坯模锻件图。图 6.26 中双点画线为零件轮廓外形，分模面选在锻件高度方向的中部。由于零件轮辐部分不加工，故无加工余量。图 6.26 中内孔中部的两条直线为冲孔连皮切掉后的痕迹。

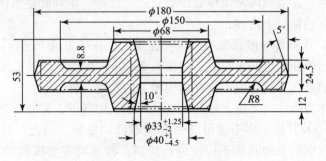

图 6.26 齿轮坯模锻件图

②计算坯料尺寸。包括锻件质量、飞边质量、连皮质量、钳口料头质量以及烧损质量。通常，飞边占锻件质量的20%~25%；烧损质量约占锻件和飞边质量总和的2.5%~4%。

③确定模锻工序。模锻工序主要是根据锻件的形状与尺寸来确定的。模锻件按形状可分为两大类：长轴类零件（例如台阶轴、曲轴、连杆、弯曲摇臂等）与盘类零件（例如齿轮、法兰盘等）。

a. 长轴类模锻件。常用的工序有拔长、滚压、弯曲、预锻和终锻等。当坯料的横截面积大于锻件最大横截面积时，可选用拔长工序；当坯料的横截面积小于锻件最大横截面积时，应采用拔长和滚压工序，拔长和滚压时，坯料沿轴线方向流动，金属体积重新分配，使坯料的各横截面积与锻件相应的横截面积近似相等；当锻件的轴线为曲线时，还应选用弯曲工序。

对于小型长轴类锻件，为了减少钳口料和提高生产率，常采用一根棒料上同时锻造数个锻件的锻造方法，因此应利用切断工序，将锻好的工件分离。对于形状复杂、终锻成形困难的锻件，还需选用预锻工序，最后在终锻模膛中模锻成形，如图6.27所示。

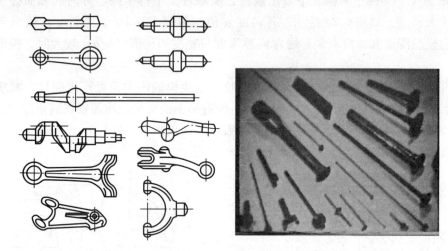

图 6.27　长轴类锻件

b. 盘类模锻件。常选用镦粗、终锻等工序。锻造过程中，坯料轴线方向与锤击方向相同，金属沿高度、宽度、长度方向同时流动。

对于形状简单的盘类零件，可只选用终锻工序成形。对于形状复杂，有深孔或有高筋的锻件，则应增加镦粗、预锻等工序。盘类零件如图6.28所示。

④修整工序。坯料在锻模内制成模锻件后，还须经过一系列修整工序，以保证和提高模锻件质量。修整工序包括以下内容：

a. 切边与冲孔。模锻件一般都带有飞边及连皮，须在压力机上进行切除。

切边模由活动凸模和固定凹模组成，如图6.29（a）所示。凸模工作面的形状与锻件上部外形相符，凹模的通孔形状与模锻件在分模面上的轮廓一样。

冲孔模的凹模作为锻件的支座，冲孔连皮从凹模孔中落下，如图6.29（b）所示。

b. 校正。在切边及其他工序中都可能引起模锻件的变形，因此，对于许多锻件，特别是形状复杂的锻件在切边及冲孔后还应该进行校正。校正可在终锻模膛（热校正）或专门的校正模（冷校正）内进行。

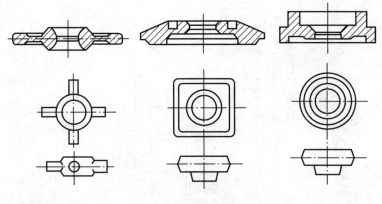

图 6.28　盘类零件图

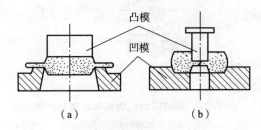

图 6.29　切边模与冲孔模

(a) 切边模；(b) 冲边模

c. 热处理。其目的是消除模锻件的过热组织或加工硬化组织，使模锻件具有所需的力学性能。常用的热处理方式为正火或退火。

d. 清理。为了提高模锻件的表面质量，改善模锻件的切削加工性能，模锻件需要进行表面清理，去除在生产过程中产生的氧化皮、所沾油污及其他表面缺陷等。

e. 精压。对于要求尺寸精度高和表面粗糙度值小的模锻件，还应在压力机上进行精压。精压分为平面精压［图 6.30（a）所示］和体积精压［图 6.30（b）所示］两种。平面精压用来提高平行平面间的尺寸精度，减小表面粗糙度值；体积精压用来提高锻件整体精度。

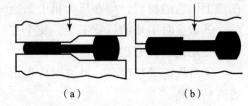

图 6.30　精压

(a) 平面精压；(b) 体积精压

2. 压力机上模锻

用于模锻生产的压力机有曲柄压力机、平锻机和摩擦压力机等。

（1）曲柄压力机上模锻

曲柄压力机上模锻是一种比较先进的模锻方法。曲柄压力机的结构和工作原理如图 6.31 所示。曲柄压力机上的动力是电动机，通过减速和离合器装置带动曲柄连杆机构，使滑块沿导轨做上下往复运动。下模块固定在工作台上，上模块则装在滑块下端，随着滑块的上下运动，就能进行锻造。锻模分别安装在滑块的下端和工作台上。

与锤上模锻相比，曲柄压力机模锻具有以下优点：

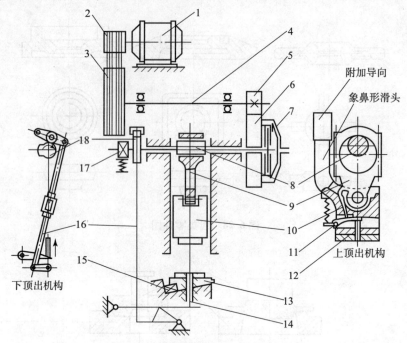

图 6.31 曲柄压力机的结构和工作原理

1—电动机；2—小皮带轮；3—飞轮；4—传动轴；5—小齿轮；6—大齿轮；7—圆盘摩擦离合器；8—曲柄；9—连杆；10—滑块；11—上顶出机构；12—上顶杆；13—楔形工作台；14—下顶杆；15—斜楔；16—下顶出机构；17—带式制动器；18—凸轮

①作用于坯料上的锻造力是静压力，而不是冲击力，因此，工作时振动和噪声小，劳动条件好。

②坯料的变形速度较低，有利于低塑性材料的锻造，对于如耐热合金、镁合金等不适于在锤上锻造的材料，可在压力机上锻造。

③锻造时滑块的行程不变，每个变形工步在滑块的一次行程中即可完成，便于实现机械化和自动化，具有很高的生产率。

④滑块运动精度高，并有锻件顶出装置，使锻件的模锻斜度、加工余量和锻造公差小，锻件精度高。

曲柄压力机上模锻的主要缺点是设备费用高，仅适合于大批量生产；对坯料的加热质量要求高，不允许有过多的氧化皮；由于在锻造过程中滑块的行程不变，因而，不能进行拔长、滚压等工步的操作。

(2) 平锻机上模锻

平锻机又称卧式锻造机，它沿水平方向对坯料施加锻造压力。图 6.32 所示为平锻机的工作原理示意图。平锻机起动前，将棒料放在固定凹模 6 的型槽中，并由前挡料板 4 定位，以确定棒料的变形部分长度 L_0。在锻压过程中，由平锻机的曲柄凸轮机构实现下列顺序工作：在主滑块前进过程中，活动凹模 7 迅速进入夹紧状态，在 L_p 部分将棒料夹紧；前挡板 4 退去；凸模（冲头）3 与热毛坯接触，并使其产生塑性变形直至充满型槽为止。当机器回程时，各部分的运动顺序是：冲头从凹模中退出；活动凹模恢复原位；冲头恢复原位，从凹模中取出锻件。

项目六　金属压力加工

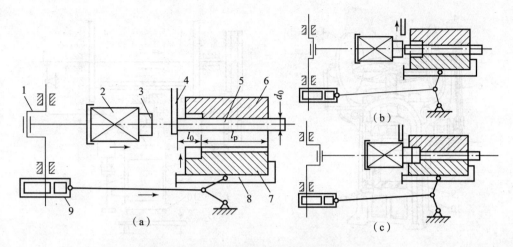

图 6.32　平锻机的工作原理示意
1—曲柄；2—主滑块；3—凸模；4—前挡料板；5—坯料；
6—固定凹模；7—活动凹模；8—加紧滑块；9—侧滑块

平锻机上模锻的工艺特点：

①扩大了模锻范围。锻造过程中坯料水平放置，坯料都是棒料或管材，并且只进行局部（一端）加热和局部变形加工。因此，可以完成在立式锻压设备上不能锻造的某些长杆类锻件，也可用长棒料连续锻造多个锻件，还可以进行切飞边、切断和弯曲等工步。

②锻模有两个分模面，锻件出模方便，可以锻出在其他设备上难以完成的在不同方向上有凸台或凹槽的锻件。

③锻件尺寸精确，表面粗糙度值小。

④节省金属，材料利用率高。

⑤效率高，容易实现机械化，劳动条件也较好。

⑥对非回转体及中心不对称的锻件较难锻造

⑦需配备对棒料局部加热的专用加热炉。

⑧设备结构复杂、价格高、投资大，仅适合于锻件的大批量生产。

目前平锻机已广泛用于大批量生产气门、汽车半轴、环类锻件等。

(3) 摩擦压力机上模锻

摩擦压力机是靠飞轮旋转、滑块向下运动所积蓄的能量使坯料变形而实现锻造的，如图6.33 所示。摩擦压力机属于锻锤锻压设备，有一定的冲击作用，滑块行程和冲击能量都可自由调节，可实现轻打、重打，坯料在一个模膛内可以多次锻击，因而适应性好，不仅能满足模锻各种主要成形工序的要求，还可以进行弯曲、热压、切飞边、冲连皮及精压、校正等工序。必要时，还可作为板料冲压的设备使用。

摩擦压力机的飞轮惯性大，单位时间内的滑块运行速度低，锻击频率低，金属变形过程中的再结晶可以充分进行，适合于再结晶速度慢的低塑性合金钢和有色金属的模锻，但也因此生产率较低。由于采用摩擦传动，摩擦压力机的传动效率低，因而，设备吨位的发展受到限制，通常不超过 10 000 kN。

摩擦压力机结构简单、性能广泛、造价低、使用维护方便，适用于小型锻件的批量生产

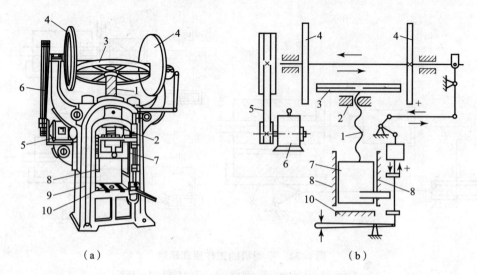

图 6.33　摩擦压力机传动图

（a）外形图；（b）传动图

1—螺杆；2—螺母；3—飞轮；4—圆轮；5—传动带；
6—电动机；7—滑块；8—导轨；9—机架；10—机座

（图 6.34），是中、小型工厂普遍采用的锻造设备。近年来，许多工厂还把摩擦压力机与自由锻锤、辊锻机、电镦机等组成流水线，承担模锻锤、平锻机的部分模锻工作，有效地扩大了它的使用范围。

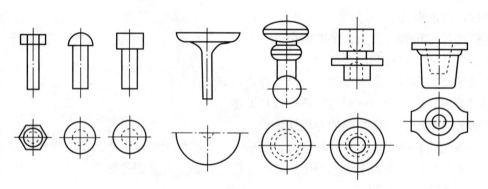

图 6.34　摩擦压力机上模锻件

压力机模锻方法的工艺特点的比较如表 6.9 所示。

表 6.9　压力机模锻方法的工艺特点比较

锻造方法	设备类型		工艺特点	应用
	名称	构造特点		
曲柄压力机上模锻	曲柄压力机	工作时，滑块行程固定，无振动，噪声小，合模准确，有顶出装置，设备刚度好	金属在模腔中一次成形，氧化皮不易除掉，终锻前常采用预锻工步，不宜拔长、滚压，可进行局部镦粗，锻件精度较高，模锻斜度小，生产率高，适合短轴类锻件	大批大量生产

续表

锻造方法	设备类型		工艺特点	应用
	名称	构造特点		
平锻机上模锻	平锻机	滑块水平运动,行程固定,具有互相垂直的两组分模面,无顶出装置,合模准确,设备刚度好	扩大了模锻范围,金属在模膛中一次成形,锻件精度较高,生产率高,材料利用率高,适合于锻造带头的杆类和有孔的各种合金锻件,对非回转体及中心不对称的锻件较难锻造	大批大量生产
摩擦压力机上模锻	摩擦压力机	滑块行程可控,带有顶料装置,机架受冲击力,每分钟行程次数少,传动效率低	特别适合于锻造低塑性合金钢和非铁金属;简化了模具的设计与制造,同时可锻造更复杂的锻件;承受偏心载荷能力差;可实现轻、重打,能进行多次锻打,还可进行弯曲、精压、切飞边、冲连皮、校正等工序,生产率低	中、小型锻件的小批和中批生产

(三) 胎模锻

胎模是一种不固定在锻造设备上的模具,结构较简单,制造容易。胎模锻是在自由锻设备上用胎模生产模锻件的工艺方法,因此胎模锻兼有自由锻和模锻的特点。

胎模锻与自由锻相比,具有生产率高,锻件尺寸精度高,表面粗糙度值小,敷料少,节约金属等优点。与模锻相比,具有成本低,使用方便等优点。但胎模锻的锻件精度和生产率不如锤上模锻高,胎模寿命短。胎模锻造适用于中、小批量生产,小型多品种的锻件,特别适合于没有模锻设备的工厂。

胎模种类很多,常用的胎模结构主要有扣模、套筒模和合模三种类型。

①扣模。扣模用来对坯料进行全部或局部扣形,主要生产杆状非回转体锻件,也可为合模锻造制坯,生产过程中坯料不转动 [图6.35 (a)]。

②套筒模。套筒模呈套筒形,有开式和闭式两种,主要用于锻造齿轮、法兰盘等回转体类锻件 [图6.35 (b)、(c)]。

③合模。合模通常由上模和下模两部分组成 [图6.35 (d)]。合模成形时的多余金属流入飞边槽,为了使上下模吻合及不使锻件产生错模,经常用导柱等定位。合模多用于生产形状较复杂的非回转体锻件,如连杆、叉形件等。

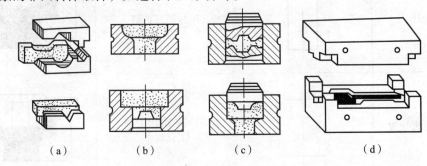

图 6.35 胎模的结构

(a) 扣模;(b)、(c) 套筒模;(d) 合模

胎模锻的工艺过程主要包括工艺规程的制订、胎模的制造、备料、加热、锻制及后续工序等。在工艺规程的制定过程中,可灵活选取分模面,分模面数量不限于一个,而且在不同工序中可以选取不同的分模面,以便于制造胎模和使锻件成形。

图6.36所示为法兰盘胎模锻制过程。胎模选用套筒模,它由模筒、模垫和冲头组成。原始坯料加热后,先用自由锻镦粗,然后将模垫和模筒放在下砧铁上,再将镦粗的坯料平放在模筒中,压上冲头后终锻成形,最后将连皮冲掉,得到锻件。

图 6.36 法兰盘胎模锻制过程
(a) 锻件图;(b) 下料、加热;(c) 镦粗;(d) 终锻成形;(e) 冲掉连皮
1—模垫;2—模筒;3、6—锻件;4—冲头;5—冲子;7—连皮

表6.10所示为阀体的胎模锻工艺卡片,坯料加热后先镦粗,然后放入胎模中成形及冲孔。

表 6.10 阀体的胎模锻工艺卡片

锻件名称	阀体		
毛坯质量	60 kg	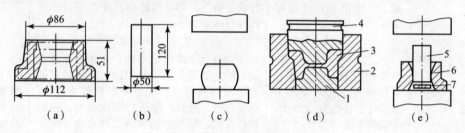	
锻造设备	30 kN 自由锻锤		
工序说明	简图	工序说明	简图
下料加热		用球面压凹孔	
预镦粗及去氧化皮		用反挤法使中部凹孔成形	

续表

工序说明	简图	工序说明	简图
放入开式筒模中镦粗		冲孔	
用垫铁镦平顶部			

三、锻件的结构工艺性

锻件的结构工艺性是指所设计的锻件在满足要求的前提下，制造的可行性和经济性。良好的结构工艺性是指在现有工艺条件下既能方便制造，又有较低的制造成本。另外，在设计锻压件结构和形状时，除满足使用性能要求外，还应考虑锻压设备和工具的特点。

1. 自由锻件的结构工艺性

自由锻件的设计原则是在满足使用性能的前提下，锻件的形状应尽量简单，易于锻造。

①避免锥体或斜面结构。

具有锥体或斜面结构的锻件，在锻造过程中需制造专用工具，锻件成形也比较困难，从而使工艺过程复杂，不便于操作，影响设备使用效率，应尽量避免，如图6.37所示。

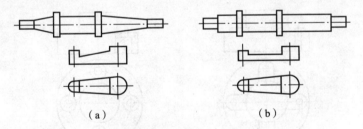

(a)　　　　　　　　　(b)

图 6.37　轴类锻件结构

(a) 工艺性差的结构；(b) 工艺性好的结构

②避免非平面交接。

图6.38 (a) 所示的圆柱面与圆柱面相交，锻件成形十分困难。改成如图6.38 (b) 所示的平面相交，消除了空间曲线，使锻造成形容易。

③避免加强筋、工字形、椭圆形或其他非规则截面及外形。

图6.39 (a) 所示的锻件结构，难以用自由锻方法获得，若采用特殊工具或特殊工艺来生产，会降低生产率，增加产品成本。改成如图6.39 (b) 所示的结构，消除了加强筋，使锻造成形容易。

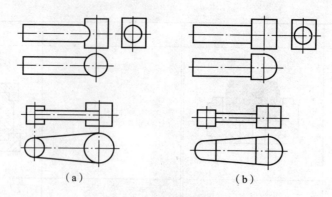

图 6.38 杆类锻件结构
（a）工艺性差的结构；（b）工艺性好的结构

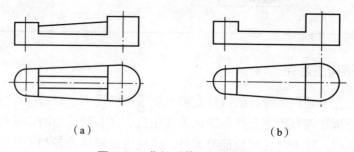

图 6.39 非规则截面锻件结构
（a）工艺性差的结构；（b）工艺性好的结构

④避免各种小凸台及叉形件内部的台阶。

图 6.40（a）所示的锻件结构，用自由锻方法难以获得，若采用特殊工艺会增加产品成本。改成如图 6.40（b）所示的结构，消除了凸台，使锻造成形容易。

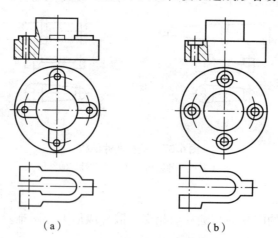

图 6.40 盘类及叉形锻件结构
（a）工艺性差的结构；（b）工艺性好的结构

⑤合理采用组合结构。

锻件的横截面积有急剧变化或形状较复杂时，可设计成由数个简单件构成的组合体，如

图 6.41 所示。每个简单件锻造成形后,再用焊接或机械连接方式构成整体零件。

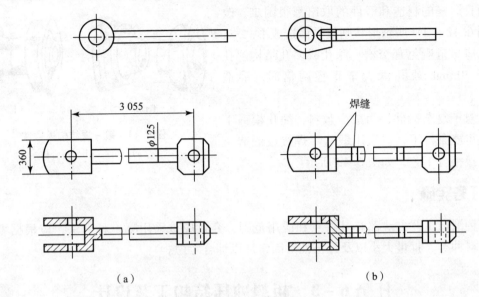

图 6.41 复杂锻件结构

(a) 工艺性差的结构;(b) 工艺性好的结构

2. 模锻件的结构工艺性

为了便于模锻件生产和降低成本,设计模锻零件时,模锻件的形状应保证其能从模膛中顺利取出和容易充满模膛,并根据模锻特点和工艺要求,使其结构符合下列原则。

①模锻零件应具有合理的分模面、模锻斜度和圆角半径。

②由于模锻的精度较高,表面粗糙度值较小,因此零件的配合表面可留有加工余量;非配合面因一般不需要加工而不需留加工余量。

③零件的外形应力求简单、平直、对称,尽量避免零件截面间差别过大,或具有薄壁、高筋等不良结构,以保证金属容易充满模膛、减少加工工序。一般说来,零件的最小截面与最大截面之比不要小于 0.5,图 6.42(a)所示零件的凸缘太薄、太高,中间下凹太深,金属不易充型。图 6.42(b)所示零件过于扁薄,薄壁部分金属在模锻时容易冷却,不易充满

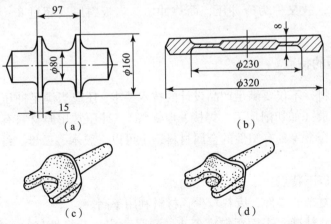

图 6.42 模锻结构工艺性

模膛，对保护设备和锻模也不利。图6.42（c）所示零件有一个高而薄的凸缘，不仅难以充型，而且锻模的制造和锻件的取出都很困难。改成如图6.42（d）所示形状则较易锻造成形。

④应尽量避免有窄槽、深孔或多孔结构。孔径小于30 mm或孔深大于直径两倍时，锻造困难。

⑤对于复杂锻件，为减少敷料，简化模锻工艺，在可能条件下，应采用锻造－焊接或锻造－机械连接组合工艺，如图6.43所示。

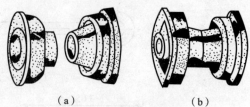

图6.43 锻－焊结构模锻件
（a）锻件；（b）焊合件

任务实施

各种锻造工艺方法都有其特点和应用范围，究竟应该采用哪一种方法，应根据零件特点、材料种类、批量大小以及经济性等因素加以综合考虑。

任务6-3 板料冲压结构工艺设计

任务引入

对托架零件进行冲压工艺设计。

任务目标

掌握板料冲压的特点、冲压的基本工序，冲压件的结构工艺性及冲压设备的选用，能进行简单的板料冲压结构工艺设计。

相关知识

在机械制造业中，利用冲模在压力机（或冲床）上使板料分离或变形，从而获得一定形状、尺寸和性能的零件的加工方法称为板料冲压。板料冲压的坯料厚度一般小于4 mm，通常在常温下进行，故又称为冷冲压，简称冲压。当板料厚度超过8～10 mm时，才用热冲压。

一、板料冲压的特点

冲压所用的材料，不仅要满足产品设计的技术要求，还应当满足冲压工艺的要求和冲压后续工序的加工要求（如切削加工、焊接、电镀等）。冲压常用原材料有低碳钢、奥氏体不锈钢、铜或铝及其合金等具有塑性的金属材料，也可以是胶木、云母、纤维板、皮革等非金属材料。

板料冲压具有以下特点：

①可冲出形状复杂的零件，废料较少，材料利用率高。

②冲压件的尺寸精确，表面粗糙度值小，质量稳定，互换性好，一般不再进行机械加工，即可作为零件使用。

③金属薄板经过冲压塑性变形并产生冷变形强化，使冲压件具有质量轻、强度高和刚性好的优点。

④冲压生产操作简单，生产率高，工艺过程易于实现机械化和自动化。

⑤冲模是冲压生产的主要工艺装备，其结构复杂，精度要求高，制造费用相对较高，故冲压在大批量生产条件下采用才能降低产品成本。

板料冲压是机械制造中的重要加工方法之一，冲压不仅能够制造尺寸很小的精密仪表零件，还能够制造诸如汽车大梁、压力容器封头一类的大型零件和复杂形状的零件。占全世界钢产量60%～70%以上的板材、管材及其他型材，其中大部分经过冲压制成成品。冲压在汽车、拖拉机、机械、家用电器、日常用品、电机、仪表、航空航天、兵器等制造中，都有广泛的应用，如图6.44所示。

图6.44 冲压件

二、冲压设备

冲压设备主要有剪床和冲床两大类。

1. 剪床

剪床是完成剪切工序，把板料切成需要宽度的条料以供冲压工序使用的主要设备。剪床的外形及传动机构如图6.45所示。电动机1通过带轮使轴2转动，再通过齿轮传动及离合器3使曲轴4转动，于是带有刀片的滑块5便上下运动，进行剪切工作。

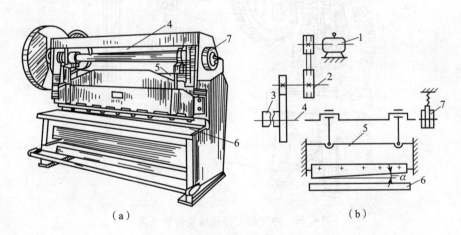

(a)   (b)

图6.45 剪床

1—电动机；2—轴；3—离合器；4—曲轴；5—滑块；6—工作台；7—滑块制动器

剪床通常有平口剪床、斜口剪床和圆盘剪床三种类型。

①平口剪床。上刀刃与下刀刃平行，所需剪力较大，板料剪切后平整度高，常用于窄板材料的剪切。

②斜口剪床。上刀刃相对于平行的下刀刃倾斜6°～8°，所需剪力较小，板料剪切后易弯曲，常用于宽板材料的剪切。

③圆盘剪床。剪切时，坯料被慢慢地送入反向转动的两刀片之间，板料剪切后易弯曲，常用于长带料的剪切。

2. 冲床

冲床是进行冲压加工的主要设备，按其床身结构不同，有开式和闭式两种类型。按其传动方式不同，有机械式冲床与液压压力机两大类。冲床的主要技术参数是以公称压力来表示的，公称压力是以冲床滑块在下止点前工作位置所能承受的最大工作压力来表示的。我国常用开式冲床的规格为63～2 000 kN，闭式冲床的规格为1 000～5 000 kN。图6.46所示为小型开式机械式冲床的工作原理及传动示意。

电动机4带动带传动减速装置，并经离合器8将旋转运动传给曲轴7，曲轴7和连杆5则把传来的旋转运动变成直线往复运动，带动固定上模的滑块11沿床身导轨2做上下运动，完成冲压动作。

冲床起动后，在未踩下脚踏板12时，离合器8处于分离位置，此时，带轮9空转，曲轴7不动。当踩下脚踏板12时，离合器8处于结合位置，把带轮9和曲轴7连接起来，使曲轴7跟着旋转，带动滑块11连续上下动作。抬起脚后，脚踏板12升起，滑块11便在制动器6的作用下，自动停止在最高位置上。

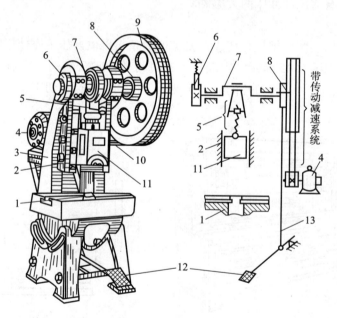

图6.46 冲床的工作原理及传动示意

1—工作台；2—导轨；3—床身；4—电动机；5—连杆；6—制动器；7—曲轴；
8—离合器；9—带轮；10—传动带；11—滑块；12—脚踏板；13—拉杆

3. 冲模

冲模是冲压加工中的主要工艺装备。冲模按组合方式可分为单工序模（简单冲模）、级进模（连续冲模）、组合模（复合冲模）三种。

①单工序模。在一个冲压行程中只完成一道工序的冲模，如图6.47所示。此种模具结构简单，容易制造，适用于小批量生产。

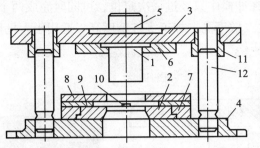

图 6.47 单工序模

1—凸模；2—凹模；3—上模板；4—下模板；5—模柄；6—凸模固定板；
7—凹模固定板；8—卸料板；9—导料板；10—挡料销；11—导套；12—导柱

②级进模。级进模是把两个（或更多个）单工序模连在模板上而成，在一个冲压行程中同时完成多道工序的冲模，如图 6.48 所示。级进模生产率较高，加工零件精度高，适用于大批量生产。

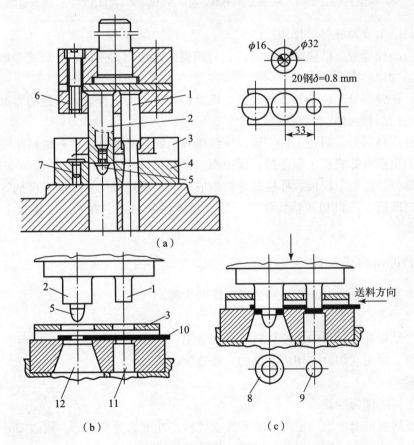

图 6.48 级进模

(a) 垫圈连续冲裁模；(b) 准备工作；(c) 完成一个行程

1—冲孔凸模；2—落料凸模；3—卸料板；4—凹模；5—导正销；6—上模固定板；
7—固定挡料销；8—工件；9—废料；10—坯料；11—冲孔凹模；12—落料凹模

③组合模。在一次行程中,坯料在冲模中只经过一次定位,可同时完成两个以上冲压工序的冲模,如图6.49所示。组合模生产效率高,加工零件精度高,适用于大批量生产。

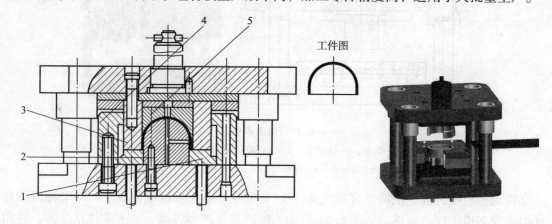

图 6.49　组合模
1—弹性压边圈；2—拉深凸模；3—落料、拉深凸凹模；4—落料凹模；5—顶件板

冲压模具的组成及各部分作用：

①凹模与凸模部分。凸模又称冲头,它与凹模共同作用,使板料分离或变形完成冲压过程的零件,是冲模的主要工作部分。

②定位、送料部分。使条料或半成品在模具上定位、沿工作方向送进的零部件,主要有挡料销、导正销、导料销、导料板等。

③卸料及压料部分。防止工件变形,压住模具上的板料及将工件或废料从模具上卸下或推出的零件,主要有卸料板、顶件器、压边圈、推板、推杆等。

④模架部分。由上下模板、导柱和导套组成。上模板用以固定凸模、模柄等零件,下模板则用以固定凹模、送料和卸料构件等。导套和导柱分别固定在上、下模板上,用以保证上、下模对准。

三、板料冲压的基本工序

冲压基本工序可分为分离工序和变形工序两大类。

1. 分离工序

分离工序是指冲压过程中,使板料的一部分沿一定的轮廓与另一部分分离的加工工序,如冲孔、落料、剪切、切口、切边、剖切、修整等。

(1) 冲裁

冲孔和落料统称为冲裁。

落料是指从板料上冲出一定外形的零件或坯料,冲下部分是成品,周边部分是废料。而冲孔是在板料上冲出孔,冲下部分是废料,带孔的周边部分是成品。

冲裁可分为普通冲裁和精密冲裁两种。

①普通冲裁。普通冲裁的刃口必须锋利,凸模和凹模之间留有间隙,板料的冲裁过程可分为三个阶段：弹性变形阶段、塑性变形阶段和分离阶段。如图6.50所示,凸模和凹模的边缘都带有锋利的刃口。当凸模向下运动压住板料时,板料受到挤压,产生弹性变形并进而

产生塑性变形,当上、下刃口附近材料内的应力超过一定限度后,即开始出现微裂纹。随着凸模继续下压,上、下微裂纹逐渐向板料内部扩展直至相遇重合后,板料即被分离。

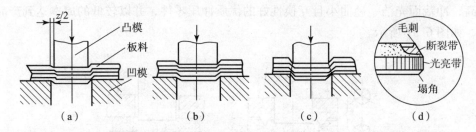

图 6.50　冲裁时金属板料的分离过程示意
(a)弹性变形阶段;(b)塑性变形阶段;(c)分离阶段;(d)落下部分的放大图

当模具间隙正常时,板料分离后,冲裁件的断面有塌角、光亮带、剪裂带和毛刺四部分组成,如图 6.50(d)所示。如果间隙过大,会使得塌角和毛刺加大,板料的翘曲也会加大;如果冲裁间隙过小,会使冲裁力加大,不仅会降低模具寿命,还会使冲裁件的断面形成二次光亮带,在两个光面间夹有裂纹,这些都会影响冲裁件的断面质量。因此,选择合理的冲裁间隙对保证冲裁件质量,提高模具寿命,降低冲裁力都是十分重要的。

冲裁模的合理间隙值可按表 6.11 选取,对于断面质量要求较高的冲裁件,可将表中数据减小 1/3。

表 6.11　冲裁模的合理间隙值

材料种类	间隙				
	材料厚度 δ/mm 0.1~0.4	材料厚度 δ/mm 0.4~1.2	材料厚度 δ/mm 1.2~2.5	材料厚度 δ/mm 2.5~4.0	材料厚度 δ/mm 4.0~6.0
黄铜、低碳钢	0.01~0.02	(7~10)%δ	(9~12)%δ	(12~14)%δ	(15~18)%δ
中、高碳钢	0.01~0.05	(10~17)%δ	(18~25)%δ	(25~27)%δ	(27~29)%δ
磷青铜	0.01~0.04	(8~12)%δ	(11~14)%δ	(14~17)%δ	(18~20)%δ
铝及铝合金(软)	0.01~0.03	(8~12)%δ	(11~12)%δ	(11~12)%δ	(11~12)%δ
铝及铝合金(硬)	0.01~0.03	(10~14)%δ	(13~14)%δ	(13~14)%δ	(13~14)%δ

设计冲裁模时,也可利用下列经验公式选择合理的间隙值,即

$$Z = 2Ct$$

式中　Z——凸模与凹模间的双面间隙,mm;

C——与材料厚度、性能有关的系数,见表 6.12;

t——板料厚度,mm。

表 6.12　冲裁间隙系数 C 值

材料	板厚/mm	
	$t \leq 3$	$t \geq 3$
软钢、纯铁	0.06~0.09	当断面质量无特别要求时,将 $t \leq 3$ 的相应 C 值放大 1.5 倍
铜、铝合金	0.06~0.10	
硬钢	0.08~0.12	

②精密冲裁。又称为无间隙或负间隙冲裁，属于无屑加工技术，是在普通冲压技术基础上发展起来的一种精密冲压方法，简称精冲。它能在一次冲压行程中获得比普通冲裁零件尺寸精度高、冲裁面光洁、翘曲小且互换性好的优质冲压零件，并以较低的成本达到产品质量的改善，如图 6.51 所示。

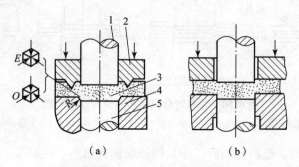

图 6.51　精密冲裁与普通冲裁
（a）带齿圈压板精冲；（b）普通冲裁
1—凸模；2—齿圈压板；3—坯料；4—凹模；5—顶板

（2）修整

修整是在模具上利用切削的方法，将冲裁件的边缘或内孔切去一小层金属，从而提高冲裁件断面质量与精度的加工方法。

修整冲裁件的外形称为外缘修整；修整冲裁件的内孔称为内孔修整，如图 6.52 所示。修整可去除普通冲裁时在断面上留下的塌角、毛刺与剪裂带等。修整余量为 0.1~0.4 mm，工件尺寸精度可达 IT7~IT6，表面粗糙度值可达 1.6~0.8 μm。

（3）切口

切口是指用切口模将部分材料切开，但并不使它完全分离，切开部分材料发生弯曲，如图 6.53 所示。

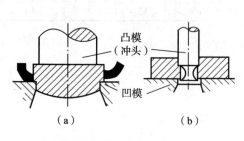

图 6.52　修整工序
（a）外缘修整；（b）内孔修整

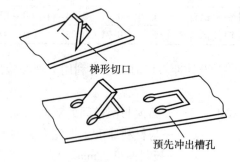

图 6.53　切口

（4）剪切

剪切是指用剪刃或模具使板料按不封闭轮廓线分离的工序称为剪切。

（5）切边

切边是指用切边模将坯件边缘的多余材料冲切下来。

（6）剖切

剖切是指用剖切模将坯件（弯曲件或拉深件）剖成两部分或几部分，如图6.54所示。

2. 变形工序

变形工序是使坯料的一部分相对于另一部分产生塑性变形而不被破坏的工序，如弯曲、拉深和成形等。

（1）弯曲

将金属材料弯曲成具有一定角度和形状的工艺方法称为弯曲，弯曲方法可分为压弯、拉弯、折弯、滚弯等，最常见的是在压力机上压弯。

图6.54 剖切

弯曲时材料内侧受压应力，产生压缩变形，而外侧受拉应力，发生伸长变形，如图6.55所示。当外侧拉应力超过坯料的抗拉强度时，就会造成弯裂。坯料越厚，内弯曲半径 r 越小，应力越大，越易弯裂。为防止弯裂，弯曲模的弯曲半径 r 要大于限定的最小弯曲半径 $r_{\min}$，通常取 $r_{\min} = (0.25 \sim 1)\delta$（$\delta$ 为板厚）。材料塑性好，则最小弯曲半径 $r_{\min}$ 可小些。此外，弯曲时，应尽量使弯曲线和坯料纤维方向垂直，不仅能防止弯裂，也有利于提高零件的使用性能。

在外加载荷的作用下，板料产生的变形由弹性变形和塑性变形两部分组成。当弯曲结束，外载荷去除后，被弯曲材料的形状和尺寸发生与加载时变形方向相反的变化，从而消去一部分弯曲变形的效果，这种现象称为回弹，如图6.56所示。为了克服回弹现象对弯曲零件尺寸的影响，通常采取的措施是利用回弹规律，增大凸模压下量，或在设计弯曲模具时，使模具角度比成品角度小一个回弹角（0°～10°），即适当改变模具尺寸，使回弹后达到零件要求的尺寸。

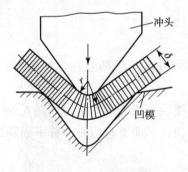

图6.55 弯曲过程简图

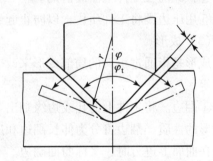

图6.56 弯曲件的回弹

（2）拉深

拉深是将一定形状的平板毛坯通过拉深模冲压成各种形状的开口空心件；或以开口空心件为毛坯通过拉深，进一步使空心件改变形状和尺寸的冷冲压加工方法。拉深过程如图6.57所示，原始直径为 D 的板料，经拉深后变成外径为 d 的杯形零件。

拉深工艺可分为不变薄拉深和变薄拉深两种，不变薄拉深件的壁厚与毛坯厚度基本相同，工业上应用较多，变薄拉深件的壁厚则明显小于毛坯厚度。拉深可以制造筒形、阶梯形、球形及其他复杂形状的薄壁零件。

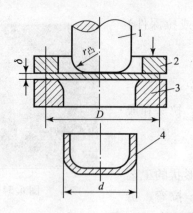

图 6.57 拉深过程

1—冲头；2—压板；3—凹模；4—工件

拉深件最容易产生的缺陷是拉裂和起皱（图 6.58）。拉裂产生的最危险的部位是侧壁与底部的过渡圆角处。起皱是拉深时坯料的法兰部分受到切向压应力的作用，使整个法兰产生波浪形的连续弯曲现象。为防止出现废品，必须采取以下措施：

①拉深模具的工作部分加工成圆角，$r_{凹}=10\delta$，$r_{凸}=(0.6\sim1)r_{凹}$，δ 为材料厚度。

②合理控制凸、凹模的间隙，$Z=(1.1\sim1.5)\delta$。

③正确选择拉深系数。拉深系数一般不小于 0.5~0.8，塑性好的材料可取下限值。

④拉深前在工件上涂润滑剂。

⑤用压边圈将工件压住，以防止起皱。

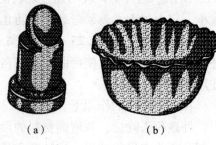

图 6.58 拉深废品

（a）拉裂；（b）起皱

(3) 成形

成形是指通过板料的局部变形来改变毛坯的形状和尺寸的工序的总称，如翻边、膨胀、缩口等。

①翻边。将工件上的孔或边缘翻出竖立或有一定角度的直边成形方法，如图 6.59 所示。按变形的性质，翻边可分为伸长翻边和压缩翻边。当翻边在平面上进行时，称平面翻边；当翻边在曲面上进行时，又称曲面翻边。

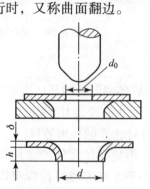

图 6.59 翻边

②胀形。利用模具使空心件或管状件由内向外扩张，获得所需形状和尺寸零件的成形方法，如图6.60所示。

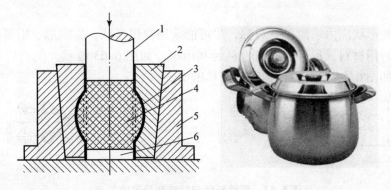

图6.60 胀形
1—凸模；2—凹模；3—工件；4—橡胶；5—外套；6—垫块

③缩口。利用模具将预先拉伸好的空心件或管状件的口部直径缩小的局部成形方法，如图6.61所示。

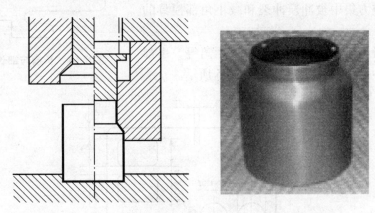

图6.61 缩口

④起伏成形。平板毛坯或制件在模具的作用下，产生局部凸起（或凹下）的成形方法，如图6.62所示。

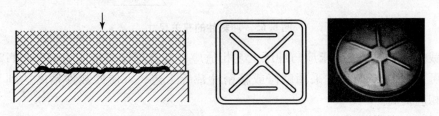

图6.62 起伏成形

四、板料冲压件的结构工艺性

板料冲压件的设计不仅要保证良好的使用性能，而且也应具有良好的工艺性能，以提高生产率、降低生产成本及保证产品质量。

1. 冲裁件结构工艺性

冲裁件结构工艺性指冲裁件结构、形状、尺寸对冲裁工艺的适应性。主要包括以下方面。

①冲裁件的形状应力求简单、对称，尽可能采用规则形状，如圆形、矩形等。在排样时要有利于合理利用材料，尽可能提高材料的利用率，如图 6.63 所示。同时应避免长槽与细长悬臂结构，如图 6.64 所示，否则制造模具困难。

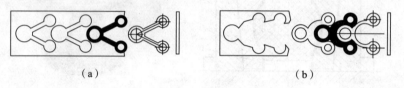

图 6.63 零件形状与材料利用率的关系

（a）不合理；（b）合理

②冲裁件转角处应尽量避免尖角，以圆角过渡。一般在转角处应有半径 $R \geq 0.25t$（t 为板厚）的圆角，以避免尖角处应力集中被冲模冲裂和减小角部模具的磨损。

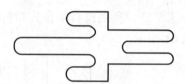

图 6.64 长槽与细长悬臂结构

③对孔的最小尺寸及孔距间的最小距离等，也都有一定限制。冲裁件的有关尺寸如图 6.65 所示。

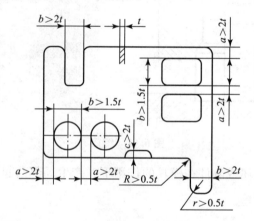

图 6.65 冲裁件的有关尺寸

④冲裁件的尺寸精度要求应与冲压工艺相适应，其合理经济精度为 IT9~IT12，较高精度冲裁件可达到 IT8~IT10。采用整修或精密冲裁等工艺，可使冲裁件精度达到 IT6~IT7，但成本也相应提高。

2. 弯曲件的结构工艺性

弯曲件的结构工艺性如图 6.66 所示。设计弯曲件时应考虑以下几方面：

①弯曲件的弯曲半径 r 不应小于材料允许的最小弯曲半径 r_{min}，并应考虑材料纤维方向，以避免弯裂。但弯曲半径 r 也不宜过大，否则会造成回弹量过大，使弯曲件精度不易保证。

②弯曲件形状应尽量对称，以防止在弯曲时发生工件偏移。

③直边过短不易弯曲成形，应使弯曲件的直边高 $H > 2t$（t 为板厚）。

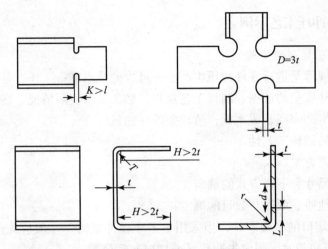

图 6.66 弯曲件结构工艺性

④弯曲带孔的工件时,孔的位置应在变形区以外,孔与弯曲变形区的距离 $L \geqslant (1.5 \sim 2)t$。

⑤多向弯曲时,为避免角部畸变,应先冲工艺孔或切槽。

3. 拉伸件的结构工艺性

拉伸件的尺寸要求如图 6.67 所示,设计时主要考虑以下几个方面:

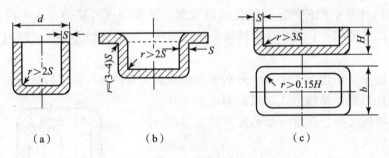

(a)　　　　　(b)　　　　　(c)

图 6.67 拉伸件的尺寸要求

①拉伸件的形状应力求简单、对称,以便使拉伸次数减少,容易成形。拉伸件的形状有回转体形、非回转体对称形和非对称空间形三类,其中以回转体形,尤其是直径不变的杯形件最易拉伸,模具制造也方便。

②尽量避免直径小而深度大,否则不仅需要进行多次拉伸,而且容易出现废品。

③拉伸件的底部与侧壁,凸缘与侧壁应有足够的圆角;拉伸件底部或凸缘上的孔边到侧壁的距离要合理,最小允许半径和距离如图 6.67 所示,否则容易出现废品和增加成本。另外,带凸缘拉伸件的凸缘尺寸要合理,不宜过大或过小,否则会造成拉深困难或导致压边圈失去作用。

④不要对拉伸件提出过高的精度或表面质量要求。拉伸件直径方向的经济精度一般为 IT9~IT10,经整形后精度可达到 IT6~IT7,拉伸件的表面质量一般不超过原材料的表面质量。

五、典型零件冲压工艺示例

1. 制订冲压工艺规程的步骤

制订冲压工艺规程是进行零件冲压生产必不可少的技术准备工作,是组织生产、规范操作、控制和检查产品质量的依据。制订工艺规程,必须结合实际情况,在满足零件全部技术要求前提下,达到生产率高,成本低,劳动条件好的目的。

①分析冲压件的结构工艺性。

②拟订冲压工艺方案。

③毛坯形状、尺寸和下料方式的确定。

④冲压工序的性质、顺序与数目的确定:

a. 对于有孔或切口的平板零件,当采用单工序模冲裁时,一般应先落料后冲孔(或切口);当采用级进模冲裁时,则应先冲孔(或切口)后落料。

b. 对于多角弯曲件,当采用简单弯模分次弯曲成形时,应先弯外角,后弯内角。

c. 对于孔位于变形区(或靠近变形区)或孔与基准面有较高的要求时,必须先弯曲,后冲孔;对于孔位于变形区外或孔与基准面的要求不高时,应先冲孔,后弯曲。

d. 对于有孔或缺口的拉伸件,一般应先拉伸,后冲孔(或缺口)。对于带底孔的拉伸件,当孔径要求不高时,可先冲孔,后拉伸;当底孔要求较高时,一般应先拉伸后冲孔,也可先冲孔,后拉伸,再冲切底孔边缘达到要求。

e. 对于旋转体复杂拉伸件,一般是按由大到小的顺序进行拉伸,或先拉伸大尺寸的外形,后拉伸小尺寸的内形;对于非旋转体复杂拉伸件,则应先拉伸小尺寸的内形,后拉伸大尺寸的外形。

f. 压平、修整、切边等工序,应分别安排在冲裁、弯曲和拉伸之后进行。

⑤确定模具类型与结构形式。根据拟定的冲压工艺方案选用冲模类型,并进一步确定冲模各零部件的具体结构形式。

⑥选择冲压设备。根据冲压工序的性质选定设备类型,根据冲压工序所需冲压力和模具尺寸的大小来选定冲压设备的技术规格。

⑦编写冲压工艺文件。

2. 典型零件冲压工艺示例

例 1 如图 6.68 所示托架,已知零件材料为 08 钢,年产量为一万件,要求表面无划伤,孔不能变形。制定该零件的冲压工艺过程。

(1)分析零件的结构工艺性

该件 $\phi 10$ mm 孔内装有芯轴,$4 \times \phi 5$ mm 孔与机身连接,为保证良好的装配条件,5 个孔的公差均为 IT9,精度要求较高。选用 08 钢冷轧板塑性好,各弯曲半径大于最小弯曲半径,各孔都可以冲出,不需要修整。因此,该件可以用冲压加工成形。

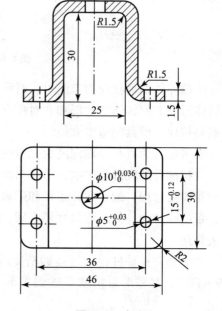

图 6.68 托架

(2) 拟订工艺方案

从零件结构分析，该件所需基本工序为落料、冲孔、弯曲三种。其中弯曲工艺方案有三种，如图 6.69 所示。

该零件的冲压工艺方案有以下几种：

工艺方案一：复合冲 φ10 mm 孔与落料；弯两边外角和中间两45°角；弯中间两角；冲 4×φ5 mm 孔，如图 6.70 所示。其优点是：模具简单，制造

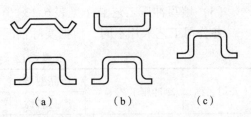

图 6.69 托架弯曲工艺方案

(a) 方案一；(b) 方案二；(c) 方案三

周期短，投产快，寿命长；弯曲回弹容易控制，尺寸和形状准确，表面质量高；除工序一外，后面工序都以 φ10 mm 孔和一个侧边定位，定位基准一致且与设计基准重合；操作方便。缺点是工序较分散，需要模具、压力机和操作人员较多，劳动量较大。

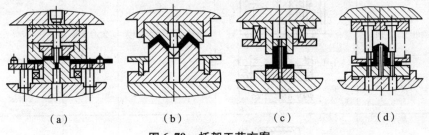

图 6.70 托架工艺方案一

(a) 冲孔落料；(b) 弯外角；(c) 弯中间角；(d) 冲孔

工艺方案二：复合冲 φ10 mm 孔与落料；弯两外角；弯中间两角，如图 6.71 所示；冲 4×φ5 mm 孔。与方案一相比，该方案弯中间两角时难以控制零件的回弹，尺寸和形状不精确，同样具有工序分散的缺点。

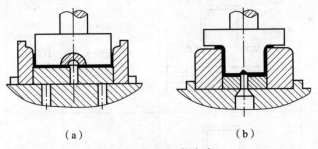

图 6.71 托架工艺方案二

(a) 弯两外角；(b) 弯中间角

工艺方案三：复合冲 φ10 mm 孔与落料；弯四角；冲 4×φ5 mm 孔，如图 6.72 所示。该方案工序比较集中，使用设备和人员少，但工件表面有划伤，厚度有变薄，回弹不易控制，尺寸和形状不够精确，模具寿命低。

综上所述，考虑零件精度要求较高，生产批量不大的特点，故采用工艺方案一。

第三至第六项参考有关介绍，按要求逐一进行，此处从略。

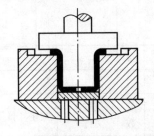

图 6.72 托架工艺方案三

(3) 填写冲压工艺卡（见表6.13）

各公司工艺卡片不同，根据实际情况填写。

表6.13 托架冷冲压工艺卡片

（公司名称）	冷冲压工艺卡片	产品型号		零件名称	托架	共 页
		产品名称		零件型号		第 页
材料牌号及规格	材料技术要求		毛坯尺寸	每条料制件数	毛坯重/kg	辅助材料
08	1 800 mm × 900 mm 横裁		900 mm × 108 mm × 1.5 mm			
工序号	工序名称	工序草图	工序内容	设备	检验要求	备注
1	冲孔落料	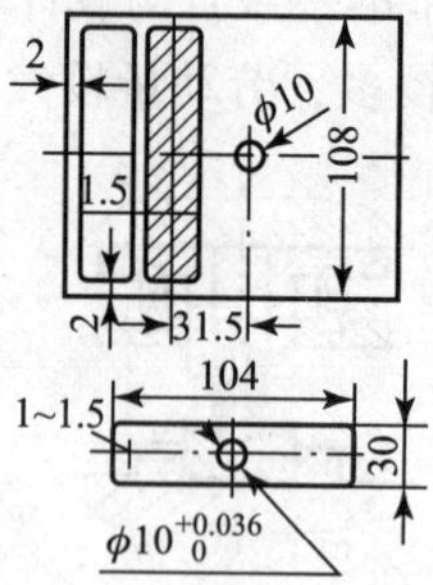	冲孔落料级进模	250 kN		
2	一次弯曲（带预弯）	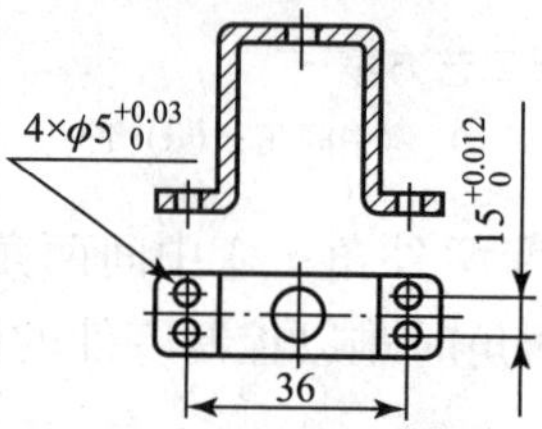	弯曲模	160 kN		
3	二次弯曲	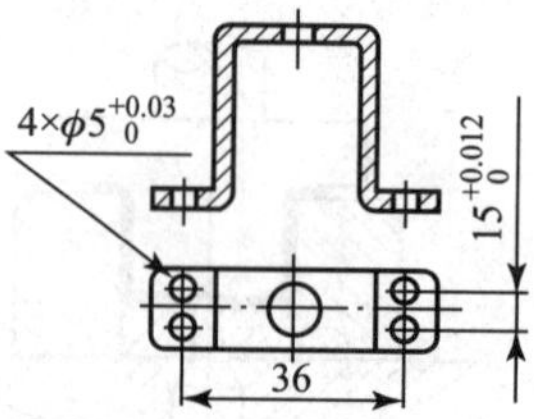	弯曲模	160 kN		
4	冲孔 4×ϕ5 mm	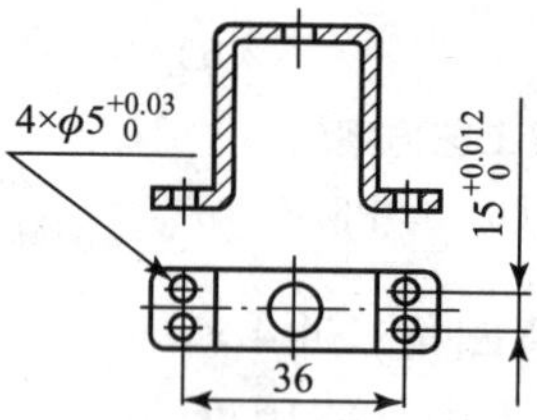	冲孔模	160 kN		
				编制日期	审核日期	会签日期
标记	处数	更改文件号	签字	日期	标记	处数	更改文件号	签字	日期

例 2 编制如图 6.73 所示汽车消声器零件的冲压工艺。

(1) 分析冲压工艺性

仔细阅读工件图纸,分析其冲压工艺性。确定零件精度为 IT12～IT13。

(2) 拟订冲压工艺方案

冲压件变形工艺的选择是根据其形状、尺寸及每道工序中材料所允许的变形程度确定的,其冲压工艺过程是先确定备式,即把板料用剪床裁成条料,再参照有关工艺安排冲压基本工序和辅助工序(如热处理等)的顺序,依次将条料冲裁成圆形坯件,再将坯件经过三次拉伸成筒形后冲孔,最后翻边并切槽。

第三项至第六项略。

(3) 填写冲压工艺卡片(见表 6.14)

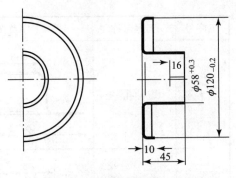

图 6.73 汽车消声器零件

表 6.14 汽车消声器冲压工艺卡片

(公司名称)	冷冲压工艺卡片	产品型号		零件名称	汽车消声器	共 页	
		产品名称		零件型号		第 页	
材料牌号及规格		材料技术要求		毛坯尺寸	每条料制件数	毛坯重/kg	辅助材料
08F				$\phi200$ mm×1.2 mm			
工序号	工序名称	工序草图		工序内容	设备	检验要求	备注
1	落料	$\phi200$,1.2		落料模			
2	一次拉伸	$\phi72$,$\phi95$,$\phi140$,45°,36		拉伸模			
3	二次拉伸	$\phi57$,$\phi74$,40		拉伸模			
4	三次拉伸	$\phi57$,44		拉伸模			

续表

工序号	工序名称	工序草图	工序内容	设备	检验要求	备注
5	冲孔	$\phi 48$ / $\phi 132$	冲孔模			
6	翻边	$\phi 58$ / 45	翻边模			
7	翻边	10 / $\phi 120_{-0.2}^{0}$	翻边模			
8	切槽	2 / 16	切槽模			
				编制日期	审核日期	会签日期
标记	处数	更改文件号	签字	日期	标记 处数 更改文件号	签字 日期

例3 编制如图 6.74 所示筒体冲压工艺。第一项至第六项略。

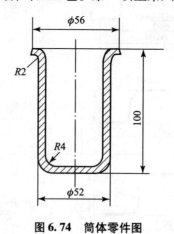

图 6.74 筒体零件图

筒体拉伸工艺卡片如表 6.15 所示。

表 6.15 筒体拉伸工艺卡片

厂名		板料冲压工艺卡	
车间			
零件图		材料排样	
工序号	工序名称	工序简图	设备及工装
1	落料	φ153	35T 冲床 落料模
2	一次拉伸	φ83, R6.7, 53.5	35T 冲床 拉伸模
3	二次拉伸	φ61, R4.6, 77.4	35T 冲床 拉伸模
4	三次拉伸及翻凸缘	φ67, R4, 100, R4, φ52	35T 冲床 拉伸模

续表

工序号	工序名称	工序简图	设备及工装
5	切边及修整	φ56, R2, R4, φ52, 100	35T 冲床 切边模
	检验		检具
文件号	设计者	审核者	日期

任务实施

在设计零件冲压工艺时,应根据零件材料、技术要求和设备条件等具体情况,制定冲压工艺规程,将冲压基本工序经过恰当的选择与组合,确定一个相对比较合理的工艺方案,完成冲压工艺设计。

知识扩展

一、其他常用压力加工方法

随着工业的不断发展,人们对金属塑性成形加工生产提出了越来越高的要求,不仅要求生产各种毛坯,而且要求能直接生产出更多的具有较高精度与质量的成品零件。这样,一些其他压力加工方法在生产实践中也得到了迅速发展和广泛应用,例如轧制、挤压和拉拔等。

(一) 轧制

坯料在旋转轧辊的作用下产生连续塑性变形,从而获得所要求截面形状并改变其性能的加工方法,称为轧制。常采用的轧制工艺有辊轧、横轧及斜轧等。

1. 辊轧

辊轧是指使坯料通过装有扇形模具的一对相向旋转的轧辊,受压产生塑性变形,从而获得所需形状的锻件或锻坯的锻造工艺方法。如图 6.75 所示,当坯料通过一对旋转的辊锻模时,将按照辊锻模的形状变形。辊轧既可以作为模锻前的制坯工序也可以直接辊锻锻件。目前,成形辊锻适用于生产以下三种类型的锻件:连杆;扁断面的长杆锻件,如扳手、链环等;带有头部,且沿长度方向横截面面积递减的锻件,如叶片等。

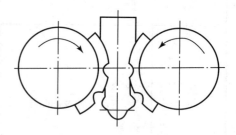

图 6.75 辊轧示意

2. 横轧

横轧是指轧辊轴线与轧件轴线互相平行,且轧辊与轧件做相对转动的轧制方法。如图

6.76 所示的齿轮横轧是一种少、无切屑加工齿轮的新工艺。直齿轮和斜齿轮均可用横轧方法制造。在轧制时，齿轮坯料外缘被高频感应加热，带有齿形的轧辊做径向进给，迫使轧辊与齿轮坯料对辊。在对辊过程中，坯料上一部分金属受轧辊齿顶挤压形成齿槽，相邻的部分被轧辊齿部"反挤"而上升，形成齿顶。

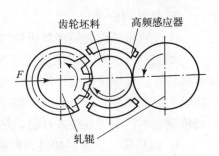

图 6.76 齿轮横轧示意

3. 斜轧

斜轧是指两个带有螺旋槽的轧辊相互倾斜配置，轧辊轴线与坯料轴线相交成一定角度，以相同方向旋转。坯料在轧辊的作用下反向旋转，同时做轴向运动，即螺旋运动，坯料受压后产生塑性变形，最终得到所需锻件的轧制方法，斜轧又称为螺旋斜轧。例如钢球轧制、周期轧制均采用了斜轧方法。如图 6.77（a）所示钢球斜轧，轧辊每转一周，即可轧制出一个钢球，轧制过程是连续的。斜轧还可直接热轧出带有螺旋线的高速钢滚刀、麻花钻、自行车后闸壳以及冷轧丝杠等，如图 6.77（b）所示。

图 6.77 斜轧示意
(a) 钢球轧制；(b) 周期轧制

（二）挤压

挤压是在强大压力作用下，使坯料从模具中的出口或缝隙挤出，使横截面积减少、长度增加，从而获得所需形状与尺寸制品的塑性成形方法。挤压在专用挤压机上进行，也可在油压机及经过改进后的曲柄压力机或摩擦压力机上进行。

1. 挤压的特点

①三向压应力状态，能充分提高金属坯料的塑性，不仅铜、铝等塑性好的金属，而且工业纯铁、碳钢、合金结构钢及不锈钢等也可采用挤压工艺成形。在一定变形量下，某些高碳钢、轴承钢，甚至高速钢等也可以进行挤压成形，还可采用挤压法改善钨和钼等塑性较差的锭坯的组织和性能。

②挤压可以生产出断面复杂的或具有深孔、薄壁以及变断面的零件。

③可以实现少、无屑加工，材料利用率高。一般尺寸精度为 IT8～IT9，表面粗糙度值为 3.2～0.4 μm。

④挤压变形后零件内部的纤维组织连续，基本沿零件外形分布而不被切断，从而提高了金属的力学性能。

⑤生产率高，生产方便灵活，易于实现自动化。

2. 挤压的分类

① 按照挤压时金属坯料所处的温度不同，挤压可分为热挤压、温挤压和冷挤压。

a. 热挤压。挤压时金属坯料的变形温度高于它的再结晶温度，金属坯料变形抗力较小，塑性较好，允许每次变形程度较大，但产品表面粗糙度值大，尺寸精度较低。广泛应用于生产铜、铝、镁及其合金的型材和管材等，也可挤压强度较高、尺寸较大的中、高碳钢、合金结构钢、不锈钢等零件。目前，热挤压越来越多地用于机器零件和毛坯的生产。

b. 温挤压。将坯料加热到再结晶温度以下的某个合适温度下（100 ℃～800 ℃）进行挤压的方法。与热挤压相比，产品的表面粗糙度值较小，尺寸精度较高；与冷挤压相比，降低了变形抗力，增加了每个工序的变形程度，提高了模具的使用寿命。温挤压材料一般不需要进行预先软化退火、表面处理和工序间退火。温挤压零件的精度和力学性能略低于冷挤压零件。表面粗糙度值为 6.5～3.2 μm。温挤压不仅适用于挤压中碳钢，而且也适用于挤压合金钢。

c. 冷挤压。坯料的变形温度在其再结晶温度以下（通常是室温）完成的挤压工艺。冷挤压时金属的变形抗力比热挤压大得多，但产品尺寸精度较高，可达 IT8～IT9，表面光洁，表面粗糙度值为 3.2～0.4 μm，而且产品内部组织为加工硬化组织，提高了产品的强度。目前可以对非铁金属及中、低碳钢的小型零件进行冷挤压成形。冷挤压时，为了降低挤压力，防止模具损坏，提高零件表面质量，必须对坯料进行退火处理和采取润滑措施。冷挤压生产率高，材料消耗少，广泛应用于汽车、拖拉机、仪表、轻工、军工等行业。

② 根据金属流动方向和凸模运动方向的不同可分为以下四种方式：

a. 正挤压。金属流动方向与凸模运动方向相同，如图 6.78（a）所示。

b. 反挤压。金属流动方向与凸模运动方向相反，如图 6.78（b）所示。

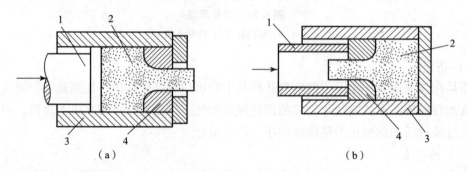

图 6.78　正挤压与反挤压

(a) 正挤压；(b) 反挤压

1—凸模；2—坯料；3—挤压筒；4—挤压模

c. 复合挤压。金属坯料的一部分流动方向与凸模运动方向相同，另一部分流动方向与凸模运动方向相反，如图 6.79（a）所示。

d. 径向挤压。金属流动方向与凸模运动方向垂直（成 90°角），如图 6.79（b）所示。

3. 坯料的软化处理和润滑

挤压成形时，单位压力和摩擦阻力都很大。因此，坯料的软化处理和良好的润滑在挤压成形中占有非常重要的地位。

对需要进行多次挤压的工件，为达到软化的目的，毛坯必须进行退火处理，一般要在各

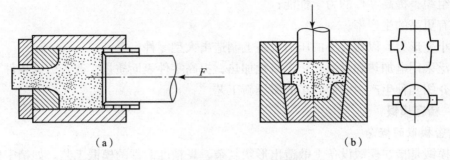

图 6.79 复合挤压和径向挤压
(a) 复合挤压；(b) 径向挤压

道挤压工序之间进行中间退火。对于铝合金和黄铜等有色金属，要求退火软化后的硬度控制在 70 HBS 以下，低碳钢则以 110～130 HBS 为宜。

在挤压成形中，良好的润滑可以降低模具与坯料之间的摩擦和压力、减少模具的磨损、延长模具的使用寿命。从变形的角度来看，合理的润滑有利于金属的流动，使变形相对均匀，减少由于不均匀变形产生的附加应力和残余应力，从而提高产品的质量。

由于冷挤压时单位压力大，润滑剂易于被挤掉失去润滑效果，所以对钢质零件必须采用磷化处理，使坯料表面呈多孔结构，以存储润滑剂，在高压下起到润滑作用。常用润滑剂有矿物油、豆油、皂液等。

（三）拉拔

拉拔是在拉力作用下，迫使金属坯料通过拉拔模孔，从而获得所需形状与尺寸制品的塑性成形方法，如图 6.80 所示。拉拔是管材、棒材、异型材以及线材的主要生产方法之一。

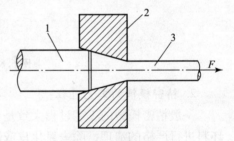

图 6.80 拉拔示意
1—坯料；2—拉拔模；3—制品

1. 拉拔的特点
①制品的尺寸精确，表面粗糙度值小。
②设备简单、维护方便。
③金属的塑性因拉应力的影响不能充分发挥。
④最适合于连续高速生产断面较小的长制品，例如丝材、线材等。

2. 拉拔的分类

拉拔方法按制品截面形状可分为实心材拉拔与空心材拉拔。实心材拉拔主要包括棒材、异型材及线材的拉拔。空心材拉拔主要包括管材及空心异型材的拉拔。

拉拔一般在常温下（冷态）进行，但是对一些在常温下塑性较差的金属材料则可以采用加热后温拔。采用拉拔技术不仅可以生产直径大于 500 mm 的管材，也可以拉制出直径仅 0.002 mm 的细丝，而且性能符合要求，表面质量好。拉拔制品被广泛应用于国民经济各个领域。

二、锻压新工艺

随着现代制造业的不断发展，人们对锻件提出了越来越高的要求，主要表现在以下几个方面：

①使成形件的形状尽量接近零件形状，以达到少、无切屑加工的目的，同时得到合理分

布的纤维组织,提高零件的力学性能;

②具有更高的生产率;

③减小变形力,以在较小的压力设备上制造出大型零件;

④广泛采用电加热和少氧化、无氧化加热,提高零件表面质量,改善劳动条件。

下面介绍几种生产中应用较多的锻压新工艺。

(一)精密模锻

1. 精密模锻的概念

精密模锻是指在模锻设备上锻造出形状复杂、高精度锻件的模锻工艺。如精密模锻伞齿轮,其齿形部分可直接锻出而不必再经切削加工(图6.81)。模锻件尺寸精度可达 IT12~IT15,表面粗糙度值为 3.2~1.6 μm。

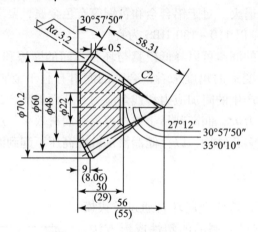

图 6.81 直齿圆锥齿轮模锻件图

2. 精密模锻的工艺过程

一般精密模锻的工艺过程大致是:先用普通模锻法将原始坯料锻成中间坯料;再对中间坯料进行严格的清理,除去氧化皮或缺陷;最后采用无氧化或少氧化加热后精锻。为了最大限度地减少氧化,提高精锻件的质量,精锻的加热温度不能太高。对碳钢而言,锻造温度应控制在 900 ℃~450 ℃,称为温模锻。精锻时需在中间坯料中涂润滑剂以减少摩擦,延长锻模寿命和降低设备的功率消耗。

3. 精密模锻的工艺特点

①精确计算原始坯料的尺寸,严格按坯料质量下料;否则会增大锻件尺寸公差,降低精度。

②精细清理坯料表面,除净坯料表面的脱碳层、氧化皮及其他缺陷等。

③为提高锻件的尺寸精度和降低表面粗糙度,应采用无氧化或少氧化加热法,以减少坯料表面形成的氧化皮。

④精密模锻的锻件精度在很大程度上取决于锻模的加工精度,因此,精锻模腔的精度必须很高,一般要比锻件精度高两级。为保证合模准确,精锻模一定要有导柱和导套。为排除模腔中的气体,减小金属流动阻力,使金属更好地充满模腔,在凹模上应开有排气小孔。

⑤模锻时要很好地进行润滑和冷却。

⑥精密模锻一般都在刚度大、精度高的模锻设备上进行,如曲柄压力机、摩擦压力机或高速锤等。

(二) 高速锤锻造

1. 高速锤锻造的概念

高速锤锻造是以高压气体（空气或氮气）为介质，借助一种触发机构，使高压气体突然释放能量以推动锤头系统和框架系统做高速相对运动而锤击工件，使金属塑性成形的锻造方法。高速锤锻造是一种高能率成形方法，主要用于精密模锻和热挤压。

2. 高速锤的结构与工作过程

图 6.82 所示为高速锤的结构示意图。锤杆、锤头和凸模组成向下锤击部分；高压缸、床身、凹模组成向上锤击部分。锤击前回程缸先把锤头顶起，然后将一定量的高压气体充入高压缸，使锤杆顶紧上面密封圈，将锤头悬挂住。

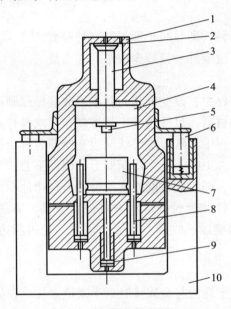

图 6.82 高速锤的结构示意

1—高压缸；2—密封圈；3—锤杆；4—锤头；5—凸模；6—减震器；7—凹模；8—回程缸；9—顶出缸；10—机座

锤击时起动高压缸顶部的起动阀（图 6.82 中未画出），将高压气体引入高压缸上部，这时，锤头开始离开密封圈向下移动，随后高压气体在高压缸上部急剧膨胀，推动锤头高速向下运动，同时推动高压缸连同框架系统向上运动，上模与下模在空中对击工件，使之塑性变形，完成锤击动作。锤击后，回程缸将锤头顶起，顶出缸则顶出锻件。

3. 高速锤锻造的主要特点

锤击速度高，为 9~24 m/s，是一般模锻锤的 3 倍。高速锤锻造存在明显的变形惯性力和变形热效应，控制得当可以提高金属的塑性，改善金属在模具中的流动充填性能；由于锤击速度快，变形较均匀，有利于低塑性材料的锻造，如高强度钢、耐热钢以及钼、钨等高熔点难变形合金的锻造；另外，当采用少氧化或无氧化加热并正确选用锻模润滑剂时，锻件的精度可达 IT8~IT9，表面粗糙度值可达 3.2~0.8 μm。

高速锤结构简单，质量轻，能量大，可一次成形，但高速锤的模具寿命较低，工作时噪声较大。利用模锻可成形薄壁、高筋等复杂形状锻件，适用于叶片、齿轮的挤压和模锻、整形以及高速钢刀具的锻造等。

（三）旋压

1. 旋压成形的概念

旋压成形又称回转成形，是一种无切削压力加工工艺，能够容易地制作无缝环状制件，它是利用旋压机使毛坯和模具以一定的速度共同旋转，并在滚轮的作用下，使毛坯在与滚轮接触的部位产生局部塑性变形，由于滚轮的进给运动和毛坯的旋转运动，使局部的塑性变形逐步扩展到毛坯的全部所需表面，从而获得所需形状与尺寸零件的塑性加工方法。图 6.83 所示为旋压空心零件的过程。

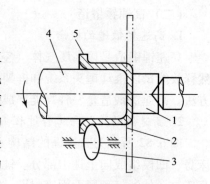

图 6.83　旋压空心零件的过程
1—顶杆；2—毛坯；3—滚轮；
4—模具；5—加工中的毛坯

2. 旋压成形的分类

旋压成形工艺可分为两种，即只减小圆板坯料外径而不减壁厚的普通旋压法和不改变外径只减少板厚的强力旋压法。

① 普通旋压。在旋压过程中，改变形状而基本不改变壁厚则称为普通旋压。普通旋压局限于加工塑性较好和较薄的材料，尺寸精度不易控制，要求操作者具有较高的技术水平。

② 强力旋压。在旋压过程中，既改变形状又改变壁厚者称为强力旋压。强力旋压与普通旋压相比较，坯料凸缘部在加工时不产生收缩变形，因而不会产生起皱现象，旋压机床功率较大，能加工厚度大的材料，同时制件的厚度沿母线有规律地变薄，较易控制。

旋压工艺还可以根据工件和旋轮的运动方式加以分类，通常分为拉深旋压、剪切旋压（锥形变薄旋压）、筒形变薄旋压、收颈、胀形、切边、卷边翻边、压纹或压筋以及表面光整和强化旋压等。

3. 旋压技术的特点

① 金属变形条件好。由于旋轮与金属接触近乎线或点接触，故变形区很小，所需要的成形力小。旋压是一种既省力，效果又明显的压力加工方法，可以用功率和吨位都非常小的旋压机加工大型的工件。加工同样大小的制件，旋压机床的吨位只是压力机吨位的 1/20。

② 制品范围广。可以加工厚度在 20 mm 以下的各种金属板材，最大的工件直径可达 3 000 mm 以上。根据旋压机的能力可以制作大直径薄壁管材、特殊管材及变断面管材、球形、半球形、椭圆形、曲母线形以及带有阶梯和变化壁厚的几乎所有回转体制件，如头部很尖的火箭弹药锥形罩、薄壁缩口容器、带内螺旋线的猎枪管等。

③ 材料利用率高，旋压与机加工相比，可节约材料 20%～50%，最高可以达 80%，使成本降低 30%～70%。工具简单、费用低，而且旋压设备的调整、控制简便灵活，具有很大的柔性，非常适合于多品种小批量生产。

④ 制品性能显著提高，在旋压之后材料的组织结构与机械性能均发生变化。强度、屈服强度和硬度都有所提高，强度提高 60%～90%，而延伸率降低。

⑤ 制品尺寸精度高，表面粗糙度值低，甚至可与切削加工相媲美。旋压加工制品的表面粗糙度值一般可达到 3.2～1.6 μm，最好的可达 0.4～0.2 μm，旋压产品能达到较小的壁厚公差，直径小于 300 mm 的公差为 0.05 mm，直径 300～1 600 mm 的公差为 0.012 mm。

⑥ 只适用于轴对称的回转体零件。对于大量生产的零件，它不如冲压方法高效、经济，材料经旋压后塑性指标下降，并存在残余应力。

4. 旋压件的应用

旋压件的应用范围十分广泛,其中大部分为机械零件,如各种形状的管件、汽车轮辋和轮辐、发动机壳体及进气和排气口等,其他如照明器具、家用器皿、电器产品和仪器仪表的壳体等的用量也很多,各种容器的封头大多也是用旋压技术生产的。

(四) 高能成形

1. 高能成形的概念

高能成形是一种在极短时间内释放高能量而使金属变形的成形方法,又称高能率成形或高能高速成形。

高能高速成形的历史可追溯到 100 多年前,但由于成本太高及当时工业发展的局限,该工艺在当时并未得到应用。随着高新技术的发展及某些重要零部件的特殊需求,近些年来,高能高速成形得以飞速发展。

2. 高能成形的分类

①爆炸成形。爆炸成形利用火药爆炸产生的化学能,使坯料成形的方法。金属板材被置于凹模上,在板料上布放炸药,利用炸药在爆炸时释放出的瞬间巨大能量使板料快速成形。爆炸成形加工用于小批量或单件的大型工件生产,也可用于多层复合材料的制造。

②电磁冲压成形。电磁冲压成形利用磁场力使坯料成形的方法。金属毛坯被置于凹模和电磁线圈之间,借瞬间产生的电磁冲击力使坯料靠向凹模而成形,也可用于管材扩口成形。

③高速成形。高速成形利用高压气体使活塞高速运动来产生动能使坯料成形的方法。

④电液成形。电液成形利用电能使坯料成形的方法。

3. 高能成形的特点

高能成形工艺不仅赋予了成形后的材料特殊的性能,而且与常规成形方法相比还有以下特点:

①几乎不需模具和工装以及冲压设备,仅用凹模就可以实现成形。

②得到的零件精度高,表面质量好。

③因在瞬间成形,所以材料的塑性变形能力提高,对于塑性差的用普通方法难以成形的材料,采用高能高速成形仍可得到理想的成形产品。

④对制造复合材料具有独特的优越性,如在制造钢-钛复合金属板时,采用爆炸成形瞬间即可完成。

⑤特殊的成形工艺,成本高、专业技术性强。

(五) 超塑性成形

1. 金属超塑性的概念

超塑性是指在特定的条件下,即在低的应变速率（$\varepsilon = 10^{-2} \sim 10^{-4}/s$）,一定的变形温度（约为热力学熔化温度的一半）和稳定而细小的晶粒度（$0.2 \sim 5 \mu m$）的条件下,某些金属或合金呈现低强度和大伸长率的一种特性。其伸长率 δ 可超过 100% 以上,如钢的伸长率超过 500%,纯钛超过 300%,铝锌合金超过 1 000%。

2. 超塑性成形的特点

①金属塑性大为提高,扩大了加工范围。过去只能采用铸造成形而不能锻造成形的镍基合金,也可进行超塑性模锻成形,因而扩大了可锻金属的种类。

②金属的变形抗力很小。一般超塑性模锻的总压力只相当于普通模锻的几分之一到几十分之一，因此，可在吨位小的设备上模锻出较大的制件。

③加工精度高，材料利用率高。超塑性成形加工可获得尺寸精密、形状复杂、晶粒组织均匀细小的薄壁制件，其力学性能均匀一致，机械加工余量小，甚至不需切削加工即可使用。因此，超塑性成形是实现少或无切削加工和精密成形的新途径。

3. 超塑性成形的应用

（1）板料成形

有凹模法和凸模法两种形式。将超塑性板料放在模具中，并把板料和模具都加热到预定的温度，向模具内吹入压缩空气或将模具内的空气抽出形成负压，使板料贴紧在凹模或凸模上，从而获得所需形状的工件。对制件外形尺寸精度要求较高时或浅腔件成形时用凹模法，而对制件内侧尺寸精度要求较高时或深腔件成形时则用凸模法。真空成形法所需的最大气压为 105 Pa，其成形时间根据材料和形状的不同，一般只需 20~30 s。它仅适用于厚度为 0.4~4 mm 的薄板零件的成形，如图 6.84 所示。

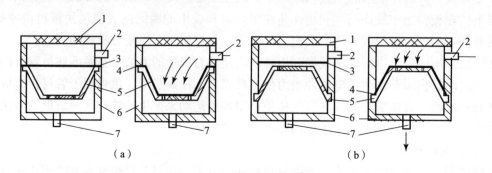

图 6.84　板料气压成形
（a）凹模内成形；（b）凸模上成形
1—电热元件；2—进气孔；3—板料；4—工件；5—凹（凸）模；6—模框；7—抽气孔

（2）板料深冲

在超塑性板料的法兰部分加热，并在外围加油压，一次能拉出非常深的容器。深冲比 H/d_0 可为普通拉伸的 15 倍左右。采用锌铝合金等超塑性材料，可以一次拉伸较大变形量的杯形件，而且质量很好，无制耳产生。

（3）挤压和模锻

高温合金及钛合金在常态下塑性很差，变形抗力大，不均匀变形引起各向异性的敏感性强，常规方法难于成形，材料损耗大。如采用普通热模锻毛坯，再进行机械加工，金属消耗达 80% 左右，导致产品成本升高。但在超塑性状态下进行模锻或挤压，就可克服上述缺点，不仅可以节约材料，降低成本，而且大幅度提高成品率。所以，超塑性模锻对那些可锻性非常差的合金的锻造加工是很有前途的一种工艺。

因为超塑性状态下的金属在拉伸变形过程中不产生缩颈现象，变形应力可比常态下金属的变形应力降低几倍至几十倍，所以极易变形，可采用多种工艺方法制出复杂零件。目前常用的超塑性成形的材料主要有铝合金、镁合金、低碳钢、不锈钢及高温合金等。

（六）粉末锻造

1. 粉末锻造的概念

粉末锻造是粉末冶金成形方法和锻造相结合的一种金属加工方法。它是将粉末烧结的预成形坯经加热后，在充满保护气体的炉子中烧结制坯，将坯料加热至锻造温度后模锻而成的成形工艺方法。其工序如图6.85所示。

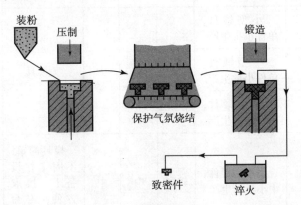

图6.85　粉末锻造工序

2. 粉末锻造的特点

①材料利用率高。可达90%以上，而模锻的材料利用率只有50%左右。

②机械性能高。材质均匀，无各向异性，耐磨性好，强度、塑性和冲击韧性都较高，可锻造形状复杂的锻件。

③锻件精度高，表面粗糙度值小，可实现少或无切削加工。

④生产率高。工艺流程简单，易实现自动化生产，每小时产量可达500~1 000件。

⑤锻造压力小，如130汽车差速器行星齿轮，钢坯锻造需用总力为2 500~3 000 kN的压力机，粉末锻造只需总力为800 kN的压力机。

⑥可以加工热塑性差的材料，如难于变形的高温铸造合金，可用粉末锻造方法锻出形状复杂的零件。

3. 粉末锻造的应用

粉末锻造在许多领域中得到广泛应用，特别是在汽车、拖拉机制造业应用更为突出，如发动机连杆、衬套、离合器、万向轴、链轮、各种齿轮等。

三、常用塑性成形方法的选择

各种金属塑性成形方法的工艺特点和使用范围不同，生产中应根据零件所承受的载荷状况和工作条件、材料的塑性成形性能、零件结构的复杂程度、轮廓尺寸大小、制造精度、设备条件和各种塑性成形方法的生产总成本等，进行综合比较，合理选择加工方法。

选择塑性成形方法的原则：

①首先应保证零件或毛坯的使用性能。

②充分考虑生产批量的大小和设备能力及模具装备条件。

③在保证零件技术要求前提下，尽量选用工艺简便、质量稳定、生产率高的塑性成形方法，并综合考虑生产成本。

几种常用塑性成形方法比较如表 6.16 所示。

表 6.16 几种常用塑性成形方法比较

加工方法	使用设备	适用范围	生产效率	加工精度	表面粗糙度值	模具特点	机械化与自动化	劳动条件	振动和噪声
自由锻	空气锤	小型锻件，单件小批生产	低	低	大	无模具	难	差	大
	蒸汽-空气锤	中型锻件，单件小批生产							
	水压机	大型锻件，单件小批生产							
模锻	胎模锻	空气锤 蒸汽-空气锤	中小型锻件，中小批量生产	较高	中	中	模具简单，不固定在设备上，换取方便，寿命较短	较易	差	大
	锤上模锻	蒸汽-空气锤 无砧座锤	中小型锻件，大批量生产	高	中	中	模具固定在锤头和砧铁上，模膛复杂，造价高，寿命一般	较难	差	大
	曲柄压力机上模锻	曲柄压力机	中小型锻件，大批量生产，不易进行拔长和滚压工序	很高	高	小	组合模，有导柱导套和顶出装置，寿命较长	易	好	较小
	平锻机上模锻	平锻机	中小型锻件，大批量生产，适合锻造中心对称和回转体的零件	高	较高	较小	三块模组成，有两个分型面，可锻出侧面有凹槽的锻件，寿命较长	较易	较好	较小
	摩擦压力机上模锻	摩擦压力机	中小型锻件，中批量生产，可进行精密模锻	较高	较高	较小	一般为单膛锻模，多次锻造成形，不宜多膛模锻，寿命一般	较易	好	较小

续表

加工方法		使用设备	适用范围	生产效率	加工精度	表面粗糙度值	模具特点	机械化与自动化	劳动条件	振动和噪声
挤压	热挤压	机械压力机 液压挤压机	适合各种等截面型材的大批量生产	高	较高	较小	由于变形抗力较大，要求凸、凹模要有很高的强度、硬度和较低的表面粗糙度值，寿命较长	较易	好	无
	冷挤压	机械压力机	适合塑性好的金属小型零件，大批量生产	高	高	小				
轧制	纵轧	辊锻机	适合大批量加工扁截面长杆件和横截面沿长度方向递减的零件，也可为曲柄压力机模锻制坯	高	高	小	在轧辊上固定有两个半圆形的模块（扇形模块），寿命较长	易	好	无
		扩孔机	适合大批量生产环套类零件，如滚动轴承圈	高	高	小	金属在具有一定孔形的碾压辊和芯辊间变形，寿命较长			
	横轧	齿轮轧机	适合模数较小齿轮的大批量生产	高	高	小	模具为与零件相啮合的同模数齿形轧轮，寿命较长	易	好	无
	斜轧	斜轧机	适合钢球、丝杠等零件的大批量生产，也可为曲柄压力机制坯	高	高	小	模具为两个带有螺旋形槽的轧辊，寿命较长	易	好	无
板料冲压		冲床	各种板类零件的大批量生产	高	高	小	模具较复杂，精度高，寿命较长	易	好	无

复习思考题

一、填空题

1. 金属塑性变形是由于金属在外力作用下，金属晶体每个晶粒内部的变形和晶粒间的

_____、晶粒的_____的综合结果。

2. 随着变化程度的增加，由于冷塑性变形在滑移面附近引起晶格的严重畸变，甚至产生碎晶而引起的强度和硬度提高，塑性和韧性下降的现象称为_____。

3. 金属在_____温度以下进行的塑性变形称为冷变形。

4. 热变形对金属组织和性能的影响主要取决于热变形的程度，而热变形程度的大小可用_____来表示。

5. _____精压用来提高平行平面间的尺寸精度，减小表面粗糙度值；_____精压用来提高锻件整体精度。

6. 剪床通常有平口剪床、斜口剪床和_____剪床三种类型。

7. 按照挤压时金属坯料所处的温度不同，挤压可分为热挤压、_____和冷挤压。

8. 旋压成形工艺可分为只减小圆板坯料外径而不减少壁厚的_____和不改变外径只减少板厚的_____。

9. _____是一种在极短时间内释放高能量而使金属变形的成形方法。

10. 粉末锻造是_____成形方法和_____相结合的一种金属加工方法。

二、判断题

1. 板料冲压所用原材料必须具有足够的塑性。（　　）
2. 冲压工艺生产率高，适用于大批量生产。（　　）
3. 落料和冲孔是使坯料沿封闭轮廓分离的工序。（　　）
4. 冲床的一次冲程中，在模具同一部位上同时完成数道冲压工序的模具，是复合模。（　　）
5. 冲床的一次行程中，在模具不同部位上同时完成数道冲压工序的模具，是连续模。（　　）
6. 在冲裁精度较低的零件时，如果采用较小间隙，就可以延长模具的寿命。（　　）
7. 拉伸系数越小，表明拉伸件直径越小，变形程度越小。（　　）
8. 在压力机的一次行程中，能完成两道或两道以上的冲压工序的模具称为级进模。（　　）
9. 弯曲件的回弹主要是因为冲压件弯曲变形程度很大所致。（　　）
10. 对于形状复杂的模锻件，为了使坯料基本接近模锻件的形状，以便模锻时使金属合理分布，并很好地充满模膛，必须预先在制坯模膛内制坯。（　　）

三、选择题

1. 如需5件45钢的车床主轴箱齿轮，其合理的毛坯制造方法是（　　）。
   A. 模锻　　　　　B. 冲压　　　　　C. 自由锻　　　　　D. 铸造

2. 如需要年产5 000件车床主轴箱齿轮，其合理的毛坯制造方法是（　　）。
   A. 模锻　　　　　B. 冲压　　　　　C. 自由锻　　　　　D. 铸造

3. 用冲模沿封闭轮廓线冲切板料，冲下来的部分为成品，这种冲模是（　　）。
   A. 落料模　　　　B. 冲孔模　　　　C. 切断模

4. 冲裁模的凸模和凹模的边缘均应有（　　）。
   A. 锋利的刃口　　B. 圆角过渡

5. 冲压零件在弯曲时，变形主要集中在（　　）。

  A. 平直部分　　　　B. 圆角部分

6. 某厂需生产 8 000 件外径 12 mm、内径 6.5 mm 的垫圈，试问采用以下哪种模具比较好（　　）。

  A. 简单冲模　　　　B. 连续冲模

7. 冲裁变形过程中的塑性变形阶段形成了（　　）。

  A. 光亮带　　　　B. 毛刺　　　　C. 断裂带

8. 弯曲件的最小相对弯曲半径是限制弯曲件产生（　　）。

  A. 变形　　　　B. 回弹　　　　C. 裂纹

9. 弯曲件在变形区的切向外侧部分（　　）。

  A. 受拉应力　　　　B. 受压应力　　　　C. 不受力

10. （　　）是指从板料上冲出一定外形的零件或坯料，冲下部分是成品，周边部分是废料。

  A. 落料　　　　B. 冲孔

四、名词解释

金属压力加工　加工硬化　冷变形和热变形　恢复　再结晶自由锻　冲压　高速锤锻　旋压　超塑性

五、简答题

1. 单晶体和多晶体塑性变形的实质各是什么？
2. 冷变形强化对金属组织性能有何影响？
3. 再结晶对金属组织性能有何影响？
4. 锻造流线的存在对金属机械性能有何影响？
5. 自由锻有哪些主要工序？
6. 设计自由锻零件时应注意哪些问题？
7. 胎模的种类及用途有哪些？
8. 比较各种塑性加工方法的工艺特点及应用。
9. 生活用品中有哪些产品是板料冲压制成的？举例说明其冲压工序。
10. 弯曲时，工件受力和变形的过程如何？易产生什么缺陷，如何防止？
11. 拉伸时，工件受力和变形的情况如何？拉伸时常见的废品有哪些？如何防止？
12. 简述其他压力加工方法的特点。

六、确定题图 6.1 所示零件的锻造工艺。

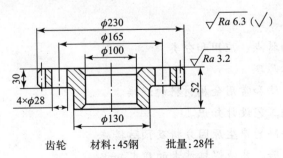

齿轮　　材料：45钢　　批量：28件

题图 6.1　齿轮零件图

项目七　焊接成形

项目引入

油车（图7.1）的罐体为焊接结构件，主要由封头、筒体及附件（如法兰、开孔补强、接管、支座）等部分组成，一般采用金属板材焊拼而成。

图7.1　油车

项目分析

在现代工业中，金属是不可缺少的重要材料。高速行驶的汽车、火车、载重万吨至几十万吨的轮船、耐蚀耐压的化工设备以至宇宙飞行器等都离不开金属材料。在这些工业产品的制造过程中，需要把各种各样加工好的部件按设计要求连接起来，从而制成产品。焊接就是将这些部件连接起来的一种高效加工方法。

本项目主要学习：

焊接成形的特点、应用和分类，焊接的基本原理，常用焊接方法，常用金属材料的焊接，焊接结构工艺设计，常见焊接缺陷产生原因分析及预防措施，焊接质量检验，其他焊接技术等。

1. 知识目标

◆ 掌握焊接成形的特点、应用和分类。
◆ 理解焊接的基本原理。
◆ 熟悉常用焊接方法和常用金属材料的焊接。
◆ 掌握焊接的结构工艺设计知识。
◆ 掌握常见焊接缺陷的产生原因分析及预防措施。
◆ 了解焊接质量检验、其他焊接技术的基本知识。

2. 能力目标

◆ 能进行简单的焊接结构工艺设计。

◆ 能进行常见焊接缺陷产生原因分析及预防措施的确定。
3. 工作任务
任务 7-1　焊接成形的认知
任务 7-2　焊接方法的选择
任务 7-3　焊接结构材料的选择
任务 7-4　焊接结构的工艺设计
任务 7-5　常见焊接缺陷产生原因分析及预防措施
任务 7-6　焊接质量检验

任务 7-1　焊接成形的认知

任务引入

焊缝是怎样形成的？焊接接头的组织和性能有何变化？焊接应力与变形是如何产生的？如何预防和矫正焊接变形？

任务目标

理解焊接电弧的本质，熟悉焊接冶金过程、焊接接头的组织和性能、焊接应力与变形的产生，掌握焊接变形的预防和矫正措施。

相关知识

焊接是通过加热或加压，或两者并用，并且用或不用填充材料，使焊件达到原子间结合的一种加工方法。

近几十年来，随着现代工业生产需求和科学技术的不断发展，焊接技术迅速发展，已广泛应用于机械制造、铁路运输、汽车制造、石油、化工、电力、造船、航天、原子能、电子及建筑等部门。

焊接与铆接等其他加工方法相比，具有节省金属、减轻结构重量、密封性好、改善劳动条件、提高产品质量等优点，同时焊接过程也易实现机械化和自动化生产，目前一些行业已使用机器人进行焊接生产。但焊接过程是一个不均匀的加热和冷却过程，要有相应的工艺措施来保证质量。

焊接方法种类很多，目前应用的已有数十种，而且新的方法仍在不断涌现，按焊接工艺特征可将其分为熔焊、压焊、钎焊三大类。图 7.2 所示为常用的焊接方法。

（1）熔焊

焊接过程中，将待焊处的母材金属熔化，不加压力完成焊接的方法，称为熔焊。这一类方法的共同特点是把焊件局部连接处加热至熔化状态形成熔池，待其冷却凝固后形成焊缝，将两部分材料焊接成一体。因两部分材料均被熔化，故称熔焊。

（2）压焊

焊接过程中，必须对焊件施加压力（加热或不加热）以完成焊接的方法，称为压焊。

（3）钎焊

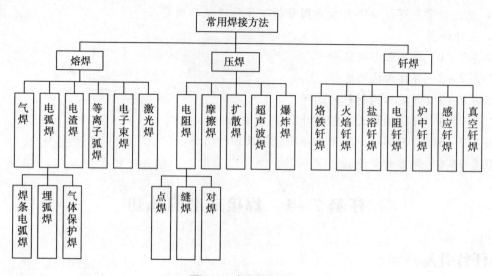

图 7.2　常用焊接方法

采用比母材熔点低的金属材料作钎料，将焊件和钎料加热到高于钎料熔点而低于母材熔点的温度，利用液态钎料润湿母材，填充接头间隙，并与母材互相扩散实现连接焊件的方法，称为钎焊。

一、焊接电弧

电弧是所有电弧焊接的能源。由焊接电源供给，具有一定电压的两极间或电极与母材间的气体介质中产生的强烈而持久的放电现象称为焊接电弧。引燃焊接电弧时，通常是将两电极（一极为工件，另一极为填充金属丝或焊条）接通电源，短暂接触并迅速分离，两极相互接触时发生短路，形成电弧，这种方式称为接触引弧。电弧形成后，只要电源保持两极之间一定的电位差，即可维持电弧的燃烧。

焊接电弧由阴极区、阳极区和弧柱三部分组成，如图 7.3 所示。阴极区是紧靠负电极的一个很窄区域，为 $10^{-6} \sim 10^{-5}$ cm，温度约为 2 400 K。阳极区是电弧紧靠正电极的区域，较阴极区宽，为 $10^{-4} \sim 10^{-5}$ cm，温度约为 2 600 K。电弧阳极区和阴极区之间部分称为弧柱，弧柱区温度最高，可达 6 000~8 000 K。焊接电弧两端（电极端部到熔池表面间）的最短距离称为弧长。

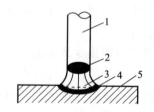

图 7.3　焊条电弧示意图
1—焊条；2—阴极区；
3—弧柱区；4—阳极区；5—焊件

焊接电弧的热量与焊接电流的平方和电压的乘积成正比，电流越大，电弧产生的总热量就越大。由于电弧是导体，直流焊接时，带电粒子定向运动，使得电弧两端产生的热量有所不同，在电子流出的阴极，电子带走热量使得阴极的产热量（36%）低于阳极（43%），这在生产实践中意义重大。产生的热量多意味着可熔化更多的金属，在焊接厚板时，可将工件接在阳极（称正接），使工件有足够的熔深；而焊接薄板时，应将工件接在阴极（称反接），可防止因熔深过大而烧穿。交流电源焊接时，由于电流正负极交替变化，故无正反接之分。

二、焊接过程

熔焊按其所用的焊接热源不同分为电弧焊（如焊条电弧焊、埋弧焊、气体保护焊等），电渣焊，气焊，等离子弧焊，电子束焊，激光焊等多种方法。其冶金过程、结晶过程和接头组织的变化规律是相似的。

首先，焊接冶金温度高，相界大，反应速度快，当电弧中有空气侵入时，液态金属会发生强烈的氧化、氮化反应，还有大量金属蒸发，而空气中的水分以及工件和焊接材料中的油、锈、水在电弧高温下分解出的氢原子可溶入液态金属中，导致接头塑性和韧度降低（氢脆），以致产生裂纹。

其次，焊接熔池小，冷却快，使各种冶金反应难以达到平衡状态，焊缝中化学成分不均匀，且熔池中气体、氧化物等来不及浮出，容易形成气孔、夹渣等缺陷，甚至产生裂纹。

为了保证焊缝的质量，在电弧焊过程中通常会采取以下措施：

①在焊接过程中，对熔化金属进行机械保护，使之与空气隔开。保护方式有三种：气体保护、熔渣保护和气–渣联合保护。

②对焊接熔池进行冶金处理，主要通过在焊接材料（焊条药皮、焊丝、焊剂）中加入一定量的脱氧剂（主要是锰铁和硅铁）和一定量的合金元素，在焊接过程中排除熔池中的 FeO，同时补偿烧损的合金元素。

三、焊接接头的组织和性能

熔焊使焊缝及其附近的母材经历了一个加热和冷却的热过程，由于温度分布不均匀，焊缝受到一次复杂的冶金过程，焊缝附近区受到一次不同规范的热处理，因此必然引起相应的组织和性能的变化，直接影响焊接质量。

1. 焊接热循环和焊接接头的组成

焊接热循环是指在焊接热源作用下，焊接接头上某点的温度随时间变化的过程。焊接时，焊接接头不同位置上的点所经历的焊接热循环是不同的，如图7.4所示。

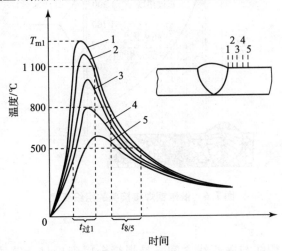

图 7.4　焊接热循环曲线

离焊缝越近的点，被加热的温度越高；反之，被加热的温度越低。

在焊接热循环中，影响焊接质量的主要参数是加热速度、最高加热温度、高温（1 100℃以上）停留时间和冷却速度等。起关键作用的冷却速度是从 800 ℃冷却到 500 ℃的速度。焊接热循环的主要特点是加热速度和冷却速度都很快（100 ℃/秒以上，甚至更高）。因此，淬硬倾向较大的钢材焊后会产生马氏体组织，引起焊接裂纹。

受热循环的影响，焊缝附近的母材组织和性能发生变化的区域称为焊接热影响区。熔焊焊缝和母材的交界线叫熔合线，熔合线两侧有一个很窄的焊缝与热影响区的过渡区，叫熔合区，该区域的母材金属部分熔化，故也叫半熔化区。因此，焊接接头由焊缝、熔合区和热影响区组成。

2. 焊缝的组织和性能

焊缝金属是由母材和焊条（丝）熔化形成的熔池冷却结晶而成的。焊缝金属在结晶时，是以熔池和母材金属交界处的半熔化金属晶粒为晶核，沿着垂直于散热面方向反向生长为柱状晶，最后这些柱状晶在焊缝中心相接触而停止生长，如图 7.5 所示。由于焊缝组织是铸态组织，故晶粒粗大，成分偏析，组织不致密。但由于焊丝本身的杂质含量低及合金化作用，使焊缝化学成分优于母材，所以焊缝金属的力学性能一般不低于母材。

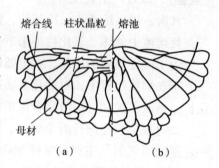

图 7.5 焊缝金属结晶示意

（a）正在结晶；（b）结晶结束

3. 熔合区及热影响区的组织和性能

现以低碳钢为例，根据焊接接头的温度分布曲线，讨论熔合区与热影响区的组织性能变化。其中，热影响区按加热温度的不同，可划分为过热区、正火区、部分相变区（不完全重结晶区）等区域，如图 7.6 所示。

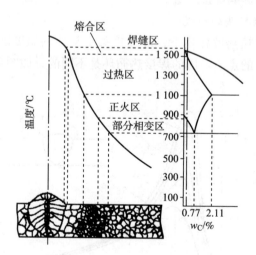

图 7.6 低碳钢焊接接头的组织变化

（1）熔合区

熔合区温度处于液相线与固相线之间，是焊缝金属到母材金属的过渡区域，宽度只有 0.1~0.4 mm。焊接时，该区内液态金属与未熔化的母材金属共存，冷却后，其组织为部分铸态组织和部分过热组织，化学成分和组织极不均匀，是焊接接头中力学性能最差的薄弱部位。

(2) 过热区

过热区是焊接时加热到 1 100 ℃ 以上至固相线温度的区域。由于加热温度高，奥氏体晶粒明显长大，冷却后产生晶粒粗大的过热组织。过热区是热影响区中性能最差的部位。因此，焊接刚度大的结构时，易在此区产生裂纹。

(3) 正火区

正火区是最高加热温度从 Ac_3 至 1 100 ℃ 的区域。相当于加热后空冷，焊后冷却得到均匀而细小的铁素体和珠光体组织。正火区的力学性能优于母材。

(4) 部分相变区

部分相变区是加热到 Ac_1 至 Ac_3 温度的区域。因为只有部分组织发生转变，部分铁素体来不及转变，故称为部分相变区。冷却后晶粒大小不均，因此，力学性能比母材稍差。

综上所述，熔合区和过热区是焊接接头中的薄弱部分，对焊接质量有严重影响，应尽可能减小这两个区域的范围。

影响焊接接头组织和性能的因素有焊接材料、焊接方法和焊接工艺。焊接工艺参数主要有焊接电流、电弧电压、焊接速度、线能量等。

4. 改善焊接热影响区组织性能的措施

熔焊过程中总会产生一定尺寸的热影响区。一般地，低碳钢的焊接结构，用焊条电弧焊或埋弧自动焊时，热影响区尺寸较小，对焊接产品质量影响较小，焊后可不进行热处理；对于低合金钢焊接结构或用电渣焊焊接的结构，热影响区较大，焊后必须进行处理，通常可用正火的方法，细化晶粒，均匀组织，改善焊接接头的质量；对于焊后不能进行热处理的焊接结构，只能通过正确选择焊接方法，合理制定焊接工艺来减小焊接热影响区，以保证焊接质量。表 7.1 所示为不同焊接方法的热影响区大小的比较。

表 7.1 不同焊接方法热影响区大小的比较

焊接方法	各区平均尺寸			热影响区总宽度
	过热区	正火区	部分正火区	
焊条电弧焊	2.2~3.0	1.5~2.5	2.2~3.0	5.9~8.5
埋弧焊	0.8~1.2	0.8~1.7	0.7~1.0	2.3~3.9
电渣焊	18~20	5.0~7.0	2.0~3.0	25~30
气焊	21	4.0	2.0	27
电子束焊	—	—	—	0.05~0.75

四、焊接应力与变形

焊接时，由于焊件的加热和冷却是不均匀的局部加热和冷却，造成焊件的热胀冷缩速度和组织变化先后不一致，从而导致焊接应力和变形的产生，影响焊件的质量。焊接构件由焊接而产生的内应力称为焊接应力；焊后残留在焊件内的焊接应力称为焊接残余应力。焊件因焊接而产生的变形称为焊接变形；焊后焊件残留的变形称为焊接残余变形。

1. 焊接应力与变形的产生

以平板对接焊为例来分析应力和变形的产生过程，如图 7.7 所示。焊件在加热时，焊缝区金属的热膨胀量较大，并受两侧金属制约，使应受热膨胀的金属产生压缩塑性变形；冷却时同样会受两侧金属制约而不能自由收缩，尤其当焊缝区金属温度降至弹性变形阶段以后，由于焊件各部分收缩不一致，必然导致焊缝区乃至整个焊件产生应力和变形。

平板对焊后，焊缝区产生拉应力，两侧产生压应力，平板整体缩短了 $\Delta L'$。这种室温下保留在结构中的焊接应力和变形，称为焊接残余应力和变形。

焊接应力和变形是同时存在的，当母材塑性较好且结构刚度较小时，焊接结构在焊接应力的作用下会产生较大的变形而残余应力较小；反之，则变形较小而残余应力较大。

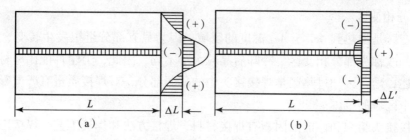

图 7.7　平板对接时应力和变形的形成过程
（a）加热时应力和变形；（b）冷却时应力和变形

2. 焊接变形的基本形式

焊接变形的本质是焊缝区的压缩塑性变形，而焊件因焊接接头形式、焊接位置、钢板厚度、装配焊接顺序等因素的不同，会产生各种不同形式的变形。常见焊接变形的基本形式大致上有五种，如表 7.2 所示。

表 7.2　常见焊接变形的基本形式

变形形式	示意图	产生原因
收缩变形	（纵向收缩、横向收缩示意图）	由焊接后焊缝的纵向（沿焊缝长度方向）和横向（沿焊缝宽度方向）收缩引起
角变形	（角变形示意图）	由于焊缝横截面形状上下不对称，焊缝横向收缩不均引起

续表

变形形式	示意图	产生原因
弯曲变形		T形梁焊接时，焊缝布置不对称，由焊缝纵向收缩引起
扭曲变形		工字梁焊接时，由于焊接顺序和焊接方向不合理引起结构上出现扭曲
波浪变形		薄板焊接时，焊接应力使薄板局部失稳而引起

3. 预防焊接变形的工艺措施

焊接变形不但影响结构尺寸的准确性和外形美观，严重时还可能降低承载能力，甚至造成事故，所以在焊接过程中要加以控制。预防焊接变形的方法有以下几种：

（1）焊前预热，焊后处理

预热可以减小焊件各部分温差，降低焊后冷却速度，减小残余应力。在允许的条件下，焊后进行去应力退火或用锤子均匀地敲击焊缝，使之得到延伸，均可有效地减小残余应力，从而减小焊接变形。

（2）选择合理的焊接顺序

① 尽量使焊缝能自由收缩，这样产生的残余应力较小。图7.8所示为一大型容器底板的焊接顺序，若先焊纵横向焊缝3，再焊横向焊缝1和2，则焊缝1和2在横向和纵向的收缩都会受到阻碍，焊接应力增大，焊缝交叉处和焊缝上都极易产生裂纹。

② 采用分散对称焊工艺，长焊缝尽可能采用分段退焊或跳焊的方法进行焊接，这样加热时间短、温度低且分布均匀，可减小焊接应力和变形，如图7.9所示。

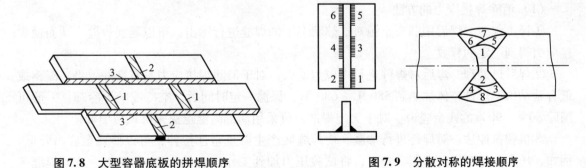

图7.8　大型容器底板的拼焊顺序　　　　图7.9　分散对称的焊接顺序

（3）加热减应区

铸铁补焊时，在补焊前可对铸件上的适当部位进行加热，以减少焊接时对焊接部位伸长的约束，焊后冷却时，加热部位与焊接处一起收缩，从而减小焊接应力。被加热的部位称为减应区，这种方法叫作加热减应区法，如图 7.10 所示。利用此原理也可以焊接一些刚度比较大的焊缝。

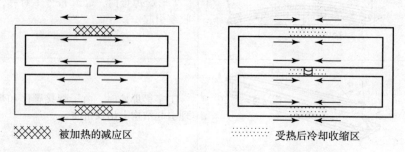

图 7.10 加热减应区法

（4）反变形法

通过试验或计算，预先确定焊后可能发生变形的大小和方向，将工件安装在相反方向位置上，或预先使焊件向相反方向变形，以抵消焊后所发生的变形，如图 7.11 所示。

（5）刚性固定法

当焊件刚性较小时，可利用外加刚性固定以减小焊接变形，如图 7.12 所示。这种方法能有效地减小焊接变形，但会产生大的焊接应力。

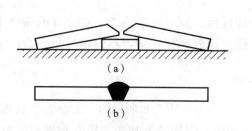

图 7.11 平板焊接的反变形
（a）焊前反变形；（b）焊后

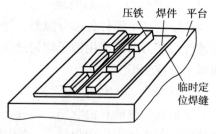

图 7.12 刚性固定法

4. 消除焊接应力和矫正焊接变形的方法

（1）消除焊接应力的方法

①锤击焊缝。焊后用圆头小锤对红热状态下的焊缝进行锤击，可以延展焊缝，从而使焊接应力得到一定的释放。

②焊后热处理。焊后对焊件进行去应力退火，对于消除焊接应力具有良好效果。碳钢或低合金结构钢焊件整体加热到 580 ℃ ~ 680 ℃，保温一定时间后，空冷或随炉冷却，一般可消除 80% ~ 90% 的残余应力。对于大型焊件，可采用局部高温退火来降低应力峰值。

③机械拉伸法。对焊件进行加载，使焊缝区产生微量塑性拉伸，可以使残余应力降低。例如，压力容器在进行水压试验时，将试验压力加到工作压力的 1.2 ~ 1.5 倍，这时焊缝区发生微量塑性变形，应力被释放。

（2）焊接变形的矫正

焊接过程中，即使采用了上述工艺措施，有时也会产生超过允许值的焊接变形，因此需要对变形进行矫正。其方法有以下两种：

①机械矫正法。在机械力的作用下矫正焊接变形，使焊件恢复到要求的形状和尺寸，如图7.13所示，可采用辊床、压力机、矫直机、手工锤击矫正。机械矫正法运用于低碳钢和普通低合金钢等塑性好的材料。

②火焰矫正法。利用氧－乙炔焰对焊件适当部分加热，利用加热时的压缩塑性变形和冷却时的收缩变形来矫正原来的变形，如图7.14所示。火焰矫正法适用于低碳钢和没有淬硬倾向的普通低合金钢。

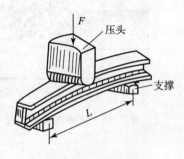
图7.13　机械矫正法

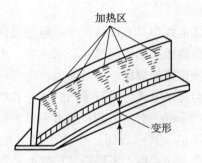
图7.14　火焰矫正法

任务实施

熔焊使焊缝及其附近的母材经历了一个加热和冷却的热过程，必然引起相应的组织和性能的变化，从而导致焊接应力和变形的产生，因此在焊接过程中要加以控制。

任务7－2　焊接方法的选择

任务引入

随着工业生产的发展，对焊接技术提出了多种多样的要求，焊接方法也在不断地发展之中。焊接时，选择合适的焊接方法，才能获得质量优良的焊接接头，并且具有较高的生产率。怎样选择合适的焊接方法呢？

任务目标

熟悉焊条电弧焊、埋弧自动焊、气体保护焊的焊接过程、特点和应用，能够合理选择焊接方法。

相关知识

目前，生产上常用的焊接方法有焊条电弧焊、气焊、埋弧自动焊、气体保护焊、电渣焊、电阻焊、钎焊等。本任务主要介绍焊条电弧焊、埋弧自动焊、气体保护焊（钨极氩弧焊和CO_2气体保护焊）。

一、焊条电弧焊

焊条电弧焊是用手工操纵焊条进行焊接的电弧焊方法。焊条电弧焊是利用焊条与焊件之间建立起来的稳定燃烧的电弧，使焊条和焊件熔化，从而获得牢固的焊接接头。焊接过程中，药皮不断地分解、熔化而生成气体及熔渣，保护焊条端部、电弧、熔池及其附近区域，防止大气对熔化金属的有害污染。焊条芯也在电弧热作用下不断熔化，进入熔池，成为焊缝的填充金属。焊条电弧焊过程如图7.15所示。

焊条电弧焊具有设备简单、应用灵活、成本低等优点，对焊接接头的装配尺寸要求不高，可在各种条件下进行各种位置的焊接，是目前生产中应用最广泛的焊接方法。但焊条电弧焊时有强烈的弧光和烟尘，劳动条件差，生产率低，对工人的技术水平要求较高，焊接质量也不太稳定。其一般用于单件小批量生产中焊接碳素钢、低合金结构钢、不锈钢及铸铁的补焊等。

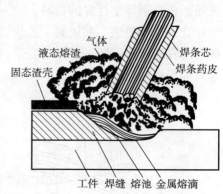

图7.15 焊条电弧焊过程

1. 焊条电弧焊电源种类

常用焊条电弧焊电源有交流弧焊机、直流弧焊机和逆变焊机。

（1）交流弧焊机

交流弧焊机是一种特殊的降压变压器，具有结构简单、噪声小、成本低等优点，但电弧稳定性较差。该焊机既适于酸性焊条焊接，又适于碱性焊条焊接。

（2）直流弧焊机

直流弧焊机分为焊接发电机（旋转式）与弧焊整流器（整流式）两种。

（3）逆变焊机

逆变焊机是近几年发展起来的新一代焊接电源，它从电网吸取三相380 V交流电，经整流滤波成直流，然后经逆变器变成频率为2 000～30 000 Hz的交流电，再单相全波整流和滤波输出。它具有体积小、质量轻、节约材料、高效节能、适应性强等优点，现已逐渐取代目前的整流弧焊机。

2. 焊条

（1）焊条的组成和作用

焊条电弧焊所使用的焊接材料，是由芯部的金属焊芯和表面药皮涂层组成。焊芯在焊接过程中既是导电的电极，同时本身熔化作为填充金属，与熔化的母材共同形成焊缝金属。焊芯的质量直接影响焊缝的质量。焊丝中硫、磷等杂质的质量分数很低。药皮是压涂在焊芯表面的涂料层，主要作用是在焊接过程中造气造渣，起保护作用，防止空气进入焊缝，防止焊缝高温金属被空气氧化和脱氧、脱硫、脱磷、渗合金等，并具有稳弧、脱渣等作用，以保证焊条具有良好的工艺性能，形成美观的焊缝。

（2）焊条的分类

①焊条按熔渣的化学性质分为两大类：酸性焊条和碱性焊条。

酸性焊条：熔渣中以酸性氧化物为主，氧化性强，合金元素烧损大，故焊缝的塑性和韧度不高，且焊缝中氢含量高，抗裂性差，但酸性焊条具有良好的工艺性，对油、水、锈不敏感，交直流电源均可用，广泛用于一般结构件的焊接。

碱性焊条（又称低氢焊条）：药皮中以碱性氧化物（萤石）为主，并含较多铁合金，脱氧、除氢、渗金属作用强，与酸性焊条相比，其焊缝金属的含氢量较低，有益元素较多，有害元素较少，因此焊缝力学性能与抗裂性好，但碱性焊条工艺性较差，电弧稳定性差，对油污、水、锈较敏感，抗气孔性能差，一般要求采用直流焊接电源，主要用于焊接重要的钢结构或合金钢结构。

②焊条按用途可分为十一大类：碳钢焊条、低合金钢焊条、钼和铬钼耐热钢焊条、低温钢焊条、不锈钢焊条、堆焊焊条、铸铁焊条、镍及镍合金焊条、铜及铜合金焊条、铝及铝合金焊条、特殊用途焊条。其分类方法及型号编制方法可参考有关国家标准。

（3）焊条的选用

焊条的种类很多，应根据其性能特点，并考虑焊件的结构特点、工作条件、生产批量、施工条件及经济性等因素合理地选用。

若按强度等级和化学成分选用焊条：

①焊接一般结构，如低碳钢、低合金钢结构件时，一般选用与焊件强度等级相同的焊条，而不考虑化学成分相同或相近。

②焊接异种结构钢时，按强度等级低的钢种选用焊条。

③焊接特殊性能钢种，如不锈钢、耐热钢时，应选用与焊件化学成分相同或相近的特种焊条。

④焊件的碳、硫、磷质量分数较大时，应选用碱性焊条。

⑤焊接铸造碳钢或合金钢时，因为碳和合金元素的质量分数较高，而且多数铸件厚度、刚度较大，形状复杂，故一般选用碱性焊条。

若按焊件的工作条件选用焊条：

①焊接承受动载、交变载荷及冲击载荷的结构件时，应选用碱性焊条。

②焊接承受静载的结构件时，可选用酸性焊条。

③焊接表面带有油、锈、污等难以清理的结构件时，应选用酸性焊条。

④焊接在特殊条件（如在腐蚀介质、高温等条件）下工作的结构件时，应选用特殊用途焊条。

若按焊件的形状、刚度及焊接位置选用焊条：

①厚度、刚度大且形状复杂的结构件，应选用碱性焊条。

②厚度、刚度不大，形状一般，尤其是均可采用平焊的结构件，应选用适当的酸性焊条。

③除平焊外，立焊、横焊、仰焊等焊接位置的结构件，应选用全位置焊条。

此外，还应根据现场条件选用适当的焊条。如需用低氢型焊条，又缺少直流弧焊电源时，应选用加入稳弧剂的低氢型交、直流两用的焊条。

3. 焊条电弧焊焊接工艺规范

焊接工艺规范是指制造焊件所有有关的加工和时间要求的细则文件，可保证由熟练焊工操作时质量的再现性。焊接工艺规范包括焊条型号（牌号）、焊条直径、焊接电流、坡口形状、焊接层数等参数的选择，其中有的将在焊接结构设计中详述。现仅讲述焊条直径、焊接电流和焊接层数的选择问题。

(1) 焊条直径的选择

焊条直径主要取决于焊件厚度、接头形式、焊缝位置、焊层（道）数等因素。其由工件厚度、接头形式、焊缝位置和焊接层数等因素确定。选用较大直径的焊条，能提高生产率。但如用过大直径的焊条，会造成未焊透和焊缝成形不良。

(2) 焊接电流的选择

焊接电流主要由焊条直径和焊缝位置确定。

$$I = K \cdot d$$

式中　I——焊接电流，A；

　　　d——焊条直径，mm；

　　　K——经验系数，一般为 25~60。

平焊时 K 取较大值；立、横、仰焊时取较小值；使用碱性焊条时焊接电流要比使用酸性焊条时略小。

增大焊接电流能提高生产率，但电流过大，易造成焊缝咬边和烧穿等缺陷；焊接电流过小，使生产率降低，并易造成夹渣、未焊透等缺陷。

(3) 焊接层数

焊接厚件、易过热的材料时，常采用开坡口、多层多道焊的方法，每层焊缝的厚度以 3~4 mm 为宜。

二、埋弧自动焊

埋弧自动焊是将焊条电弧焊的引弧、焊条送进、电弧移动几个动作改由机械自动完成，焊丝作为填充金属，而焊剂则对焊接区起保护和合金化作用，电弧在焊剂层下燃烧，故称为埋弧自动焊，简称埋弧焊。如果部分动作由机械完成，其他动作仍由焊工辅助完成，则称为半自动焊。

1. 埋弧自动焊的焊接过程

埋弧自动焊机由焊接电源、焊车和控制箱三部分组成。埋弧自动焊时，焊剂从焊剂漏斗中流出，均匀堆敷在焊件表面，焊丝由送丝机构自动送进，经导电嘴进入电弧区，焊接电源分别接在导电嘴和焊件上以产生电弧，焊剂漏斗、送丝机构及控制盘等通常都装在一台电动小车上，可以按调定的速度沿着焊缝自动行走。埋弧自动焊过程的纵断面如图 7.16 所示。

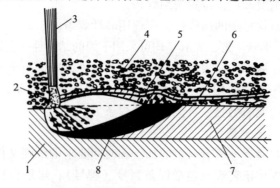

图 7.16　埋弧自动焊过程的纵断面

1—母材金属；2—电弧；3—焊丝；4—焊剂；5—熔化的焊剂；6—渣壳；7—焊缝；8—熔池

2. 焊接材料

埋弧自动焊焊接材料有焊丝和焊剂。焊丝除了作为电极和填充材料外，还可以起到渗合金、脱氧、去硫等冶金作用。焊剂的作用相当于焊条药皮，分为熔炼焊剂和非熔炼焊剂两类。非熔炼焊剂又可分为烧结焊剂和黏结焊剂两种。熔炼焊剂主要起保护作用，非熔炼焊剂除起保护作用外，还有冶金处理作用。焊剂容易吸潮，使用前要按要求烘干。

3. 埋弧焊工艺

埋弧焊对下料、坡口准备和装配要求均较高，装配时要求用优质焊条点固。由于埋弧焊焊接电流大、熔深大，因此板厚在 24 mm 以下的工件可以采用 I 形坡口单面焊或双面焊。但一般板厚 10 mm 以上就开坡口，常用 V 形坡口、X 形坡口、U 形坡口和组合形坡口。能采用双面焊的均采用双面焊，以便焊透，减少焊接变形。

焊接前，应清除坡口及两侧 50～60 mm 内的一切油垢和铁锈，以避免产生气孔。

埋弧焊一般都在平焊位置焊接。由于引弧处和断弧处焊缝质量不易保证，焊前可在接缝两端焊上引弧板和引出板，焊后再去掉。为保证焊缝成形和防止烧穿，生产中常用焊剂垫和垫板或用焊条电弧焊封底。

4. 埋弧焊的特点

埋弧焊与焊条电弧焊相比，具有以下特点：

① 生产率高。埋弧焊焊接电流比焊条电弧焊时大得多，可以高达 1 000 A，一次熔深大，焊接速度大，且焊接过程可连续进行，无须频繁更换焊条，因此生产率比焊条电弧焊高 5～20 倍。

② 焊接质量好。熔渣对熔化金属的保护严密，冶金反应较彻底，且焊接工艺参数稳定，焊缝成形美观，焊接质量稳定。

③ 劳动条件好。焊接时没有弧光辐射，焊接烟尘小，焊接过程自动进行。

埋弧焊的缺点：一般只适用于水平位置的长直焊缝和直径 250 mm 以上的环形焊缝，焊接的钢板厚度一般在 6～60 mm，施焊材料局限于钢、镍基合金、铜合金等，不能焊接铝、钛等活泼金属及其合金。

三、气体保护焊

气体保护焊是用气体将电弧、熔化金属与周围的空气隔离，防止空气与熔化金属发生冶金反应，以保证焊接质量的一种焊接方法。保护气体主要有 Ar、He、CO_2、N_2 等。

按电极材料的不同，气体保护焊可分为两大类：一类是非熔化极气体保护焊，通常用钨棒或钨合金棒作电极，以惰性气体（氩气或氦气）作保护气体，焊缝填充金属（即焊丝）根据情况另外添加，其中应用较广的是以氩气为保护气的钨极氩弧焊；另一类是熔化极气体保护焊，以焊丝作为电极，根据采用的保护气不同，可分为熔化极惰性气体保护焊、熔化极活性气体保护焊和 CO_2 气体保护焊，其中熔化极活性气体保护焊泛指同时采用惰性气体与适量 CO_2 等组成的混合气作为保护气的气体保护焊，CO_2 气体保护焊亦可看作其中的一个特例。

1. 钨极氩弧焊

钨极氩弧焊使用高熔点的钍钨棒或铈钨棒作电极，由于钨的熔点高达 3 410 ℃，焊接时钨棒基本不熔化，只是作为电极起导电作用，填充金属需另外添加。在焊接过程中，氩气通过喷嘴进入电弧区,将电极、焊件、焊丝端部与空气隔绝开。

按所用电极不同,氩弧焊分为熔化极(金属极)氩弧焊[图7.17(a)]和钨极(非熔化极)氩弧焊[图7.17(b)]两种。

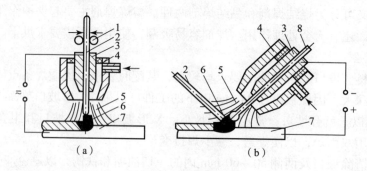

图7.17　氩弧焊示意
(a)熔化极氩弧焊；(b)钨极氩弧焊
1—送丝轮；2—焊丝；3—导电嘴；4—喷嘴；5—保护气体；6—电弧；7—母材；8—钨极

氩弧焊的特点:
①机械保护效果特别好,焊缝金属纯净,成形美观,质量优良。
②电弧稳定,特别是小电流时也很稳定。因此,熔池温度容易控制,做到单面焊双面成形。尤其现在普遍采用的脉冲氩弧焊,更容易保证焊透和焊缝成形。
③采用气体保护,电弧可见(称为明弧),易于实现全位置自动焊接。
④电弧在气流压缩下燃烧,热量集中,熔池小,焊速快,热影响区小,焊接变形小。
⑤氩气价格较高,因此成本较高。

氩弧焊适用于焊接易氧化的有色金属和合金钢,如铝、钛和不锈钢等;适用于单面焊双面成形,如打底焊和管子焊接;钨极氩弧焊,尤其是脉冲钨极氩弧焊,还适用于薄板焊接。

2. CO_2 气体保护焊

CO_2 气体保护焊是利用 CO_2 作为保护气体的熔化极电弧焊方法。以焊丝作电极,以自动或半自动方式进行焊接。目前常用的是半自动焊,即焊丝送进是靠机械自动进行并保持弧长,由操作人员手持焊枪进行焊接。

CO_2 在 1 000 ℃以上的高温下分解成 CO 与 O_2,有一定的氧化作用。因此,焊接钢材时,必须用 Si、Mn 量较高的焊丝补充被烧损的元素,以保证焊缝的力学性能。

CO_2 气体保护焊的特点:
①成本低。CO_2 气体比较便宜,焊接成本仅是埋弧自动焊和焊条电弧焊的40%左右。
②生产率高。焊丝送进自动化,电流密度大,电弧热量集中,所以焊接速度快。焊后没有熔渣,不需清渣,比焊条电弧焊生产率提高1~3倍。
③操作性能好。CO_2 保护焊电弧是明弧,可清楚看到焊接过程,如同焊条电弧焊一样灵活,适合全位置焊接。
④焊接质量比较好。CO_2 保护焊焊缝含氢量低,采用合金钢焊丝易于保证焊缝性能。电弧在气流压缩下燃烧,热量集中,热影响区较小,变形和开裂倾向也小。
⑤焊缝成形差,飞溅大。烟雾较大,控制不当易产生气孔。
⑥设备使用和维修不便,送丝机构容易出故障,需要经常维修。

因此，CO_2 气体保护焊适用于低碳钢和强度级别不高的普通低合金钢焊接，主要焊接薄板。对单件小批生产和不规则焊缝采用半自动 CO_2 气体保护焊；大批生产和长直焊缝可用 $CO_2 + O_2$ 等混合气体保护焊。

任务实施

焊接方法的选择应根据不同焊接方法的适用范围、生产率以及材料的焊接性、焊接厚度、产品的接头形式和现场拥有的设备条件等进行综合考虑。

任务 7-3　焊接结构材料的选择

任务引入

随着焊接技术的发展，工业上常用的金属材料一般均可焊接。但材料的焊接性不同，焊后接头质量差别很大。因此，应尽可能选择焊接性良好的焊接材料来制造焊接构件。

任务目标

理解金属焊接性的概念和评定，熟悉碳素结构钢、低合金高强度结构钢、不锈钢、铸铁、铝及铝合金、铜及铜合金、钛及钛合金的焊接。

相关知识

一、金属材料的焊接性

1. 金属焊接性的概念

金属焊接性是金属材料对焊接加工的适应性，是指金属在一定的焊接方法、焊接材料、工艺参数及结构形式条件下，获得优质焊接接头的难易程度。它包括两个方面的内容：一是工艺性能，即在一定工艺条件下，焊接接头产生工艺缺陷的倾向，尤其是出现裂纹的可能性；二是使用性能，即焊接接头在使用中的可靠性，包括力学性能及耐热、耐蚀等特殊性能。

金属焊接性是金属的一种加工性能，它取决于金属材料的本身性质和加工条件。就目前的焊接技术水平，工业上应用的绝大多数金属材料都是可以焊接的，只是焊接的难易程度不同而已。

随着焊接技术的发展，金属的焊接性也在改变。例如，铝在气焊和焊条电弧焊条件下，难以达到较高的焊接质量。而氩弧焊出现以后，用来焊铝却能达到较高的技术要求。化学活泼性极强的钛的焊接性也是如此。等离子弧、真空电子束、激光等新能源在焊接中的应用，使钨、钼、铌、钽等高熔点金属及其合金的焊接成为可能。

2. 金属焊接性的评定

金属的焊接性可以通过估算或试验的方法来评定。

（1）用碳当量法评定钢材焊接性

钢中的碳和合金元素对钢的焊接性的影响程度是不同的。其中，碳的影响最大，其他合金元素可以折合成碳的影响来估算被焊材料的焊接性。把其他合金元素的质量分数对焊接性的影响折合成碳的相当质量分数，碳的质量分数和其他合金元素的相当质量分数之和称为碳当量。以此作为评定钢材焊接件的参数指标，这种方法称为碳当量法。

碳当量有不同的计算公式。其中以国际焊接学会（IIW）所推荐 C_E 应用较为广泛。

$$C_E = C + Mn/6 + (Ni + Cu)/15 + (Cr + Mo + V)/5(\%)$$

实践证明，碳当量越大，焊接性越差。当 $C_E < 0.4\%$ 时，焊接性良好；$C_E = 0.4\% \sim 0.6\%$ 时，焊接性较差，冷裂倾向明显，焊接时需要预热并采取其他工艺措施防止裂纹；$C_E > 0.6\%$ 时焊接性最差，冷裂倾向严重，焊接时需要较高的预热温度和严格的工艺措施。

碳当量公式仅用于对材料焊接性的粗略估算，在实际生产中，应通过直接试验模拟实际情况下的结构、应力状况和施焊条件，在试件上焊接，观察试件的开裂情况，并配合必要的接头使用性能试验进行评定。

（2）焊接性试验

焊接性试验是评价金属焊接性最为准确的方法，例如焊接裂纹试验、接头力学性能试验、接头腐蚀性试验等。

二、碳素结构钢和低合金高强度结构钢的焊接

1. 低碳钢的焊接

低碳钢中碳的质量分数 $w_C < 0.25\%$，碳当量小，塑性好，没有淬硬倾向，冷裂倾向小，焊接性良好。焊接时，普通焊接方法和焊接工艺即可获得优质的焊接接头。但由于施焊条件、结构形式不同，焊接时还需注意以下问题：

①在低温环境下焊接厚度大、刚性大的结构时，应该进行预热，否则容易产生裂纹。
②重要结构焊后要进行去应力退火以消除焊接应力。

低碳钢对焊接方法几乎没有限制，应用最多的是焊条电弧焊、埋弧焊、气体保护电弧焊和电阻焊。

2. 中碳钢的焊接

中碳钢中 $w_C = 0.25\% \sim 0.6\%$，有一定的淬硬倾向，冷裂纹倾向较大，焊缝金属热裂倾向较大，焊接性较差。

中碳钢的焊接结构多为锻件和铸钢件，或进行补焊，焊接方法为焊条电弧焊，选用抗裂性好的低氢型焊条（如J426、J427、J506、J507等）；焊缝有等强度要求时，选择相当强度级别的焊条。对于补焊或不要求等强度的接头，可选择强度级别低、塑性好的焊条，以防止裂纹的产生。焊接时，应采取焊前预热、焊后缓冷等措施以减小淬硬倾向，减小焊接应力。接头处开坡口进行多层焊，采用细焊条、小电流，可以减少母材金属的融入量，降低裂纹倾向。

3. 高碳钢的焊接

高碳钢的含碳量大于0.60%，其焊接特点与中碳钢基本相同，但淬硬和裂纹倾向更大，焊接性更差。一般这类钢不用于制造焊接结构，大多是用焊条电弧焊或气焊来补焊修理一些损坏件。焊接时，应注意焊前预热和焊后缓冷。

4. 低合金高强度结构钢的焊接

低合金结构钢按其屈服强度可以分为九级：300 MPa、350 MPa、400 MPa、450 MPa、

500 MPa、550 MPa、600 MPa、700 MPa、800 MPa。强度级别≤400 MPa 的低合金结构钢，$C_E<0.4\%$，焊接性良好，其焊接工艺和焊接材料的选择与低碳钢基本相同，一般不需采取特殊的工艺措施。只有焊件较厚、结构刚度较大和环境温度较低时，才进行焊前预热，以免产生裂纹。强度级别≥450 MPa 的低合金结构钢，$C_E>0.4\%$，存在淬硬和冷裂问题，其焊接性与中碳钢相当，焊接时需要采取一些工艺措施，如焊前预热（预热温度150 ℃左右）可以降低冷却速度，避免出现淬硬组织；适当调节焊接工艺参数，可以控制热影响区的冷却速度，保证焊接接头获得优良性能；焊后热处理能消除残余应力，避免冷裂。

低合金结构钢含碳量较低，对硫、磷控制较严，焊条电弧焊、埋弧焊、气体保护焊和电渣焊均可用于此类钢的焊接，以焊条电弧焊和埋弧焊较常用。选择焊接材料时，通常从等强度原则出发，为了提高抗裂性，尽量选用碱性焊条和碱性焊剂，对于不要求焊缝和母材等强度的焊件，亦可选择强度级别略低的焊接材料，以提高塑性，避免冷裂。

三、不锈钢的焊接

不锈钢中含有不少于12%的铬，还含有镍、锰、钼等合金元素，以保证其耐热性和耐腐蚀性。按组织状态，不锈钢可分为奥氏体不锈钢、铁素体不锈钢和马氏体不锈钢等，其中以奥氏体不锈钢的焊接性最好，广泛用于石油、化工、动力、航空、医药、仪表等部门的焊接结构中，常见牌号有 1Cr18Ni9、1Cr18Ni9Ti、0Cr18Ni9 等。

奥氏体不锈钢焊接性良好，适用于焊条电弧焊、氩弧焊和埋弧自动焊。焊条电弧焊选用化学成分相同的奥氏体不锈钢焊条；氩弧焊和埋弧自动焊所用的焊丝，化学成分应与母材相同，如 1Cr18N19Ti 时选用 H0Cr20Ni10Nb 焊丝，埋弧焊用 HJ260 焊剂。

奥氏体不锈钢焊接的主要问题是焊接工艺参数不合理时，容易产生晶间腐蚀和热裂纹，这是18-8型不锈钢的一种极危险的破坏形式。晶间腐蚀的主要原因是碳与铬化合成 $Cr_{23}C_6$，在晶界造成贫铬区，使耐蚀能力下降。焊条电弧焊时，应采用细焊条，小线能量（主要用于小电流）快速不摆动焊，最后焊接触腐蚀介质的表面焊缝等工艺措施。奥氏体不锈钢焊接的另一个问题是热裂纹。产生的主要原因是焊缝中的树枝晶方向性强，有利于S、P等元素的低熔点共晶产物的形成和聚集。另外，此类钢的导热系数小（约为低碳钢的1/3），线胀系数大（比低碳钢大50%），所以焊接应力也大。防止的办法是选用含碳量很低的母材和焊接材料，采用含适量 Mo、Si 等铁素体形成元素的焊接材料，使焊缝形成奥氏体加铁素体的双相组织，减少偏析。

工程上有时需要把不锈钢与低碳钢或低合金钢焊接在一起，如 1Cr18N19Ti 与 Q235 焊接，通常用焊条电弧焊。焊条既不能用奥氏体不锈钢焊条，也不能用低碳钢焊接（如E4303），而应选用 E309-16 或 E309-15 不锈钢焊条，使焊缝金属组织是奥氏体加少量铁素体，防止产生焊接裂纹。

四、铸铁的焊补

铸铁含碳量高，硫、磷杂质含量高，因此焊接性差，容易出现白口组织、焊接裂纹、气孔等焊接缺陷。对铸铁缺陷进行焊接修补，有很大的经济意义。

铸铁一般采用焊条电弧焊、气焊来焊补，按焊前是否预热分为热焊和冷焊两类。

1. 热焊

热焊是焊前将工件整体或局部预热到 600 ℃~700 ℃，焊后缓慢冷却。热焊可防止出现白口组织和裂纹，焊补质量较好，焊后可以进行机械加工。但热焊生产率低，成本较高，劳动条件较差，一般用于焊补形状复杂、焊后需要进行加工的重要铸件，如床头箱、气缸体等。

2. 冷焊

冷焊一般不预热或较低温度预热（400 ℃以下）。冷焊常用焊条电弧焊，主要依靠焊条调整化学成分，防止出现白口和裂纹。焊接时，应尽量采用小电流、短弧、短焊道（每段不大于 50 mm），并在焊后及时锤击焊缝以松弛应力，防止开裂。

冷焊方便灵活、生产率高、成本低、劳动条件好，可用于焊补机床导轨、球墨铸铁件等及一些非加工面焊补。

五、非铁金属的焊接

1. 铝及铝合金的焊接

铝具有密度小、耐腐蚀性好、塑性高和优良的导电性、导热性以及良好的焊接性等优点，因而铝及铝合金在航空、汽车、机械制造、电工及化学工业中得到了广泛应用。

铝及铝合金在焊接时的主要问题是：

①铝及铝合金表面极易生成一层致密的氧化膜（Al_2O_3），其熔点（2 050 ℃）远远高于纯铝的熔点（657 ℃），在焊接时阻碍金属的熔合，且由于密度大，容易形成夹杂。

②液态铝可以大量溶解氢，铝的高导热性又使金属迅速凝固，因此液态时吸收的氢气来不及析出，极易在焊缝中形成气孔。

③铝及铝合金的线膨胀系数和结晶收缩率很大，导热性很好，因而焊接应力很大，对于厚度大或刚性较大的结构，焊接接头容易产生裂纹。

④铝及铝合金高温时强度和塑性极低，很容易产生变形，且高温液态无显著的颜色变化，操作时难以掌握加热温度，容易出现烧穿、焊瘤等缺陷。

焊接方法：氩弧焊、电阻焊、气焊，其中氩弧焊应用最广，电阻焊应用也较多，气焊在薄件生产中仍在采用。

电阻焊焊接铝合金时，应采用大电流、短时间通电，焊前必须清除焊件表面的氧化膜。

如果对焊接质量要求不高，薄壁件可采用气焊，焊前必须清除工件表面氧化膜，焊接时使用焊剂，并用焊丝不断破坏熔池表面的氧化膜，焊后应立即将焊剂清理干净，以防止焊剂对焊件的腐蚀。

为保证焊接质量，铝及铝合金在焊接时应采取以下工艺措施：

①焊前清理，去除焊件表面的氧化膜、油污、水分，便于焊接时的熔合，防止气孔、夹渣等缺陷。清理方法有化学清理和物理清理。

②对厚度超过 5~8 mm 的焊件，预热至 100 ℃~300 ℃，以减小焊接应力，避免裂纹，且有利于氢的逸出，防止气孔的产生。

③焊后清理残留在接头处的焊剂和焊渣，防止其与空气、水分作用，腐蚀焊件。可用 10% 的硝酸溶液浸洗，然后用清水冲洗、烘干。

2. 铜及铜合金的焊接

铜及铜合金的焊接比低碳钢困难得多，其主要问题如下。

①难熔合。铜的导热系数大，焊接时散热快，要求焊接热源集中，且焊前必须预热，否则，易产生未焊透或未熔合等缺陷。

②裂纹倾向大。铜在高温下易氧化，形成的氧化亚铜（Cu_2O）与铜形成低熔共晶体（Cu_2O+Cu）分布在晶界上，容易产生热裂纹。

③焊接应力和变形较大。这是由于铜的线膨胀系数大，收缩率也大，且焊接热影响区宽的缘故。

④容易产生气孔。气孔主要是由氢气引起的，液态铜能够溶解大量的氢，冷却凝固时，溶解度急剧下降，来不及逸出的氢气即在焊缝中形成氢气孔。

此外，焊接黄铜时，会产生锌蒸发（锌的沸点仅为 907 ℃），一方面使合金元素损失，造成焊缝的强度、耐蚀性降低，另一方面，锌蒸气有毒，对焊工的身体造成伤害。

可采用的焊接方法有氩弧焊、气焊和焊条电弧焊，其中氩弧焊是焊接紫铜和青铜最理想的方法，黄铜焊接常采用气焊，因为气焊时可采用微氧化焰加热，使熔池表面生成高熔点的氧化锌薄膜，以防止锌的进一步蒸发，或选用含硅焊丝，可在熔池表面形成致密的氧化硅薄膜，既可以阻止锌的蒸发，又能对焊缝起到保护作用。

为保证焊接质量，在焊接铜及铜合金时应采取以下措施：

①为了防止 Cu_2O 的产生，可在焊接材料中加入脱氧剂，如采用磷青铜焊丝，即可利用磷进行脱氧。

②清除焊件、焊丝上的油、锈、水分，减少氢的来源，避免气孔的形成。

③厚板焊接时，应以焊前预热来弥补热量的损失，改善应力的分布状况。焊后锤击焊缝，减小残余应力。焊后进行再结晶退火，以细化晶粒，破坏低熔共晶。

3. 钛及钛合金的焊接

钛及钛合金比强度（强度与密度之比）高，在 300 ℃ ~ 500 ℃ 高温下仍有足够的强度。在海水及大多数酸碱盐介质中均有良好的耐蚀性，并有良好的低温冲击韧性。

钛及钛合金的焊接很困难，其主要问题是氧化、脆化开裂，气孔也较明显。普通的焊条电弧焊、气焊等均不适合钛及钛合金的焊接。目前主要方法是钨极氩弧焊、等离子焊和真空电子束焊。由于钛及钛合金化学性能非常活泼，不但极易氧化，而且在 250 ℃ 开始吸氢，从 400 ℃ 开始吸氧，从 600 ℃ 开始吸氮。因此，要注意焊枪的结构，加强保护效果，并要采用拖罩保护高温的焊缝金属。保护效果的好坏可通过接头颜色初步鉴别：银白色保护效果最好，无氧化现象；黄色为 TiO，表示轻微氧化；蓝色为 Ti_2O_3，表示氧化较严重；灰白色为 TiO_2，表示氧化甚为严重。

任务实施

材料的焊接性不同，焊后接头质量差别很大。应尽可能选择焊接性良好的焊接材料来制造焊接构件，特别是优先选用低碳钢和普通低合金钢等材料，其价格低廉，工艺简单，易于保证焊接质量。

任务 7-4　焊接结构工艺设计

任务引入

对中压容器进行焊接结构工艺设计。

任务目标

熟悉焊接结构材料的选择、焊接方法的选择、焊接接头设计,能进行简单的焊接结构工艺设计。

相关知识

焊接结构工艺性,是指在一定的生产规模条件下,如何选择零件加工和装配的最佳工艺方案,因而焊接件的结构工艺性是焊接结构设计和生产中一个比较重要的问题,是经济原则在焊接结构生产中的具体体现。

在焊接结构的生产制造中,除考虑使用性能之外,还应考虑制造时焊接工艺的特点及要求,才能保证在较高的生产率和较低的成本下,获得符合设计要求的产品质量。

焊接件的结构工艺性一般包括焊接结构材料选择、焊接方法选择和焊接接头设计等几个方面。

一、焊接结构材料的选择

随着焊接技术的发展,工业上常用的金属材料一般均可焊接。但材料的焊接性不同,焊后接头质量差别就很大。因此,应尽可能选择焊接性良好的焊接材料来制造焊接构件,特别是优先选用低碳钢和普通低合金钢等材料。

重要焊接结构材料的选择,在相应标准中有规定,可查阅有关标准或手册。

二、焊接方法的选择

焊接方法选择的主要依据是材料的焊接性,工件的结构形式、厚度和各种焊接方法的适用范围、生产率等。

三、焊接接头设计

1. 接头形式设计

焊接碳钢和低合金钢的基本接头形式有对接、搭接、角接和 T 形接头四种。接头形式的选择是根据结构的形状、强度要求、工件厚度、焊接材料消耗量及其他焊接工艺而决定的。

对接接头受力比较均匀,节省材料,但对下料尺寸精度要求高。因被焊工件不在同一平面上,受力时搭接接头易产生附加弯曲应力,但对下料尺寸精度要求低。因此,锅炉、压力容器等结构的受力焊缝常用对接接头;对于厂房屋架、桥梁、起重机吊臂等桁架结构,多采用搭接接头。

角接接头和 T 形接头受力都比对接接头复杂,但接头成一定角度或直角连接时,必须采用这类接头形式。

此外，对于薄板气焊或钨极氩弧焊，为了避免烧穿或为了省去填充焊丝，常采用卷边接头。

2. 焊缝布置

焊缝布置的一般工艺设计原则如下：

①焊缝布置应尽可能分散，避免过分集中和交叉。

焊缝密集或交叉会加大热影响区，使组织恶化，性能下降。两焊缝间距一般要求大于3倍板厚且不小于100 mm，如图7.18所示。

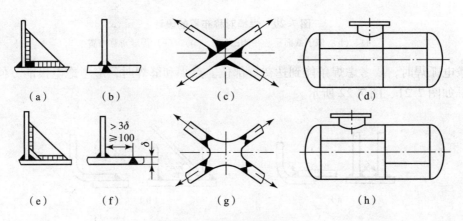

图7.18 焊缝分散布置的设计

(a)、(b)、(c)、(d) 不合理；(e)、(f)、(g)、(h) 合理

②焊缝应避开应力集中部位。

焊接接头往往是焊接结构的薄弱环节，存在残余应力和焊接缺陷。因此，焊缝应避开应力较大部位，尤其是应力集中部位。如压力容器一般不用平板封头、无折边封头，而应采用碟形封头和球性封头等，如图7.19所示。焊接钢梁焊缝不应在梁的中间面，应如图7.19（d）所示均匀分布。

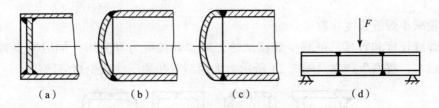

图7.19 焊缝应避开应力集中部位

(a) 平板封头；(b) 无折边封头；(c) 碟形封头；(d) 焊接钢梁

③焊缝应尽可能对称布置。

焊缝对称布置可使焊接变形相互抵消。如图7.20（a）、（b）所示，偏于截面重心一侧，焊后会产生较大的弯曲变形；而图7.20（c）、（d）、（e）焊缝对称布置，焊后不会产生明显变形。

④焊缝布置应便于焊接操作。

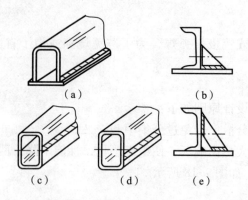

图 7.20 焊缝对称布置的设计
(a)、(b) 偏于截面重心一侧；(c)、(d)、(e) 焊缝对称布置

焊条电弧焊时，要考虑焊条能到达待焊部位。点焊和缝焊时，应考虑电极能方便进入待焊位置，如图 7.21、图 7.22 所示。

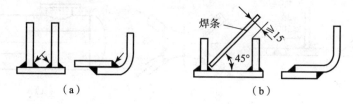

图 7.21 焊条电弧焊的焊缝布置
(a) 不合理；(b) 合理

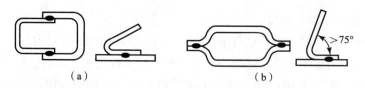

图 7.22 点焊或缝焊焊缝布置
(a) 不合理；(b) 合理

⑤尽量减小焊缝长度和数量。

减少焊缝长度和数量，可减少焊接加热，减少焊接应力和变形，同时减少焊接材料消耗，降低成本，提高生产率。图 7.23 所示为采用型材和冲压件减少焊缝数量。

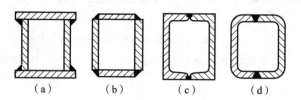

图 7.23 合理选材减少焊缝数量
(a)、(b) 用四块钢板焊成；(c) 用两根槽钢焊成；(d) 用两块钢板弯曲后焊成

⑥焊接应尽量避开机械加工表面。

有些焊接结构需要进行机械加工，为保证加工表面精度不受影响，焊缝应避开这些加工

表面，如图7.24所示。

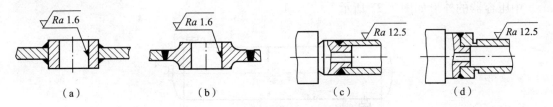

图7.24　焊缝远离机械加工表面的设计
(a)、(c) 不合理；(b)、(d) 合理

3. 坡口形式设计

焊条电弧焊常采用的基本坡口形式有I形坡口、V形坡口、X形坡口、U形坡口四种，如图7.25所示。

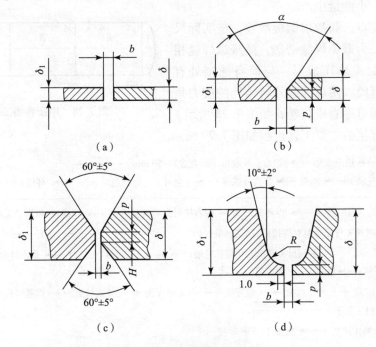

图7.25　常见的坡口形式
(a) I形坡口；(b) V形坡口；(c) X形坡口；(d) U形坡口

坡口形式的选择主要根据板厚和采用的焊接方法确定，同时兼顾焊接工作量大小、焊接材料消耗、坡口加工成本和焊接施工条件等，以提高生产率和降低成本，如图7.26所示。

坡口的加工方法常有气割、切削加工（刨削和切削等）、碳弧气刨等。

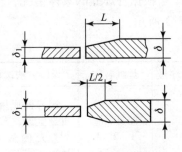

图7.26　不同厚度钢板的对接

任务实施

焊接结构的工艺设计在焊接生产中是一项重要的技术工

作，所要求的知识也较全面。现以一中压容器为例对焊接结构工艺设计做一简单介绍。

中压容器的外形如图 7.27 所示。

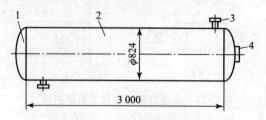

图 7.27 中压容器的外形

材料：16Mng（原材料尺寸 1 200 mm × 5 000 mm）。件厚：筒身 12 mm，封头 14 mm，人孔圈 20 mm，管接头 7 mm。

生产类型：小批量生产。

工艺设计要点：筒身用钢板冷卷，按实际尺小可分为三节。为避免焊缝密集，筒身纵焊缝相互交错180°。封头热压成形，与筒身连接处有 30～50 mm 的直段以使焊缝避开转角处的应力集中位置。人孔圈可冷卷或热卷，如图 7.28 所示。

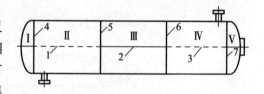

图 7.28 中压容器工艺图

中压容器焊接的主要工艺过程如图 7.29 所示。

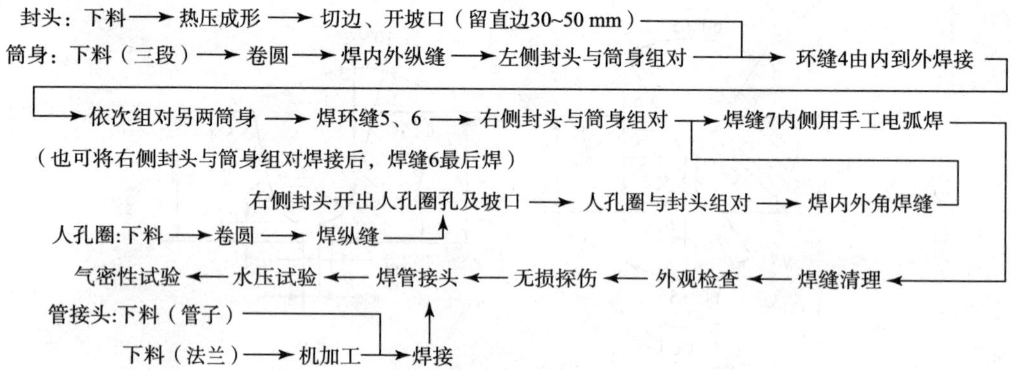

封头：下料 → 热压成形 → 切边、开坡口（留直边30~50 mm）
筒身：下料（三段）→ 卷圆 → 焊内外纵缝 → 左侧封头与筒身组对 → 环缝4由内到外焊接
→ 依次组对另两筒身 → 焊环缝5、6 → 右侧封头与筒身组对 → 焊缝7内侧用手工电弧焊
（也可将右侧封头与筒身组对焊接后，焊缝6最后焊）
右侧封头开出人孔圈孔及坡口 → 人孔圈与封头组对 → 焊内外角焊缝
人孔圈：下料 → 卷圆 → 焊纵缝
气密性试验 ← 水压试验 ← 焊管接头 ← 无损探伤 ← 外观检查 ← 焊缝清理
管接头：下料（管子）
下料（法兰）→ 机加工 → 焊接

图 7.29 中压容器焊接的主要工艺过程

根据各焊缝的具体情况，合理地选用焊接方法、接头形式、焊接材料及焊接工艺，如表 7.3 所示。

表 7.3 中压容器焊接工艺设计

序号	焊缝名称	焊接方法选择与焊接工艺	接头形式	焊接材料
1	筒身纵缝 1、2、3	因容器质量要求高，又小批量生产，采用埋弧焊双面焊，先内后外。因材料为 16Mng，应在室内焊接	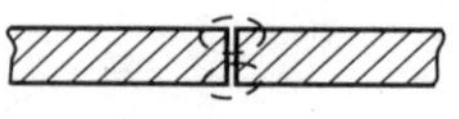	焊丝：H08MnA 焊剂：HJ401 - H08MnA 定位焊条 E5015

206

续表

序号	焊缝名称	焊接方法选择与焊接工艺	接头形式	焊接材料
2	筒身环缝 4、5、6、7	采用埋弧焊,依次焊4、5、6焊缝,先内后外。焊缝7装配后先在内部用焊条电弧焊封底,再用埋弧焊焊外环缝		焊丝:H08MnA 焊剂:HJ401－H08MnA 定位焊焊条 E5015
3	管接头焊接	管壁为7 mm,角焊缝插入式装配,采用焊条电弧焊,双面焊		焊条 E5015
4	人孔圈纵缝	板厚20 mm,焊缝隙短(100 mm),选用焊条电弧焊,平焊位置,V形坡口		焊条 E5015
5	人孔圈纵缝	处于立焊位置的圆周角焊缝,采用焊条电弧焊,单面坡口双面焊,焊透		焊条 E5015

任务 7-5 常见焊接缺陷产生原因分析及预防措施

任务引入

在焊接生产过程中,由于焊接结构设计、焊接工艺参数、焊前准备和操作方法等原因,往往会产生焊接缺陷。焊接缺陷的产生会影响焊接结构的质量,怎样才能预防焊接缺陷的产生呢?

任务目标

熟悉常见焊接缺陷,能进行常见焊接缺陷产生原因分析及预防措施的确定。

相关知识

在焊接生产过程中,由于焊接结构设计、焊接工艺参数、焊前准备和操作方法等原因,往往会产生焊接缺陷。焊接缺陷会影响焊接结构使用的可靠性,在焊接生产中要采取措施尽量避免焊接缺陷的产生。

一、焊接缺陷种类

焊接缺陷大致可分为下列几类:

①坡口和装配的缺陷。坡口表面有深的切痕、龟裂或有熔渣、锈、污物等。

②焊缝形状、尺寸和接头外部的缺陷。焊缝截面不丰满或余高过高,焊缝宽度沿长度方

向不恒定，满溢、咬边、表面气孔、表面裂纹、接头变形和翘曲超过产品允许的范围。

③焊缝和接头内部的工艺性缺陷。气孔、裂纹、未焊透、夹渣、未熔合、接头金属组织的缺陷（过热、偏析等）。

④接头的力学性能低劣，耐腐蚀性能、物理化学性能不合要求。

⑤接头的金相组织不合要求。

其中，①、②类为外部缺陷，其他为内部缺陷。

二、焊接缺陷的产生原因及预防措施

①未焊透。其根本原因是输入焊缝焊接区的相对热量过少，熔池尺寸小，熔深不够。生产中的具体原因有：坡口设计或加工不当（角度、间隙过小），钝边过大，焊接电流太小，焊条操作不当或焊速过快等。

预防措施：正确选用和加工坡口尺寸，保证良好的装配间隙；采用合适的焊接参数；保证合适的焊条摆动角度；仔细清理层间的熔渣。

②夹渣。产生原因是各类残渣的量多且没有足够的时间浮出熔池表面。生产中的具体原因有：多层焊时前一层焊渣没有清除干净、运条操作不当、焊条熔渣黏度太大、脱渣性差、线能量小，导致熔池存在时间短、坡口角度太小等。

预防措施：选用合适的焊条型号；焊条摆动方式要正确；适当增大线能量；注意层间的清理，特别是低氢碱性焊条，一定要彻底清除层间焊渣。

③气孔。在高温时，液态金属能溶解较多的气体（如 H_2、CO 等），而固态时对气体的溶解度很小，因此，凝固过程中若气体在熔池凝固前来不及逸出，就会在焊缝中产生气孔。生产中的具体原因有：工件和焊接材料有油、锈，焊条药皮或焊剂潮湿、焊条或焊剂变质失效、操作不当引起保护效果不好、线能量过小，使得熔池存在时间过短。

预防措施：清除焊件焊接区附近及焊丝上的铁锈、油污、油漆等污物；焊条、焊剂在使用前应严格按规定烘干；适当提高线能量，以增加熔池的高温停留时间；不采用过大的焊接电流，以防止焊条药皮发红失效；不使用偏心焊条；尽量采用短弧焊。

④裂纹。裂纹分为两类：在焊缝冷却结晶以后生成的冷裂纹和在焊缝冷却凝固过程中形成的热裂纹。裂纹的产生与焊缝及母材成分、组织状态及其相变特性、焊接结构条件及焊接时所采用夹装方法决定的应力应变状态有关，如不锈钢易出现热裂纹，低合金高强钢易出现冷裂纹。

热裂纹的产生跟 S、P 等杂质太多有关。S、P 能在钢中生成低熔点脆性共晶，集聚在最后凝固的枝状晶界间和焊缝中心区。在焊接应力作用下，焊缝中心线、弧坑、焊缝终点都容易形成热裂纹。为防止热裂纹，应注意：严格控制焊缝 S、P 杂质含量；填满弧坑；减慢焊接速度，以减小最后冷却结晶区域的应力和变形；改善焊缝形状，避免熔深过大的梨形焊缝。

冷裂纹的产生原因较为复杂，其主要原因有三：含 H 量、拘束度和淬硬组织。其中最主要的因素是含 H 量，故常称其为氢致裂纹。为防止冷裂纹，应从控制产生冷裂纹的三个因素着手：选用低氢焊条并烘干；清除焊缝附近的油污、锈、油漆等污杂物；用短弧焊，以增强保护效果；尽可能设计成刚性小的结构；采用焊前预热、焊后缓冷或焊后热处理措施，以减少淬硬倾向和焊后残余应力。

需要指出的是，焊接裂纹是危害最大的焊接缺陷。它不仅会造成应力集中，降低焊接接头的静载强度，更严重的是，它是导致疲劳和脆性破坏的重要诱因。

任务实施

焊接缺陷会影响焊接结构使用的可靠性，在焊接生产中要采取措施以尽量避免焊接缺陷的产生。

任务 7-6　焊接质量检验

任务引入

为了保证焊接结构的完整性、可靠性、安全性和使用性，除了对焊接技术和焊接工艺的要求以外，焊接质量检验也是焊接结构质量管理的重要一环。

任务目标

了解焊接检验过程和焊接检验方法。

相关知识

一、焊接检验过程

焊接检验内容包括从图纸设计到产品加工完成整个生产过程中所使用的材料、工具、设备、工艺过程和成品质量的检验。主要分为三个阶段：焊前检验、焊接过程中的检验及焊后成品的检验。

①焊前检验。焊前检验包括原材料（如母材、焊条、焊剂等）的检验，焊接结构设计的检验等。

②焊接过程中的检验。其包括焊接工艺规范的检验、焊缝尺寸的检验、夹具情况和结构装配质量的检验等。

③焊后成品的检验。焊后成品检验是检验的关键，是焊接质量的最后评定。通常包括三方面：无损检验，如 X 射线检验、超声波检验等；成品强度试验，如水压试验、气压试验等；致密性检验，如煤油试验、吹气试验等。

二、焊接检验方法

焊接检验的主要目的是检查焊接缺陷。针对不同类型的缺陷通常采用破坏性检验和非破坏性检验（无损检验）。

（1）外观检验

焊接接头的外观检验是一种手续简便而应用广泛的检验方法，是成品检验的一项重要内容，主要是发现焊缝表面的缺陷和尺寸上的偏差。一般通过肉眼观察，借助标准样板、量规和放大镜等工具进行检验。若焊缝表面出现缺陷，焊缝内部便有存在缺陷的可能。

（2）致密性检验

储存液体或气体的焊接容器，其焊缝的不致密缺陷，如贯穿性的裂纹、气孔、夹渣、未焊透和疏松组织等，可用致密性试验来发现。致密性检验方法有煤油试验、载水试验、水冲试验等。

（3）受压容器的强度检验

受压容器，除进行密封性试验外，还要进行强度试验，常见有水压试验和气压试验两种。它们都能检验在压力下工作的容器和管道的焊缝致密性。气压试验比水压试验更为灵敏和迅速，同时试验后的产品不用排水处理，对于排水困难的产品尤为适用。但试验的危险性比水压试验大。进行试验时，必须遵守相应的安全技术措施，以防试验过程中发生事故。

（4）物理方法的检验

物理的检验方法是利用一些物理现象进行测定或检验的方法。材料或工件内部缺陷情况的检查，一般都是采用无损探伤的方法。目前的无损探伤有超声波探伤、射线探伤、渗透探伤、磁力探伤等。

任务实施

焊接质量检验是保证焊接质量的重要手段。焊接质量检验的目的在于发现焊接接头的各种缺欠，正确地评价焊接质量，及时地做出相应处理，以确保产品的安全性和可靠性，满足产品的使用要求。所以，焊后应严格遵照技术条件、产品图样、工艺规程和有关检验文件对焊缝进行各种检验，凡超出标准规定的允许缺陷，必须及时返修。

知识扩展

随着科学的发展，焊接技术也在不断地向高质量、高生产率、低能耗的方向发展。除了以上的焊接方法以外，其他的焊接方法也得到越来越广泛的应用。

一、电渣焊

电渣焊是利用电流通过熔渣所产生的电阻热作为热源，将填充金属和母材熔化，凝固后形成金属原子间牢固连接。在开始焊接时，使焊丝与起焊槽短路起弧，不断加入少量固体焊剂，利用电弧的热量使之熔化，形成液态熔渣，待熔渣达到一定深度时，增加焊丝的送进速度，并降低电压，使焊丝插入渣池，电弧熄灭，从而转入电渣焊焊接过程。

电渣焊主要有熔嘴电渣焊、非熔嘴电渣焊、丝极电渣焊、板极电渣焊等。

电渣焊的缺点是输入的热量大，接头在高温下停留时间长、焊缝附近容易过热，焊缝金属呈粗大结晶的铸态组织，冲击韧性低，焊件在焊后一般需要进行正火和回火热处理。

二、电阻焊

电阻焊（resistance welding）是将被焊工件压紧于两电极之间，并施以电流，利用电流流经工件接触面及邻近区域产生的电阻热效应将其加热到熔化或塑性状态，使之形成金属结合的一种方法。

电阻焊与一般熔化焊的异同点：从焊接接头连接的物理本质来看，二者都是靠焊件金属原子之间的结合力结合在一起的，但它们之间的热源不同，在接头形成过程中有无必要的塑性变形也不同,即实现接头牢固结合的途径不同。熔焊是利用外加热源使连接处熔化,凝固结晶而形成焊缝的,而电阻焊则利用本身的电阻热及大量塑性变形能量,形成结合面的共同晶粒而得到焊点、焊缝或对接接头。

与电弧焊相比,电阻焊的显著特征是:

①热效率高。电弧焊是利用外部热源,从外部向焊件传导热能;而电阻焊是一种内部热源,因此,热能损失比较少,热效率较高。

②焊缝致密。一般电弧焊的焊缝是在常压下凝固结晶的,而电阻焊的焊缝是在外界压力作用下结晶,具有锻压的特性,所以容易避免产生缩孔、疏松和裂纹等缺陷,能获得致密的焊缝。

所以,焊接电源、电极压力是形成电阻焊接头的最基本条件。

电阻焊方法主要有四种,即点焊、凸焊、缝焊、对焊。

(1) 点焊

点焊是利用电流通过两圆柱形电极和搭接的两焊件产生电阻热,将焊件加热并局部熔化,形成一个熔核(其周围为塑性状态),然后在压力下熔核结晶,形成一个焊点的焊接方法,如图 7.30 所示。

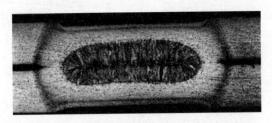

图 7.30 点焊焊接接头

点焊一般用于薄板的焊接,与熔焊的对接相比较,点焊的承载能力低,搭接接头增加了构件的重量和成本,且需要昂贵的特殊焊机,因而是不经济的。

(2) 凸焊

凸焊是点焊的一种特殊形式。在焊接过程中充分利用"凸点"的作用,使焊接易于达成且表面平整无压痕。图 7.31 所示为凸焊原理。

凸焊具有以下特点:

①多个焊点可同时焊接,生产率高;

②小电流焊接可以可靠地形成小熔核;

③凸点位置、尺寸准确,强度均匀;

④压痕浅,电极磨损少;

⑤焊前对表面质量要求(比点焊)低。

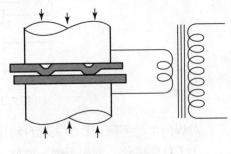

图 7.31 凸焊原理

凸焊的缺点是结构需要有凸点(往往需要专门冲制)、电极复杂,需要高电极压力、高精度大功率焊机。

凸焊主要用于焊接低碳钢和低合金钢的冲压件,最适宜的厚度为 0.5 ~ 4 mm。另外,铁线制品等的焊接也属于凸焊。

(3) 缝焊

缝焊是将工件装配成搭接接头，并置于两滚轮电极之间，滚轮加压工件并滚动，连续或断续送电，形成一条连续焊缝的电阻焊方法，如图7.32所示。

缝焊的种类较多，按滚盘转动与馈电方式分，缝焊可分为连续缝焊、断续缝焊和步进缝焊；按接头形式分，缝焊可分为搭接缝焊、压平缝焊、垫箔对接缝焊、铜线电极缝焊等。

(4) 对焊

对焊是利用电阻热将两工件沿整个端面同时焊接起来的一类电阻焊方法。

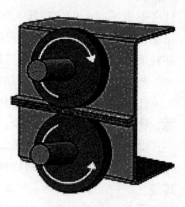

图7.32 缝焊

对焊分为电阻对焊和闪光对焊两种。电阻对焊是将两工件端面始终压紧，利用电阻热加热至塑性状态，然后迅速施加顶锻压力（或不加顶锻压力只保持焊接时压力）而完成焊接的方法；闪光对焊可分为连续闪光对焊和预热闪光对焊。连续闪光对焊由两个主要阶段组成：闪光阶段和顶锻阶段。预热闪光对焊只是在闪光阶段前增加了预热阶段。图7.33所示为闪光对焊的形成过程。

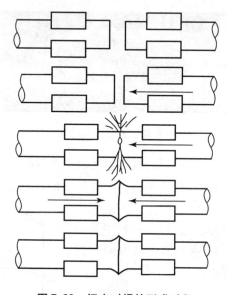

图7.33 闪光对焊的形成过程

对焊的生产率高，易于实现自动化，因而获得广泛应用。其应用范围可归纳如下：

①工件的接长。例如带钢、型材、线材、钢筋、钢轨、锅炉钢管、石油和天然气输送等管道的对焊。

②环形工件的对焊。例如汽车轮辋和自行车、摩托车轮圈的对焊，各种链环的对焊等。

③部件的组装。将简单轧制、锻造、冲压或机加工件对焊成复杂的零件，以降低成本。例如汽车方向轴外壳和后桥壳体的对焊，各种连杆、拉杆的对焊，以及特殊零件的对焊等。

④异种金属的对焊。可以节约贵重金属，提高产品性能。例如刀具的工作部分（高速钢）与尾部（中碳钢）的对焊，内燃机排气阀的头部（耐热钢）与尾部（结构钢）的对焊，铝铜导电接头的对焊等。

总而言之，电阻焊具有下述优点：

①熔核形成时，始终被塑性环包围，熔化金属与空气隔绝，冶金过程简单。

②加热时间短，热量集中，故热影响区小，变形与应力也小，通常在焊后不必安排校正和热处理工序。

③不需要焊丝、焊条等填充金属，以及氧、乙炔、氢等焊接材料，焊接成本低。

④操作简单，易于实现机械化和自动化，改善了劳动条件。

⑤生产率高，且无噪声及有害气体，在大批量生产中，可以与其他制造工序一起编到组装线上。但闪光对焊因有火花喷溅，需要隔离。

电阻焊的缺点有：

①目前还缺乏可靠的无损检测方法，焊接质量只能靠工艺试样和工件的破坏性试验来检查，以及靠各种监控技术来保证。

②点、缝焊的搭接接头不仅增加了构件的重量，且因在两板焊接熔核周围形成夹角，致使接头的抗拉强度和疲劳强度均较低。

③设备功率大，机械化、自动化程度较高，使设备成本较高、维修较困难，并且常用的大功率单相交流焊机不利于电网的平衡运行。

三、钎焊

钎焊是用比母材熔点低的金属材料作为钎料，利用液态钎料润湿母材和填充工件接口间隙并使其与母材相互扩散的焊接方法。

1. 钎焊的特点

①钎焊加热温度较低，接头光滑平整，组织和机械性能变化小，变形小，工件尺寸精确。

②可焊异种金属，也可焊异种材料，且对工件厚度差无严格限制。

③有些钎焊方法可同时焊多焊件、多接头，生产率很高。

④钎焊设备简单，生产投资费用少。

⑤接头强度低，耐热性差，且焊前清整要求严格，钎料价格较贵。

2. 钎焊的应用

钎焊不适于一般钢结构和重载、动载机件的焊接，主要用于制造精密仪表、电气零部件、异种金属构件以及复杂薄板结构，如夹层构件、蜂窝结构等，也常用于钎焊各类合金与硬质合金刀具。钎焊时，可采用对工件整体加热，一次焊完很多条焊缝，提高了生产率。但钎焊接头的强度较低，多采用搭接接头，通过增加搭接长度来提高接头强度。另外，钎焊前的准备工作要求较高。

目前，钎焊在机械、电机、仪表、无线电等部门得到了广泛的应用。为了使钎接部分连接牢固，增强钎料的附着作用，钎焊时要用钎剂，以便清除钎料和焊件表面的氧化物。硬钎料（如铜基、银基、铝基、镍基等），具有较高的强度，可以连接承受载荷的零件，应用比较广泛，如硬质合金刀具、自行车车架。软钎料（如锡、铅、铋等），焊接强度低，主要用于焊接不承受载荷但要求密封性好的焊件，如容器、仪表元件等。

四、等离子弧焊接与切割

1. 等离子弧焊接

等离子弧焊接是一种用压缩电弧作热源的钨极气体保护焊接法。电弧经过水冷喷嘴孔道，受到机械压缩、热收缩和磁收缩效应的作用，弧柱截面减小，电流密度增大，弧内电离度提高，成为压缩电弧，即等离子弧。等离子弧焊透母材的方式，有熔透焊和穿透焊两种。熔透焊主要靠熔池的热传导实现焊透，多用于板厚 3 mm 以下的焊接。穿透焊又称"小孔法"焊，主要靠强劲的等离子弧穿透母材实现焊透，多用于 3~12 mm 板厚的焊接。

①由于等离子弧的温度高、能量密度大，因此等离子弧焊熔透能力强，可用比钨极氩弧焊高得多的焊接速度施焊。这不仅提高了焊接生产率，而且可减小熔宽、增大熔深，因而可减小热影响区宽度和焊接变形。

②由于等离子弧的形态近似于圆柱形，挺度好，因此当弧长发生波动时熔池表面的加热面积变化不大，对焊缝成形的影响较小，容易得到均匀的焊缝成形。

③由于等离子弧的稳定性好，使用很小的焊接电流也能保证等离子弧的稳定，故可以焊接超薄件。

④由于钨极内缩在喷嘴里面，焊接时钨极与焊件不接触，因此可减少钨极烧损和防止焊缝金属夹钨。

2. 等离子弧切割

等离子弧切割是利用等离子弧的热能实现切割的方法。等离子弧切割的原理与氧气的切割原理有着本质的不同。氧气切割主要是靠氧与部分金属的化合燃烧和氧气流的吹力，使燃烧的金属氧化物熔渣脱离基体而形成切口的。因此氧气切割不能切割熔点高、导热性好、氧化物熔点高和黏滞性大的材料。等离子弧切割过程不是依靠氧化反应，而是靠熔化来切割工件的。等离子弧的温度高（可达 50 000 K），目前所有金属材料及非金属材料都能被等离子弧熔化，因而它的适用范围比氧气切割要大得多。

等离子弧切割具有以下特点：

①切割速度快，生产率高。它是目前常用的切割方法中切割速度最快的。

②切口质量好。等离子弧切割切口窄而平整，产生的热影响区和变形都比较小，特别是切割不锈钢时能很快通过敏化温度区间，故不会降低切口处金属的耐蚀性能；切割淬火倾向较大的钢材时，虽然切口处金属的硬度也会升高，甚至会出现裂纹，但由于淬硬层的深度非常小，通过焊接过程可以消除，所以切割边可直接用于装配焊接。

③应用面广。由于等离子弧的温度高、能量集中，所以几乎能切割各种金属材料，如不锈钢、铸铁、铝、镁、铜等，在使用非转移性等离子弧时，还能切割非金属材料，如石块、耐火砖、水泥块等。

五、真空电子束焊

利用高速、聚焦的电子流轰击金属工件表面，使其在瞬间熔化并形成焊缝的方法，称作电子束焊。通常在真空中从炽热阴极发射的电子，被高压静电场加速和聚焦后，又进一步由电磁场会聚成高能密度的电子束（束径 0.25~100 mm，能量密度 5×10^6 W/cm^2）。当电子束轰击工件表面时，由于受到金属原子的阻挡，电子的动能在瞬间变成热能，使金属加热、熔化、蒸发，并在工件表面下部产生一深熔空腔，电子束和工件相对移动时，使熔化金属向前转移，形成窄而深的大深宽比焊缝。

电子束焊具有如下特点：

①热源能量密度高，焊接速度快，焊缝线能量小。焊缝深宽比大，最大可达20∶1～50∶1。焊接热影响区小，工件变形小。

②电子束可控性好，焊接规范调节范围宽且稳定。

③真空保护好，无金属电极污染，保证了焊缝金属的高纯度。

④节能、节材，在大批量或厚板产品生产中，焊接成本是电弧焊的50%左右。

⑤焊接设备复杂，造价高，焊接尺寸受真空室限制，使用维护技术要求高，需注意防护X射线。

六、激光焊接与切割

1. 激光焊接

激光焊接是将具有高功率密度（$10^6 \sim 10^{13}$ W/cm^2）的聚焦激光束投射在被焊金属材料上，通过光束和被焊材料的相互作用，光能被材料吸收最终转变为热能，从而使金属材料熔化的特种焊接方法。

激光焊属于高能量密度束流焊接，焊接速度高，线能量小，因而具有焊点小或焊缝窄、热影响区小、焊接变形小、焊缝平整光滑等特点。加之聚焦激光束的指向性十分稳定，不受电、磁场及气流的影响，且光束的焦斑位置可预先精确定位，故激光焊特别适合于精密结构件及热敏感器件的装配焊接要求。

造价高、能量置换率低是激光焊设备的不足之处，但激光焊的高生产率及易于实现生产自动化的优点，在大规模生产中仍有可能使每件产品的焊接生产成本相对较低。在激光焊与传统的生产成本相等或略高的场合，如果激光焊产品能获得更好的技术性能，如更长的使用寿命、良好的产品外观、较少的焊后表面处理时间等，则采用激光焊仍然是合适的。对于那些非采用激光焊不可的热敏感器件及要求焊接变形极小的精密结构件，焊接成本的高低将不再是考虑焊接方法取舍的决定性因素。

2. 激光切割

激光切割与其他切割相比，具有如下一系列优点：

①切割质量好。表7.4是对厚度为6.2 mm的低碳钢板采用激光切割、气切割及等离子切割时，切缝的宽度和形状以及其他情况的比较。

表7.4 几种切割方法的比较

切割方法	切缝宽度/mm	热影响区宽度/mm	切缝形态	切缝速度	设备费
激光切割	0.2～0.3	0.04～0.06	平行	快	高
气切割	0.9～1.2	0.6～1.2	比较平行	慢	低
等离子切割	3.0～4.0	0.5～1.0	楔形且倾斜	快	中高

激光切割的切缝几何形状好，切口两边平行，切缝几乎与表面垂直，底面完全不黏附熔渣，切缝窄，热影响区小，有些零件切后不需加工即可直接使用。

②切割材料的种类多。通常气割只限于含铬量少的低碳钢、中碳钢及合金钢。在等离子弧切割中，使用非转移弧虽能切割金属和非金属，但容易损伤喷嘴；常用的是转移弧，故只能切割金属。激光能切割金属、非金属、金属基和非金属基复合材料、皮革、木材及纤维等。

③切割效率高。激光的光斑极小，切缝狭窄，比其他切割方法节省材料。另外，激光切割机上一般配有数控工作台，只需改变一下数控程序，就可适应不同的需要。

④非接触式加工。激光切割是非接触式加工，不存在工具磨损的问题，也不存在更换"刃具"的问题。

⑤噪声低。

⑥污染小。

激光切割的不足之处是设备费用高，一次性投资大，目前，主要用于中小厚度的板材和管材。

七、扩散焊

扩散焊分为真空和非真空两大类，非真空扩散焊需用溶剂或气体保护，应用较广和效果最好的是真空扩散焊。

扩散焊是借助温度、压力、时间及真空等条件实现金属键结合，其过程首先是界面局部接触塑性变形，促使氧化膜破碎分解，当达到净面接触时，为原子间扩散创造了条件，同时界面上的氧化物被溶解吸收，继而再结晶组织生长，晶界移动，有时出现共晶及金属间化合物，构成牢固一体的焊接接头。

真空扩散焊的特点有：

①不需填充材料和溶剂（对于某些难于互熔的材料有时加中间过渡层）；

②接头中无重熔的铸态组织，很少改变原材料的物理化学特性；

③能焊非金属和异种金属材料，可制造多层复合材料；

④可进行结构复杂的面与面、多点多线、很薄和大厚度结构的焊接；

⑤焊件只有界面微观变形，残余应力小，焊后不需加工、整形和清理，是精密件理想的焊接方法；

⑥可自动化焊接，劳动条件很好；

⑦表面制备要求高，焊接和辅助时间长。

八、摩擦焊

摩擦焊是利用工件相互摩擦产生热量的同时加压而进行焊接的。先将两焊件夹在焊机上，加压使焊件紧密接触，然后使一焊件旋转与另一焊件摩擦产生热量，待端面加热到塑性状态时停止旋转，并立即从另一焊件的端面施加压力使两焊件焊接起来。

摩擦焊的特点：

①接头质量好而且稳定，因在摩接过程中接触面氧化膜及杂质被清除掉，不易产生气孔、夹渣等缺陷。

②焊接生产效率高，如我国蛇形管接头摩擦焊每小时可完成120件，而闪光焊每小时只能完成20件。另外，它不需焊接材料，容易实现自动控制。

③可焊接的金属范围广，适于焊接异种金属，如碳钢、不锈钢、高速工具钢、镍基合金间焊接，铜与不锈钢焊接，铝与钢焊接等。

④设备简单（可用车床改装），电能消耗少（只有闪光对焊的 1/15~1/10）。但刹车和加压装置要求灵敏。

摩擦焊主要用于等截面的杆状工件焊接，也可用于不等截面的工件焊接，但要有一个焊件为圆形或管状。目前摩擦焊主要用于锅炉、石油化工机械、刀具、汽车、飞机、轴瓦等重要零部件的焊接。

复习思考题

一、填空题

1. 焊接方法按焊接工艺特征可分为_____、_____、_____三大类。
2. 焊接电弧由_____、_____和_____组成，电弧的长度可以近似认为等于_____长度。
3. 焊接接头由_____、_____和_____组成。
4. 平板对焊后的应力分布特点为焊缝区产生_____，两侧产生_____。
5. 常见焊接变形的基本形式有_____、_____、_____、_____和_____。
6. 焊接变形的矫正方法有_____和_____。
7. 焊条按熔渣的化学性质分为两大类_____和_____，_____脱氧、除氢、渗金属作用强，焊缝力学性能与抗裂性好。
8. 金属焊接性包括两方面的内容，即_____和_____。
9. 焊接接头的基本形式有_____、_____、_____和_____。
10. 焊接采用的基本坡口形式有_____、_____、_____和_____。

二、选择题

1. 在防止焊件变形时，刚性固定法是利用（　　）。
   A. 刚度大，拘束力大，变形大的原理
   B. 刚度大，拘束力小，变形小的原理
   C. 刚度大，拘束力大，变形小的原理
   D. 刚度大，拘束力小，变形大的原理
2. 加热减应区法是补焊（　　）的经济而有效的办法。
   A. 高碳钢　　　　　B. 中碳钢　　　　　C. 铸铁
3. 不锈钢的主加元素是（　　），它能使钢材表面形成一层坚固的氧化、钝化膜。
   A. Ni　　　　　B. Cu　　　　　C. Cr　　　　　D. Nb
4. 钢的碳当量（　　）时，钢材的淬硬倾向不大，焊接性良好。
   A. $C_E > 0.6\%$　　　　　B. $C_E < 0.6\%$
   C. $C_E > 0.4\%$　　　　　D. $C_E < 0.4\%$
5. 金属的焊接性是指金属材料对（　　）的适应性。
   A. 焊接加工　　　B. 工艺因素　　　C. 使用性能　　　D. 化学成分
6. 焊件焊前预热的目的是（　　）。

A. 减缓加热速度 　　　　　　　　　B. 减少温差,降低冷却速度
C. 降低最高温度 　　　　　　　　　D. 减少在高温停留时间

7. 在同样条件下焊接,采用(　　)坡口,焊后焊件的残余变形较小。
A. V形　　　　B. X形　　　　C. U形　　　　D. I形

三、判断题

1. 焊接薄板时,应将工件接在正极,可防止因熔深过大而烧穿。　　　　(　　)
2. 通过改变熔合比,可以改变焊缝金属的化学成分。　　　　　　　　(　　)
3. 开坡口通常是控制余高和调整焊缝熔合比最好的方法。　　　　　　(　　)
4. 低碳钢焊接接头中性能最差的是熔合区和热影响区中的粗晶区。　　(　　)
5. 埋弧自动焊的线能量比焊条电弧焊大,焊缝和热影响区的晶粒较粗,因此埋弧自动焊的冲击韧性比焊条电弧焊高。　　　　　　　　　　　　　　　　(　　)
6. 使用 CO_2 气体保护焊要解决好对熔池金属的氧化问题,一般是采用含有脱氧剂的焊丝来进行焊接。　　　　　　　　　　　　　　　　　　　　　　(　　)

四、名词解释

焊接变形　酸性焊条　碱性焊条　金属焊接性　碳当量　晶间腐蚀　线能量

五、简答题

1. 焊芯的作用是什么?其化学成分有何特点?焊条药皮有哪些作用?
2. 什么是焊接电弧?焊接电弧各部分的温度分布如何?
3. 常见的焊接接头形式有哪些?坡口的作用是什么?
4. 什么叫焊接热影响区?低碳钢焊接热影响区的组织与性能怎样?
5. 焊接接头中力学性能差的薄弱区域在哪里?为什么?
6. 影响焊接接头性能的因素有哪些?如何影响?
7. 如何防止焊接变形?
8. 减少焊接应力的工艺措施有哪些?消除焊接残余应力有什么方法?
9. 熔焊时常见的焊接缺陷有哪些?焊接缺陷有何危害?
10. 焊缝的布置为什么要尽可能地分散与对称?
11. 普通低合金钢焊接的主要问题是什么?焊接时应采取哪些措施?
12. 奥氏体不锈钢焊接的主要问题是什么?
13. 铝、铜及其合金焊接常用哪些方法?哪种方法最好?为什么?

项目八　金属切削加工

项目引入

某组合钻床动力头主轴（图8.1）用以传递动力和夹持钻头刀具，同时保证加工过程中的回转精度。该零件由切削加工成形工艺方法加工而成。

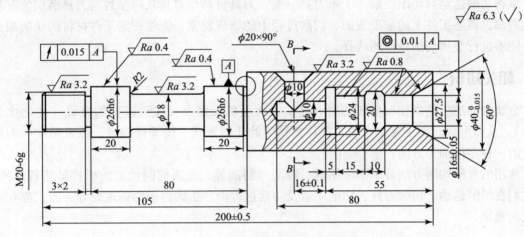

图8.1　组合钻床动力头主轴

项目分析

金属切削加工是指使用切削工具（包括刀具、磨具和磨料），在工具和工件的相对运动中，把工件上多余的材料层切除，使工件获得规定的几何参数（尺寸、形状、位置）和表面质量的加工方法。金属切削加工能获得较高的精度和表面质量，对被加工材料、工件几何形状及生产批量具有广泛的适应性，在机械制造业中占有十分重要的地位。

本项目主要学习：

金属切削加工基础，切削加工方法，零件切削加工工艺。

1. 知识目标

◆ 掌握金属切削加工基础知识。

◆ 熟悉常用金属切削加工工艺方法。

◆ 掌握零件切削加工工艺基本知识。

2. 能力目标

◆ 能够正确选用金属切削加工工艺方法。

◆ 能制定简单零件的切削加工工艺。

3. 工作任务

任务8-1　金属切削加工的认知

任务 8-2　切削加工方法的选择
任务 8-3　零件切削加工工艺过程的制定

任务 8-1　金属切削加工的认知

任务引入

如何评定工件材料的切削加工性？金属切削条件怎样选择？

任务目标

掌握切削运动与切削要素，了解刀具分类、刀具材料、刀具几何参数与刀具磨损情况和刀具寿命，熟悉工件上的加工表面、切削过程中的物理现象，能够评定工件材料的切削加工性，能够进行金属切削条件的选择。

相关知识

金属切削加工是指使用金属切削刀具从工件上切除多余（或预留）的金属（使之成为切屑），从而形成已加工表面，使工件达到预定的几何形状、尺寸准确度、位置精度、表面质量的一种零件加工方法。

常用的金属切削方法有车削、钻削、镗削和磨削等，金属切削加工的形式虽然有多种，但它们在切削运动、切削刀具、切削用量及切削过程中产生的许多物理现象等方面，都有着共同的规律。

一、切削加工概述

金属切削过程是指工件上一层多余的金属被刀具切除和已加工表面形成的过程。在这个过程中始终存在刀具与工件（金属材料）之间的相对运动，并带来如形成切屑、切削力、切削热与切削温度及刀具的磨损等一系列现象。

1. 切削运动

为了切除工件上多余的金属，刀具与工件之间必须做一定的相对运动，即切削运动。根据切削运动在切削加工过程中的功用分为主运动和进给运动。

（1）主运动

主运动是切削加工时最基本最主要的运动，它促使刀具和工件之间产生相对运动，从而使刀具前刀面接近工件，从工件上直接切除金属。其具有切削速度最高，消耗功率最大的特点。在切削过程中必须有一个主运动，且只能有一个主运动。主运动的运动形式可以是旋转运动，也可以是直线运动；可以由工件完成，也可以由刀具完成。如车削时工件的旋转运动，刨削时工件或刀具的往复运动，铣削时铣刀的旋转运动等，如图 8.2 所示。

（2）进给运动

进给运动与主运动配合，使刀具和工件之间产生附加的相对运动，保证切削能够连续进行。进给运动可以是连续的，如车削外圆时车刀平行于工件轴线的纵向运动；也可以是步进的，如刨削时工件或刀具的横向移动等。在切削过程中可以有一个或多个进给运动。

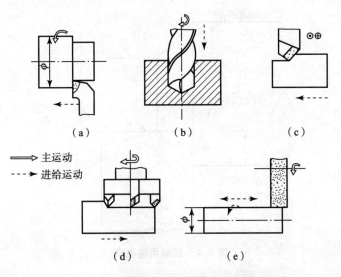

图 8.2　切削运动
(a) 车削；(b) 钻削；(c) 刨削；(d) 铣削；(e) 磨削

2. 工件上的加工表面

在整个切削加工过程中，随着切削运动的进行，工件上有三个不断变化的表面，如图 8.3 所示。待加工表面是指工件上有待切除的表面，已加工表面指工件上经刀具切削后产生的表面，切削表面是指工件上由刀具切削刃形成的正在切削的那一部分表面，它在刀具或工件的下一转里被切除，或由下一切削刃切除。

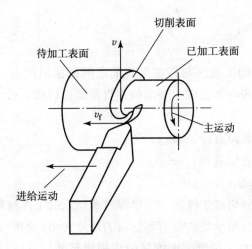

图 8.3　车削运动时工件上的表面

3. 切削用量要素

切削加工有很多种形式，不同工件材料、不同的机床和刀具、工艺要求以及技术经济性使得在切削加工时要选定不同的切削参数，称为切削用量要素，也称为切削用量。切削用量主要有切削速度 v_c、进给量 f（或进给速度 v_f）、背吃刀量 a_p。它是调整刀具与工件间相对运动速度和相对位置所需的工艺参数，如图 8.4 所示。它们的定义如下：

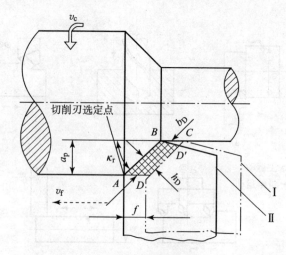

图8.4 切削用量要素

①切削速度 v_c：切削刃上选定点相对于工件的主运动的瞬时速度。计算公式如下：

$$v_c = (\pi d_w n)/1\,000$$

式中　d_w——工件或刀具的最大直径，mm；
　　　n——工件转速，r/s。

②进给量 f：指工件或刀具每转一周时，刀具（或工件）在进给运动方向上的相对位移量，单位为 mm/r 或 mm/行程（如刨削等）。车削时的进给速度 v_f 是指切削刃上选定点相对工件进给运动的瞬时速度。计算公式为

$$v_f = fn$$

式中　n——主轴转速，r/s；
　　　f——进给量，mm。

③背吃刀量 a_p：指已加工表面与待加工表面之间的法向距离。在纵向车外圆时，其背吃刀量是指工件上待加工表面和已加工表面的垂直距离，可按下式计算：

$$a_p = (d_w - d_m)/2$$

式中　d_w——工件待加工表面直径，mm；
　　　d_m——工件已加工表面直径，mm。

4. 切削层尺寸表面要素

切削层是刀具切削部分切过工件的一个单程时所切除的工件材料层。切削层的形状和尺寸将直接影响刀具切削部分所承受的负荷和切屑的尺寸大小，如图8.4所示。

①切削层厚度 h_D：垂直于过渡表面度量的切削层尺寸。其值反映了切削刃单位长度上的工作负荷。

$$h_D = f\sin\kappa_r$$

②切削层宽度 b_D：沿过渡表面度量的切削层尺寸。其值反映了切削刃参加切削的长度。

$$b_D = a_p/\sin\kappa_r$$

③切削层公称横截面积 A_D：指在切削层尺寸平面内度量的横截面积。

$$A_D = h_D b_D = f a_p$$

二、金属切削刀具

在切削加工过程中，大多是由担当切削工作的刀具直接接触被加工的工件毛坯，通过相对运动去除多余的金属，从而得到理想的加工表面，因此刀具的性能在很大程度上影响着金属切削加工质量。金属切削加工方法有很多种，因此切削刀具种类也很多，有车刀、刨刀、铣刀和钻头等。

刀具通常由刀柄和切削部分两部分组成。刀柄部分起支撑作用，是被夹持和定位的部位，一般选用优质碳素钢或合金钢制造。切削部分也称刀头部分，切削时主要靠其与工件毛坯接触并完成切削工作，刀具切削性能的优劣取决于切削部分的材料、几何参数以及刀具结构。

1. **刀具材料**

切削加工过程中，加工生产率和刀具耐用度、刀具消耗、加工精度和表面质量的优劣等，在很大程度上都取决于刀具材料的选择。

（1）**刀具材料的性能**

在切削加工时，刀具切削部分与切屑、工件相互接触的表面上承受了很大的压力和强烈的摩擦，刀具在高温下进行切削的同时，还承受着切削力、冲击和振动，因此要求刀具切削部分的材料应具备以下性能：

①高硬度。刀具材料必须具有高于工件材料的硬度，常温硬度应在 60 HRC 以上。

②耐磨性。耐磨性表示刀具抵抗磨损的能力，通常刀具材料硬度越高，耐磨性越好。

③强度和韧性。为了承受切削力、冲击和振动，刀具材料应具有足够的强度和韧性。一般用抗弯强度（s_b）和冲击韧性（a_k）来表示。

④耐热性。刀具材料应在高温下保持较高的硬度、耐磨性、强度和韧性，并有良好的抗扩散、抗氧化的能力。它是衡量刀具材料综合切削性能的主要指标。

⑤工艺性。为了便于刀具制造，要求刀具材料有较好的可加工性，包括锻、轧、焊接、切削加工、可磨削性和热处理特性等。

⑥经济性。经济性也是刀具材料的重要指标之一，经济性差的刀具材料难以推广使用。

通常当材料硬度高时，耐磨性也高；抗弯强度高时，冲击韧性也高。但材料硬度越高，其抗弯强度和冲击韧性就越低。因此在确定制造刀具的材料时必须综合考虑以上性能。

（2）**刀具材料的种类**

刀具材料种类很多，常用的有碳素工具钢、合金工具钢、高速钢、硬质合金、陶瓷、金刚石（天然和人造）和立方氮化硼等。

碳素工具钢（如 T10A、T12A）和合金工具钢（9SiCr、CrWMn），因其耐热性较差，仅用于手工工具。陶瓷、金刚石和立方氮化硼则由于性质脆、工艺性差及价格昂贵等原因，目前只在较小的范围内使用。当今，用得最多的刀具材料是高速钢和硬质合金。

①高速钢。高速钢是一种加入了钨（W）、钼（Mo）、铬（Cr）、钒（V）等合金元素的高合金工具钢。它的耐热性较碳素工具钢和一般合金工具钢有显著提高，允许的切削速度比碳素工具钢和合金工具钢高两倍以上。高速钢具有较高的强度、韧性和耐磨性，能耐 540 ℃ ~ 600 ℃高温。用这种材料制作的刀具刃口强度和韧性比较高，能承受较大的冲击载荷，能用于刚性较差的机床。而且这种刀具材料的工艺性能较好，容易磨出锋利的刃口，因此到目前

为止，高速钢仍是应用较广泛的刀具材料，尤其是结构复杂的刀具，如成形车刀、铣刀、钻头、铰刀、拉刀、齿轮刀具、螺纹刀具等。主要应用的牌号有 W18Cr4V、W6Mo5Cr4V2、W2Mo9Cr4VCo8、W6Mo5Cr4V2Al 等。

②硬质合金。硬质合金是用粉末冶金法制造的合金材料。硬质合金的硬度较高，常温下可达 74～81HRC，它的耐磨性较好，耐热性较高，能耐 800 ℃～1 000 ℃的高温，因此能采用比高速钢高几倍甚至十几倍的切削速度；它的不足之处是抗弯强度和冲击韧度较高速钢低，刃口不能磨得像高速钢刀具那样锋利，一般制成各种形状的刀片，焊接或夹固在刀体上。常用硬质合金按其化学成分和使用特性可分为四类：钨钴类（YG）、钨钛钴类（YT）、钨钛钽钴类（YW）和碳化钛基类（YN）。

随着科学技术的发展，新的工程材料不断出现，对刀具材料的要求也不断提高，在进行切削加工时，必须根据具体情况综合考虑，合理地选择刀具材料，既要充分发挥刀具材料的特性，又能较经济地满足切削加工的要求。

2. 车刀切削部分的几何参数

各种刀具的几何形状各异，复杂程度不等，但它们切削部分的结构和几何角度都具有许多共同的特征。其中车刀是最常用、最简单和最基本的切削工具，因而最具有代表性。其他刀具都可以看作是车刀的组合或变形。研究金属切削工具时，通常以外圆车刀为例进行研究和分析。

(1) 车刀的组成

车刀由切削部分、刀柄两部分组成。切削部分承担切削加工任务，刀柄用来将车刀装夹在机床刀架上。我们常用的外圆车刀是由三面、两刃、一尖组成，如图 8.5 所示。

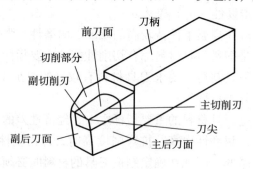

图 8.5　车刀的组成

①刀面：

前刀面 A_γ：刀具上切屑流过的表面；

后刀面 A_α：与工件上切削表面相对的刀面；

副后刀面 A'_α：与已加工表面相对的刀面。

②切削刃：

主切削刃 S：前刀面与后刀面的交线，承担主要的切削工作；

副切削刃 S'：前刀面与副后刀面的交线，承担少量的切削工作。

③刀尖：

刀尖是主、副切削刃相交的一点。实际上该点不可能磨得很尖，而是由一段折线或微小圆弧组成，微小圆弧的半径称为刀尖圆弧半径，用 r_ε 表示。

(2) 刀具标注角度参考系

为了便于确定车刀上的几何角度，常选择某一参考系作为基准，通过测量刀面或切削刃相对于参考系坐标平面的角度值来反映它们的空间方位。

刀具角度的参考系有两种：静止参考系和工作参考系，前者用于刀具的设计和制造以及刃磨时定义几何角度的参考系，后者主要用于规定刀具切削时的几何角度的度参考系。以下主要介绍车刀的静止参考系中最常用的正交平面参考系。它由基面、主切削平面和正交平面组成，如图8.6所示。

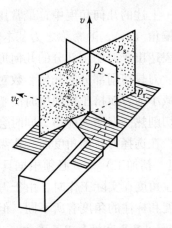

图8.6 车刀的正交平面参考系

①基面 P_r：通过切削刃上某选定点平行或垂直于刀具在制造、刃磨及测量时适合于安装或定位的一个平面或轴线，一般来说其方位要垂直于假定的主运动方向。

②主切削平面 P_s：通过切削刃某选定点与主切削刃相切并垂直于基面的平面。

③正交平面 P_o：通过切削刃某选定点并同时垂直于基面和切削平面的平面。

(3) 车刀的标注角度

如图8.7所示，外圆车刀在正交平面参考系内标注的角度有如下几个：

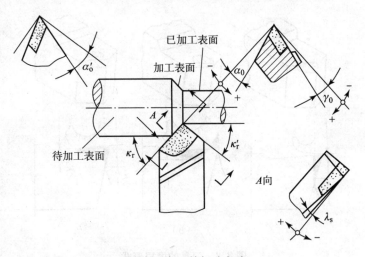

图8.7 车刀的标注角度

①前角 γ_o：前刀面与基面间的夹角。当前刀面与基面平行时前角为零。基面在前刀面以内，前角为负。基面在前刀面以外，前角为正。在正交平面内测量。

②后角 α_o：后刀面与切削平面间的夹角，后角的作用是减小后刀面与过渡表面之间的摩擦。在正交平面内测量。

③主偏角 κ_r：主切削刃与进给运动方向之间的夹角，在基面内测量。

④副偏角 κ_r'：副切削刃与进给运动反方向之间的夹角，在基面内测量。

⑤刃倾角 λ_s：主切削刃与基面间的夹角。刃倾角正负的规定如图8.7所示。刀尖处于最高点时，刃倾角为正；刀尖处于最低点时，刃倾角为负；切削刃平行于底面时，刃倾角为零。在切削平面内（A向）测量。

上述的几何角度中，最常用的是前角（γ_o）、后角（α_o）、主偏角（κ_r）、刃倾角（λ_s）、副偏角（κ_r'），通常称之为基本角度，在刀具切削部分的几何角度中，上述基本角度能完整地表达出车刀切削部分的几何形状，反映出刀具的切削特点。

刀具切削部分的几何参数对切削效率的高低和加工质量的好坏有很大影响。增大前角，可减小前刀面挤压切削层时的塑性变形，减小切屑流经前刀面的摩擦阻力，从而减小切削力和切削热。但增大前角，同时会降低切削刃的强度，减小刀头的散热体积。

在选择刀具的角度时，需要考虑多种因素的影响，如工件材料，刀具材料，加工性质（粗、精加工）等，必须根据具体情况合理选择。通常讲的刀具角度，是指制造和测量用的标注角度在实际工作时，由于刀具的安装位置不同和切削运动方向的改变，导致实际工作的角度和标注的角度有所不同，但通常相差很小。

3. 刀具磨损和刀具寿命

刀具在切削加工过程中与工件之间产生剧烈的挤压、摩擦，自身也会发生磨损。刀具的正常磨损是连续的、逐渐的发展过程；在加工过程中由于冲击、振动、热效应等造成刀具崩刃、碎裂而损坏的情况属于非正常磨损，一般是随机的、突发的破坏。这里仅分析刀具的正常磨损。

（1）刀具的磨损形式

刀具常见的磨损形式有以下三种，如图8.8所示。

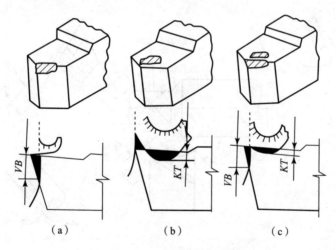

图 8.8　刀具的磨损形式
（a）后刀面磨损；（b）前刀面磨损；（c）前后刀面同时磨损

①后刀面磨损。后刀面与工件表面实际上接触面积很小，所以接触压力很大，存在着弹性和塑性变形，磨损就发生在这个接触面上。发生这种磨损主要在切铸铁和以较小的切削厚度切削塑性材料时，后刀面磨损带宽度往往是不均匀的，通常以其平均的磨损量 VB 表示。

②前刀面磨损。切削塑性材料时，如果切削速度和切削厚度较大，刀具前刀面上会形成月牙洼磨损。随磨损的加剧，月牙洼逐渐加深、加宽，当接近切削刃口时，切削刃强度降低，容易导致切削刃破损。前刀面月牙洼磨损值以其最大深度 KT 表示。

③前后刀面同时磨损。在常规条件下，加工塑性金属，若切削厚度适中，常常出现图8.8所示的前后刀面同时的磨损情况。

(2) 刀具的磨损过程及磨钝标准

①刀具的磨损过程可分为初期磨损、正常磨损、急剧磨损三个阶段，如图8.9所示。

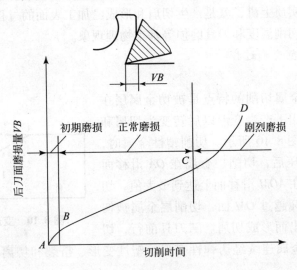

图8.9 刀具的磨损过程

初期磨损阶段（AB段）：这一阶段的磨损速度较快，因为新刃磨的刀具表面较粗糙，且切削刃较锋利，所以比较容易磨损。

正常磨损阶段（BC段）：经过初期磨损后，刀具粗糙表面已经磨平，进入比较缓慢的正常磨损阶段。后刀面的磨损量与切削时间均匀增加。这个阶段时间较长，是刀具的有效工作时期。

急剧磨损阶段（CD段）：当刀具的磨损量达到一定程度后，切削刃变钝，刀面与工件摩擦过大，导致切削力与切削温度均迅速增高，磨损速度急剧增加。生产中为了合理使用刀具，保证加工质量，应该在发生急剧磨损之前就及时换刀。

②刀具的磨钝标准：刀具磨损到一定限度后就不能继续使用。这个磨损限度称为磨钝标准。由于多数切削情况下均可能出现后刀面的均匀磨损量，此外，VB值比较容易测量和控制，因此常用VB值来研究磨损过程，作为衡量刀具的磨钝标准。现行标准统一规定以1/2背吃刀量处的后刀面上测定的磨损带宽度VB作为刀具的磨钝标准。自动化生产中的精加工刀具，常以沿工件径向的刀具磨损尺寸作为刀具的磨钝标准，称为径向磨损量NB。

(3) 刀具寿命

在生产实际中，为了更加快速准确地判断刀具的磨损情况，一般以刀具寿命来间接地反映刀具的磨钝标准。刀具寿命T指刀具由刃磨后开始切削，一直到磨损量达到刀具的磨钝标准所经过的总切削时间（单位min）。

刀具寿命反映了刀具磨损的快慢程度。影响刀具寿命的因素有很多，工件材料、刀具材料、刀具几何角度、切削用量、切削液的使用等都会对其产生影响。切削用量对刀具寿命的影响较为明显，其中切削速度对刀具寿命影响最大，进给量次之，背吃刀量最小。

刀具寿命是一个具有多种用途的重要参数，可以用来确定换刀时间；衡量工件材料切削加工性和刀具材料切削性能优劣；判定刀具几何参数及切削用量的选择是否合理等。

三、金属切削过程及其物理现象

金属切削过程从实质上讲，就是产生切屑和形成已加工表面的过程。在切削过程中产生切削变形、切削力、切削温度和刀具磨损等基本物理现象。

1. 切屑形成及切削变形过程

（1）切屑形成

实验研究表明，金属切削的特点是被切金属层在刀具的挤压、摩擦作用下产生变形以后转变为切屑和形成已加工表面，如图 8.10 所示。切削塑性金属时，工件在受到刀具的挤压后，切削层金属在 OA 滑移面以左发生弹性变形，在 AOM 滑移面上达到最大值，切削层金属被挤裂而破坏越过 OM 面，切削层金属被切离并沿刀具前刀面流出而形成切屑。随刀具前行，切

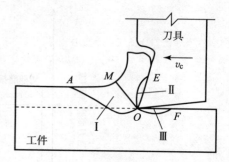

图 8.10 变形过程及变形区域

屑不断流出，切削层金属连续经历弹性变形、塑性变形、挤裂和切离四个阶段，直至完成切削。

金属切削时，由于工件材料、刀具几何形状和切削用量不同，会形成带状切屑、节状切屑、粒状切屑、崩碎切屑等各种不同形态的切屑。

（2）变形区域

切削过程中金属变形大致可分为 3 个区域：

①第 Ⅰ 变形区：是切屑形成的主要区域，工件材料在刀具前刀面的挤压作用下，逐渐发生塑性变形。从 OA 线开始，到 OM 线结束。当切削层金属离开 OM 面时已经转变为切屑，并沿着刀具前刀面流动。切削过程中切削力、切削热主要来自该区域。

②第 Ⅱ 变形区：是切屑与前刀面间的摩擦变形区，前刀面与切屑底层之间产生剧烈摩擦，使切屑底层的金属晶粒纤维化。该区域对积屑瘤的形成和前刀面的磨损有直接关系。

③第 Ⅲ 变形区：是工件已加工表面与刀具后面的摩擦区，该区域对工件已加工表面的变形强化和残余应力及刀具后面的磨损有很大影响。

2. 积屑瘤

在某一定切削速度范围内，切削塑性金属时切削刃附近的前刀面上会出现一小块很硬的金属堆积物，代替切削刃工作，称为积屑瘤。

（1）积屑瘤的形成

积屑瘤是由于切屑与前刀面剧烈的摩擦、黏结而形成的，如图 8.11 所示。积屑瘤与前刀面黏结牢固，消失或脱落具有一定的临界切削温度；不稳定，成长、脱落反复进行。根据实验，积屑瘤的化学性质与工件材料相同；硬度增加为母体材料的 2~4 倍。

影响积屑瘤产生的主要因素是工件材料和切削速度。工件材料塑性越好，越易生成积屑瘤；实践证明，切削速度很高或很低时，很少

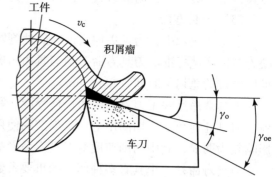

图 8.11 积屑瘤的形成

生成积屑瘤。

(2) 积屑瘤对切削加工的影响

积屑瘤代替切削刃工作，能起到保护切削刃的作用，并使刀具实际前角增大，可减少切屑变形和切削力，是其有利方面；但积屑瘤是不稳定的，对已加工表面质量有很大影响。因而，在粗加工时采用中等速度利用积屑瘤保护刀尖；在精加工时，一定要避免产生积屑瘤以保证表面质量。

3. 切削力

金属切削时，刀具切入工件使被切金属层发生变形成为切屑所需要的力称为切削力。切削力是设计刀具、机床、夹具的重要依据。

(1) 切削力的来源、分力及合力

金属切削时，力来源于两个方面，一是在切屑形成过程中工件材料对弹性变形和塑性变形产生的变形抗力，二是切屑与前刀面和后刀面产生的摩擦阻力。变形力和摩擦力形成了作用在刀具上的合力 F，该力是一个空间力，大小与方向都不易确定，为了刀具设计和工艺分析的需要，常将合力 F 分解为互相垂直的 F_c、F_f 和 F_p 三个分力，如图 8.12 所示。

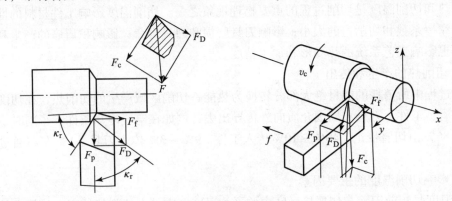

图 8.12　切削合力及其分力

① 主切削力 F_c：在主运动方向上的分力，也叫切向力，是消耗功率最大的力。

② 进给力 F_f：在进给运动方向上的分力，也叫轴向力，一般只消耗功率的 3% 左右。

③ 背向力 F_p：在垂直于工作平面上的分力，也叫径向力，它是使工件在切削过程中产生振动的力，影响加工精度。

由图 8.12 可以看出进给力 F_f 和背向力 F_p 的合力 F_D 作用在基面上且垂直于主切削刃。

F、F_D、F_f、F_p 之间的关系：

$$F = \sqrt{F_c^2 + F_D^2} = \sqrt{F_c^2 + F_f^2 + F_p^2}$$

$$F_f = F_D \sin\kappa_r$$

$$F_p = F_D \cos\kappa_r$$

(2) 影响切削力的主要因素

① 工件材料：工件材料的强度、硬度越高，切削时产生的切削力越大。工件材料的塑性、冲击韧度越高，切削变形越大，则切削力越大。加工脆性材料时，因塑性变形小，切屑与刀具间摩擦小，切削力较小。例如加工 60 钢的切削力 F_c 比 45 钢增大 4%，加工 35 钢的

切削力 F_c 比 45 钢减小 13%。

②刀具几何参数：前角 γ_0 增大，切削变形减小，故切削力减小。主偏角对切削力 F_c 的影响较小，而对进给力 F_f 和背向力 F_p 影响较大。

③切削用量：切削用量对切削力的影响较大，背吃刀量和进给量增加时，使切削面积 A_D 成正比增加，变形抗力和摩擦力加大，因而切削力随之增大；当背吃刀量增大一倍时，切削力近似增加一倍。进给量 f 增大一倍时，切削力只增大 70%~80%。

切削塑性材料时，切削速度对切削力的影响分为有积屑瘤阶段和无积屑瘤阶段两种情况。在低速范围内，随着切削速度的增加，积屑瘤逐渐长大，刀具实际前角增大，使切削力逐渐减小；在中速范围内，积屑瘤逐渐减小并消失，使切削力逐渐增至最大；在高速阶段，由于切削温度升高，摩擦力逐渐减小，使切削力得到稳定的降低。

④其他因素：刀具材料与工件材料之间的摩擦系数 μ 会直接影响到切削力的大小。另外切削液有润滑作用，使切削力降低。刀具后刀面磨损带 VB 越大，摩擦越强烈，切削力也越大，VB 对背向力的影响最为显著。

4. 切削热和切削温度

切削热和切削温度是切削过程的重要物理现象之一。切削温度影响工件材料的性能、前刀面上的摩擦系数和切削力的大小；影响刀具磨损和刀具寿命；影响积屑瘤的产生和加工表面质量；也影响工艺系统的热变形和加工精度。

（1）切削热的产生和传出

切削过程中所消耗的能量绝大部分转换为热能，切削区域产生的切削热，在切削过程中分别由切屑、工件、刀具和周围介质向外传导出去，例如在空气冷却条件下车削时，切削热的 50%~86% 由切屑带走，40%~10% 传入工件，9%~3% 传入刀具，1% 左右通过辐射传入空气。

（2）影响切削温度的主要因素

切削温度是指前刀面与切屑接触区内的平均温度，它是由切削热的产生与传出的平衡条件所决定的。产生的切削热越多，传出得越慢，切削温度越高。凡是增大切削力和切削功率的因素都会使切削温度上升，而有利于切削热传出的因素都会使切削温度降低。

①工件材料：工件材料的强度、硬度越高，切削时消耗的功就越多，产生的切削热越多，切削温度就越高。工件材料的热导率越大，通过切屑和工件传出的热量越多，切削温度下降越快。

②刀具几何参数：前角增大，切削层变形小，产生的热量少，切削温度降低；但过大的前角会减少散热体积，当前角大于 20°~25° 时，前角对切削温度的影响减少。主偏角减小，使切削宽度增大，散热面积增加，切削温度下降。

③切削用量：对切削温度影响最大的切削用量是切削速度，其次是进给量，而背吃刀量的影响最小。这是因为当切削速度 v_c 增加时，单位时间内参与变形的金属量增加而使消耗的功率增大，提高了切削温度；当 f 增加时，切屑变厚，由切屑带走的热量增多，故切削温度上升不甚明显；当 a_p 增加时，产生的热量和散热面积同时增大，故对切削温度的影响也小。

④其他因素：刀具后刀面磨损量增大时，刀具与工件间的摩擦加剧，切削温度升高。浇注切削液对降低切削温度、减少刀具磨损和提高已加工表面质量有明显的效果。切削液的润

滑作用可以减少摩擦，减小切削热的产生。

任务实施

一、工件材料的切削加工性评定

工件材料的切削加工性是指将其加工成合格零件的难易程度。某种材料切削加工的难易，不仅取决于材料本身，还取决于具体的加工要求及切削条件。加工要求和生产条件不同，评定材料切削加工性的指标也不相同。常用的评定指标有下面几种。

①刀具寿命指标：在相同的切削条件下，刀具寿命高的工件材料，其切削加工性好。或者在一定刀具寿命下，所允许的最大切削速度高的工件材料，其切削加工性就好。

②已加工表面质量指标：以常用材料是否容易保证得到所要求的已加工表面质量，作为评定材料切削加工性的指标。一般精加工的零件可用表面粗糙度值来评定材料的切削加工性。对某些有特殊要求的零件，在评定材料切削加工性时，不仅用表面粗糙度值指标，还要用表面层材质的变化指标来全面评定。

③切削力或切削温度指标：在相同的切削条件下，凡使切削力加大、切削温度增高的工件材料，其切削加工性就差；反之，其切削加工性就好。在粗加工或机床动力不足时，常以此指标来评定材料的切削加工性。

④切屑控制性能指标：在自动机床或自动生产线上，常用切屑控制的难易程度来评定材料的切削加工性。凡切屑容易被控制或折断的材料，其切削加工性就好；反之，则差。

一种工件材料很难在各方面都能获得较好的切削加工性指标，只能根据需要选择一项或几项作为衡量其切削加工性的指标。在一般的生产中，常以保证一定的刀具寿命所允许的切削速度作为评定材料切削加工性的指标。

二、金属切削条件的选择

金属切削加工过程的效率、质量和经济性等问题，除了与机床设备的工作能力、操作者技术水平、工件的形状、生产批量、刀具的材料及工件材料的切削加工性有关，还受到切削条件的影响和制约。这些切削条件包括刀具的角度、切削用量及切削过程的冷却润滑等。

（1）刀具角度的选择

刀具的角度对切削过程中的金属切削变形、切削力、切削温度、工件的加工质量及刀具的磨损都有显著的影响。选择合理的刀具角度，可使刀具潜在的切削能力得到充分发挥，降低生产成本，提高切削效率。

①前角的选择。前角的大小将影响切削过程中的切削变形和切削力，同时也影响工件表面粗糙度和刀具的强度与寿命。增大刀具前角，可以减小前刀面挤压被切削层的塑性变形，减小了切削力和表面粗糙度，但刀具前角增大，会降低切削刃和刀头的强度，刀头散热条件变差，切削时刀头容易崩刃。因此合理前角的选择既要切削刃锐利，又要有一定的强度和一定的散热体积。

②后角的选择。后角的大小将影响刀具后刀面与已加工表面之间的摩擦。后角增大可减小后刀面与加工表面之间的摩擦，后角越大，切削刃越锋利，但是切削刃和刀头的强度削弱，散热体积减小。粗加工、强力切削及承受冲击载荷的刀具，为增加刀具强度，后角应取

小些；精加工时，增大后角可提高刀具寿命和加工表面的质量。工件材料的硬度与强度高时，取较小的后角，以保证刀头强度；工件材料的硬度与强度低时，塑性大，易产生加工硬化，为了防止刀具后刀面磨损，后角应适当加大。加工脆性材料时，切削力集中在刃口附近，宜取较小的后角。

③主偏角、副偏角的选择。主偏角和副偏角较小时，刀头的强度高，散热面积大，刀具寿命长。此外，主偏角和副偏角小时，工件加工后的表面粗糙度小。但是，主偏角和副偏角减小时，会加大切削过程中的背向力，容易引起工艺系统的弹性变形和振动。

④刃倾角的选择。刃倾角的正负主要影响切屑的排出方向。精车和半精车时刃倾角宜选用正值，使切屑流向待加工表面，防止划伤已加工表面。

(2) 切削用量的选择

合理的选择切削用量，能够保证工件加工质量，提高切削效率，延长刀具使用寿命和降低加工成本。

①背吃刀量的选择。粗加工的背吃刀量应根据工件的加工余量确定，应尽量用一次走刀就切除全部加工余量。当加工余量过大、刀具强度不够以及断续切削或冲击振动较大时，可分几次走刀。对切削表面层有硬皮的铸、锻件，应尽量使背吃刀量大于硬皮层的厚度，以保护刀尖。半精加工和精加工的加工余量一般较小，可一次切除。有时为了保证工件的加工质量，也可多次走刀。多次走刀时，第一次走刀的背吃刀量取得比较大，一般为总加工余量的 $2/3 \sim 3/4$。

②进给量的选择。粗加工时，进给量的选择主要受切削力的限制。在工艺系统的刚度和强度良好的情况下，可选用较大的进给量值。半精加工和精加工时，由于进给量对工件的已加工表面粗糙度值影响很大，因此进给量一般取得较小。通常按照工件加工表面粗糙度值的要求，根据工件材料、刀尖圆弧半径、切削速度等条件来选择合理的进给量。当切削速度提高，刀尖圆弧半径增大，或刀具磨有修光刃时，可以选择较大的进给量，以提高生产率。粗车时和精车时进给量的参考值都可以在切削用量手册中查到。

③切削速度的选择。在背吃刀量和进给量选定以后，可在保证刀具合理寿命的条件下，确定合适的切削速度。粗加工时，背吃刀量和进给量都较大，切削速度受刀具寿命和机床功率的限制，一般较低；精加工时，背吃刀量和进给量都取得较小，切削速度主要受工件加工质量和刀具寿命的限制，一般取得较高。选择切削速度时，还应考虑工件材料的切削加工性等因素。切削速度的参考值可以在切削用量手册中查到。

根据不同加工性质对切削加工的要求，切削用量选择时的侧重点会有所不同。粗加工时，应尽量保证较高的金属切除率和必要的刀具寿命，一般优先选择大的背吃刀量，其次选择较大的进给量，最后根据刀具寿命，确定合适的切削速度。精加工时，应保证工件的加工质量，一般选用较小的进给量和背吃刀量，尽可能选用较高的切削速度。

(3) 切削液的选择

金属切削液在金属切削、磨削加工过程中具有相当重要的作用。切削液能从切削区域带走大量切削热，从而降低切削温度，并能渗入到刀具与切屑和加工表面之间，形成一层润滑膜或化学吸附膜，减小它们之间的摩擦。同时切削液大量的流动，可以冲走切削区域和机床上的细碎切屑和脱落的磨粒。在切削液中加入防锈剂，可在金属表面形成一层保护膜，对工件、机床、刀具和夹具等都能起到防锈作用。因此应合理选择切削液的种类，常用的切削液有以下几种：

①水溶液。它的主要成分是水，其中加入了少量的有防锈和润滑作用的添加剂。水溶液的冷却效果良好，多用于普通磨削和其他精加工。

②乳化液。它是将乳化油（由矿物油、表面活性剂和其他添加剂配成）用水稀释而成，用途广泛。低浓度的乳化液冷却效果较好，主要用于磨削、粗车、钻孔加工等。高浓度的乳化液润滑效果较好，主要用于精车、攻丝、铰孔、插齿加工等。

③切削油。它主要是矿物油（如机械油、轻柴油、煤油等），少数采用动植物油或复合油。普通车削、攻丝时，可选用机油。精加工有色金属或铸铁时，可选用煤油。加工螺纹时，可选用植物油。在矿物油中加入一定量的油性添加剂和极压添加剂，能提高其高温、高压下的润滑性能，可用于精铣、铰孔、攻丝及齿轮加工。

任务8-2 切削加工方法的选择

任务引入

切削加工方法很多，如何正确选用金属切削加工工艺方法？

任务目标

了解机床的分类和编号，掌握常用加工方法的特点和应用范围，能够正确选用金属切削加工工艺方法。

相关知识

切削加工方法很多，根据所用机床与刀具的不同，可分为车削、钻削、镗削、铣削、刨削、磨削、成形表面加工及特种加工等。金属切削加工过程通常是由金属切削机床来完成的。

一、机床的分类和编号

1. 机床的分类

机床的传统分类方法，主要是按加工性质和所用刀具进行分类。按照国标GB/T 15375—2008，机床可分为12类：车床、钻床、镗床、磨床、齿轮加工机床、螺纹加工机床、铣床、刨插床、拉床、特种加工机床、切断机床和其他机床等。在每一类机床中，又按工艺特点、布局形式、结构性能等不同，分为若干组。每一组中，又细分为若干系。

在同一类机床中，按照加工精度不同，又分为普通机床、精密机床和高精度机床三个等级；按使用范围，分为通用机床和专用机床；按自动化程度，分为手动机床、机动机床、半自动机床和自动机床；按尺寸和质量，可分为一般机床和重型机床等。

通常机床根据加工性质进行分类，再根据某些特点进行描述，如半自动车床、高精度外圆磨床等。

2. 机床的编号

机床型号用来表示机床类别、主要参数和主要特性的代号，GB/T 15375—2008是现行机床型号编制标准。机床型号的编制采用汉语拼音字母和阿拉伯数字按一定规律组合的方式

来表示。如 CM6140 精密卧式车床,其型号中的代号及数字的含义如下:

C——机床类型代号(车床类);

M——机床通用特性代号(精密机床);

6——机床组别代号(落地及卧式车床组);

1——机床系别代号(卧式车床系);

40——主参数代号(床身上最大回转直径 400 mm)。

二、车削加工

车削加工是在车床上利用工件相对于刀具旋转对工件进行切削加工的方法,车削是最基本、最常见的切削加工方法,在生产中占有十分重要的地位。

1. 车床

车床是完成车削加工必需的设备。车床的主运动通常是工件的旋转运动,进给运动通常是刀具的直线运动。按工艺特点、布局形式和结构特性等的不同,车床可以分为卧式车床、落地车床、立式车床、转塔车床以及仿形车床等。

(1) 车床组成

车床尽管类型很多,结构布局各不相同,但其基本组成大致相同,在各类金属切削机床中,车床是机床中应用最普遍、工艺范围最广泛的一种,约占机床总数的50%。其中卧式车床又是车床中应用最多的一种,主要由主轴箱、进给箱、溜板箱、光杠、丝杠、刀架、尾座、床身、电气箱等部分组成,如图8.13所示。

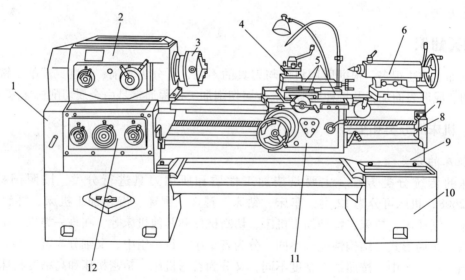

图 8.13 C6140 车床组成

1—挂轮箱;2—主轴箱;3—大盘;4—刀架;5—滑板;6—尾座;7—丝杠;
8—光杠;9—床身;10—床腿;11—溜板箱;12—进给箱

(2) 工件在车床上的安装

在利用车床进行加工时,工件应被稳定的夹持在车床上。工件的形状、尺寸大小和加工质量不同,采用的夹持方式也不同,装夹时常用的机床附件有以下几种:

① 卡盘。卡盘是应用广泛的车床附件,用于装夹轴类、盘套类工件。卡盘分为三爪卡

盘、四爪卡盘和花盘等。

②顶尖。在车床上加工实心轴类零件时，经常用顶尖装夹工件，装在主轴上的顶尖称为前顶尖，装在尾座上的称为后顶尖。后顶尖又分为死顶尖和活顶尖。

③芯轴。在车床上加工带孔的盘套类工件的外圆和端面时，先把工件装夹在芯轴上，再把芯轴装夹在两顶尖之间进行加工。

④中心架和跟刀架。加工细长轴类工件时，需要采用辅助的装夹机构，如中心架和跟刀架等。中心架适用于细长轴类工件的粗加工，而跟刀架适用于精加工或半精加工。

3. 车削加工的工艺特点与应用

（1）车削加工的工艺特点

①加工范围较广。车削可加工不同类型工件的回转表面、端面和成形面；可加工各种钢、铸铁、有色金属等材料的工件，可获得低精度、中等精度和相当高的精度；适用于各种生产类型。

②生产率高。由于车削为连续加工，在加工过程中基本上无冲击现象，可以采取很高的切削速度；车刀的刚度好，可以采用相当大的背吃刀量和进给量，因此生产率高。

③生产成本低。许多车床夹具都作为车床附件生产，可以满足一般零件装夹要求，生产准备较简单。车刀的结构简单，制造、刃磨和安装都很方便，因此车削与其他加工形式相比，生产成本较低。

④容易保证工件各加工面的位置精度。对于轴和盘套类零件，由于各加工面具有同一回转轴线，并与车床主轴的回转轴线重合，可在一次装夹中加工出不同直径的外圆、内孔及端面，所以可以较好地保证各加工面间的同轴度和垂直度等。

（2）车削加工的应用

车削适于加工各种回转成形面，如图 8.14 所示，大部分具有回转表面的工件都可以用车削方法加工，如车内外圆柱面、车内外圆锥面、车端面和车台阶、车沟槽和切断、车螺纹和回转成形面等。车床除可用车刀对工件进行各种车削加工外，还可用钻头、铰刀、丝锥和滚花刀进行钻孔、铰孔、攻螺纹和滚花等操作。

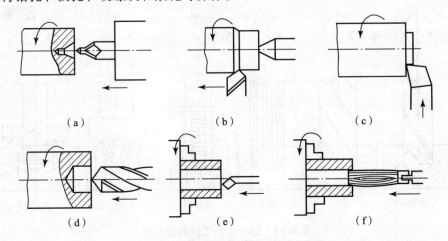

图 8.14　卧式车床上主要加工工艺类型

(a) 钻中心孔；(b) 车外圆；(c) 车端面；(d) 钻孔；(e) 镗孔；(f) 铰孔

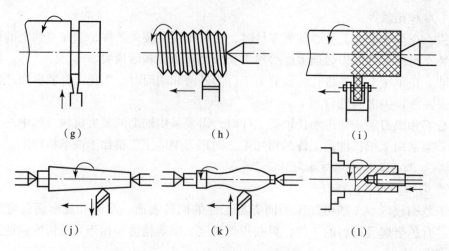

图 8.14 卧式车床上主要加工工艺类型（续）

（g）切槽；（h）车螺纹；（i）滚花；（j）车锥面；（k）车成形面；（l）攻螺纹

三、钻削和镗削加工

钻削和镗削主要用于孔的加工，钻床和镗床可以看作是为适应孔加工而专门制造的机床。

1. 钻削加工

（1）钻床

钻床是主要用钻头在工件上加工孔的机床，主要用来加工外形比较复杂、没有对称回转轴线的工件上的孔，如盖板、箱体和机架等零件上的各种孔。在钻床上加工时，通常钻头旋转为主运动，钻头轴向移动为进给运动。钻床结构简单，加工精度相对较低，可完成钻孔、扩孔、铰孔、攻螺纹、锪埋头孔和锪端面等工作。钻床的加工方法及所需的运动如图 8.15 所示。

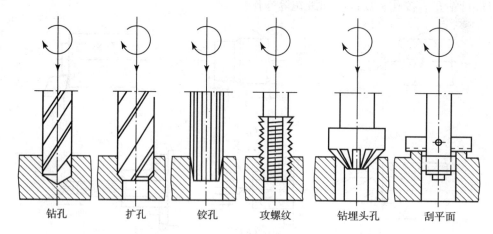

图 8.15 钻床上加工的典型表面

钻床分为台式钻床、立式钻床、摇臂钻床、深孔钻床等多种类型，由于受钻头结构和切削条件的影响，钻孔的加工质量不高，常用于孔的粗加工。

（2）钻削加工

钻床上常用的刀具分为两类：一类用于在实体材料上加工孔，如麻花钻、扁钻、中心钻及深孔钻等；另一类用于对工件上已有的孔进行再加工，如扩孔钻、铰刀等。其中麻花钻是最常用的孔加工刀具。

①麻花钻的组成。麻花钻的结构如图8.16所示。标准高速钢麻花钻主要由工作部分、颈部和柄部三部分组成。其中柄部是钻头的夹持部分，钻孔时用于传递扭矩。麻花钻的柄部有锥柄和直柄两种形式。

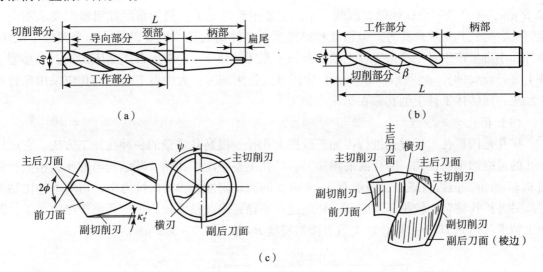

图8.16 麻花钻的结构
(a) 锥柄麻花钻；(b) 直柄麻花钻；(c) 麻花钻切削部分

工作部分担负切削与导向工作，是钻头的主体，由切削部分和导向部分组成，如图8.16（a）、（b）所示。

切削部分有两条主切削刃、两条副切削刃和一条横刃，如图8.16（c）所示。

导向部分是切削部分的后备。副后面起导向作用，引导钻头正常切削并修光孔壁。为减少刃带对孔壁的摩擦，通常把刃带做成倒锥形。

钻头上开出两个螺旋槽，形成了钻头的切削刃和前角。螺旋槽是钻削加工时排屑和输送切削液的通道。

（2）麻花钻的结构特点及其对切削加工的影响

麻花钻虽然是孔加工的主要刀具，长期以来一直被广泛使用，但由于麻花钻在结构上的特殊性，致使钻孔的质量和生产率受到很大影响，这主要表现在：

①麻花钻的直径受孔径的限制，为排屑开出的螺旋槽使钻心更细，钻头刚度更低；仅有两条棱带导向，孔的轴线容易偏斜；横刃使定心困难，轴向抗力增大，钻头容易摆动。因此，钻出孔的形位误差较大。

②麻花钻的前刀面、主后面都是曲面，沿主切削刃各点的前角、后角各不相同，切削速度沿切削刃的分配不合理，强度最低的刀尖切削速度最大，导致磨损严重。因此，加工的孔的尺寸精度低。

③钻头主切削刃全刃参加切削，刃上各点的切削速度又不相同，容易形成螺旋形切屑；

排屑困难,导致切屑与孔壁挤压摩擦,常常划伤孔壁,加工后孔的表面粗糙度值高。

针对标准高速钢麻花钻存在的缺陷,在实践中采取多种措施来修磨麻花钻的结构。如修磨横刃,减少横刃长度,增大横刃前角,减小轴向受力状况;修磨前刀面,增大钻芯处前角;修磨主切削刃,改善散热条件;在主切削刃后面磨出分屑槽,利于排屑和切削液注入,改善切削条件等。

(3) 钻削的应用

由于钻削的精度较低,表面较粗糙,一般加工精度在 IT10 以下,表面粗糙度 Ra 值大于 12.5 μm,生产效率也比较低,因此,钻孔主要用于粗加工。例如精度和粗糙度要求不高的螺钉孔、油孔和螺纹底孔等。但精度和粗糙度要求较高的孔,也要以钻孔作为预加工工序。单件、小批生产中,中小型工件上的小孔(一般 $D<13$ mm)常用台式钻床加工,中小型工件上直径较大的孔(一般 $D<50$ mm)常用立式钻床加工;大中型工件上的孔应采用摇臂钻床加工;回转体工件上的孔多在车床上加工。

(4) 扩孔

扩孔是用扩孔工具对孔进行再加工以扩大孔径、提高孔质量的一种孔加工方法。它可用于孔的最终加工或铰孔、磨孔前的预加工。扩孔主要使用扩孔钻,其结构与麻花钻相似,如图 8.17 所示,但齿数较多,一般有 3~4 齿,因而导向性好,轴向抗力小,切削条件比钻削好。另外扩孔钻钻心较粗,刚度高,切削过程平稳,因此精度较高。扩孔属于半精加工,其加工精度可达到 IT10~IT9,加工后表面粗糙度 Ra 值为 6.3~3.2 μm。

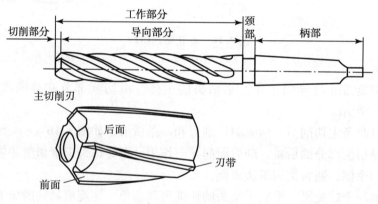

图 8.17 扩孔钻

(5) 铰孔

铰孔是使用铰刀从工件孔壁切除微量金属层,以提高尺寸精度和降低表面粗糙度的加工方法,主要用于中小直径孔的半精加工和精加工。

铰刀加工时加工余量小,刀具齿数多、刚性和导向性好,铰孔生产率高,容易保证孔的精度和表面粗糙度,铰孔的加工精度可达 IT7~IT6 级,甚至 IT5 级。表面粗糙度 Ra 值可达 1.6~0.42 μm,所以得到广泛应用。

但铰刀是定值刀具,一种规格的铰刀只能加工一种尺寸和精度的孔,且不宜铰削非标准孔、台阶孔和盲孔;同时为了提高铰孔的精度,通常铰刀与机床主轴采用浮动连接,所以铰刀只能修正孔的形状精度,提高孔径尺寸精度和减小表面粗糙度,不能修正孔轴线的歪斜。

对于中等尺寸以下较精密的孔,钻—扩—铰是生产中经常采用的典型工艺方案。

2. 镗削加工

利用钻、扩、铰等方法加工孔只能保证孔本身的形状尺寸精度。而对于一些复杂工件（如箱体、支架等）上有若干同轴度、平行度及垂直度等位置精度要求的孔（称为孔系），上述加工方法难以完成，必须使用镗削加工。

镗削加工是利用镗刀回转作为主运动，镗刀或工件的移动为进给运动的切削加工方法。镗削主要在镗床上进行。

（1）镗床

镗床的种类很多，常用的有立式镗床、卧式镗床、坐标镗床、精镗床以及深孔镗床等。其中卧式镗床是镗床中应用最普遍的一种类型，适合加工尺寸大、形状复杂、具有孔系的箱体和机架类零件。其工艺范围非常广泛，在镗床上除可进行一般孔的钻、扩、铰、镗外，还可以车端面、车外圆、车螺纹、车沟槽、铣平面、铣沟槽等，有时一个箱体零件可以在镗床上完成全部加工。镗孔加工精度一般为 IT9～IT7，表面粗糙度 Ra 值为 $6.3\sim0.8~\mu m$。镗削可保证孔系的形状、尺寸和位置精度。

（2）镗刀

镗削加工所用刀具为镗刀，镗刀有很多类型，按其切削刃的种类可分单刃镗刀、双刃镗刀和多刃镗刀；按其加工表面可分为通孔镗刀、盲孔镗刀、阶梯孔镗刀和端面镗刀；按其结构可分为整体式、装配式和可调式。

①单刃镗刀。图 8.18（a）所示为盲孔镗刀，刀尖外突，适于加工不通孔；图 8.18（b）所示为通孔镗刀，其刀头与刀杆垂直，用于加工通孔。单刃镗刀结构简单，制造方便、通用性好，可用来进行粗加工、半精加工或精加工。但所镗孔径尺寸的大小要靠人工调整刀头的悬伸长度来保证；加之仅有一个主切削刃参加工作，故生产效率较低，多用于单件小批量生产。

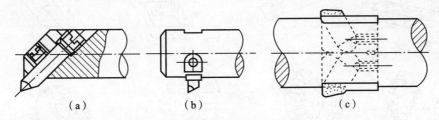

图 8.18 镗刀
(a) 盲孔镗刀；(b) 通孔镗孔；(c) 双刃浮动镗刀

②双刃镗刀。双刃镗刀有两个对称的切削刃，切削时径向力可以相互抵消。图 8.18（c）所示为可调节双刃浮动镗刀，工作时，镗刀块能在径向自由滑动，刀块在切削力的作用下保持平衡对中，可以减少镗刀块安装误差及镗杆径向跳动所引起的加工误差，而获得较高的加工精度。但它不能校正原有孔轴线偏斜或位置误差。浮动镗刀块适于精加工批量较大、孔径较大的孔。

（3）镗削加工工艺特点

①加工范围广。一把镗刀可以加工一定范围内不同直径的孔，还可以加工非标准孔。

②能修正底孔轴线的位置。镗削时通过调整刀具和工件的相对位置，可以校正底孔的轴线位置，保证孔的位置精度。

③成本较低。镗刀结构简单，刃磨方便，加工尺寸的范围大。在单件小批量生产中使用

镗削加工较经济。

④生产效率低。镗刀的切削刃较少，因此生产率不如车削和铰削。

（4）镗削加工的应用

镗削加工的精度主要取决于镗床的精度，一般镗床的精度可达 IT8～IT7，表面粗糙度 Ra 值可达 1.6～0.8 μm；在坐标镗床上由于工作台能微量进给，且有精密的测量系统，精度可达 IT7～IT6，表面粗糙度 Ra 值可达 0.8～0.1 μm。

由于标准扩孔钻和铰刀的最大直径为 80 mm，所以大孔都采用镗削加工。机架和箱体类零件上孔径较大、尺寸精度较高、有位置要求的孔或孔系，也应在镗床上加工。小支架和小箱体上的轴承孔，也可以在卧式铣床上进行镗削加工。

四、铣削加工

铣削加工时通常铣刀旋转运动为主运动，工件或铣刀的移动为进给运动。它可以加工平面、台阶沟槽、各种成形表面以及切断等，如图 8.19 所示。

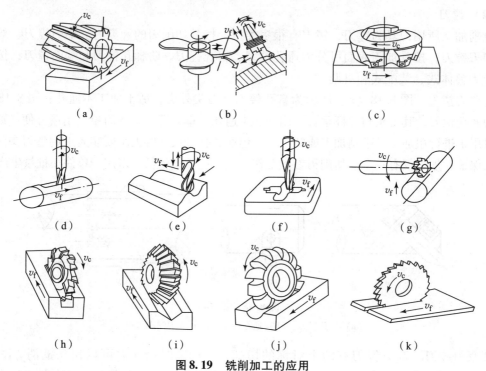

图 8.19　铣削加工的应用

1. 铣床

铣床指主要用铣刀在工件上加工各种表面的机床。铣床的种类很多，按其结构分主要有台式铣床、卧式铣床、龙门式铣床、平面铣床、升降台铣床、摇臂铣床、专用铣床等。

铣床工作台台面上有几条 T 形槽，较大的工件可以使用螺钉和夹板直接装夹在工作台上，中小型的工件常常通过机床用平口虎钳、回转工作台和分度头等机床附件装夹在工作台上。

2. 铣刀

铣刀为多齿回转刀具，其每一个刀齿都相当于一把车刀固定在铣刀的回转面上。铣刀的类型很多，结构不一，应用范围很广，是金属切削刀具中种类最多的刀具之一。铣刀按其用途可分为加工平面用铣刀、加工沟槽用铣刀、加工成形面用铣刀等类型。通用规格的铣刀已标准化,一般均由专业工具厂制造。

铣刀由刀齿和刀体两部分组成。刀齿分布在刀体圆周面上的铣刀称圆柱铣刀,它又分为直齿和螺旋齿两种,如图8.20(a)、(b)所示。由于直齿圆柱铣刀切削不平稳,现一般用螺旋齿圆柱铣刀。端铣刀是用端面和圆周面上的刀刃进行切削的,它又分为整体式端铣刀和镶齿式端铣刀两种,如图8.20(c)、(d)所示。镶齿式端铣刀刀盘上装有硬质合金刀片,加工平面时可进行高速切削,生产上广泛应用。

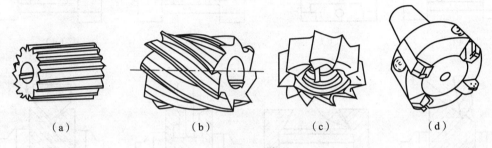

图8.20 铣刀

(a) 直齿圆柱铣刀;(b) 螺旋齿圆柱铣刀;(c) 整体式端铣刀;(d) 镶齿式端铣刀

铣刀的每个刀齿相当于一把车刀,其切削部分几何角度及其作用与车刀基本相同。

3. 铣削的工艺特点

①生产率高。铣刀是典型的多刃刀具,加工过程有几个刀齿同时参加切削,总的切削宽度较大;铣削时的主运动是铣刀的旋转,有利于进行高速切削,故铣削的生产率高于刨削加工。

②铣削加工范围广。可以加工刨削无法加工或难以加工的表面。例如可铣削周围封闭的凹平面、圆弧形沟槽、具有分度要求的小平面和沟槽等。

③加工质量中等。由于是断续切削,刀齿在切入和切出工件时会产生冲击,而且每个刀齿的切削厚度也时刻在变化,这就引起切削面积和切削力的变化。因此,铣削过程不平稳;容易产生振动,因此铣削经粗、精加工后只能达到中等精度。经济加工精度一般可达 IT9 ~ IT8 级,表面粗糙度 Ra 值为 6.3 ~ 1.6 μm。

④加工成本较高。铣床结构复杂,并且由于铣刀的形状使得制造与刃磨比刨刀困难,所以铣削成本比刨削高。

4. 铣削加工的应用

铣削加工适用于单件小批量生产,也可用于大批量生产。

由于铣刀是多齿刀具,铣削时同时有几个刀齿进行切削,主运动是连续的旋转运动,切削速度较高,铣削生产率较高,是平面的主要加工方法。特别在成批大量生产中,一般平面都采用端铣铣削。

五、刨削、插削和拉削加工

1. 刨削加工

刨削是用刨刀对工件做水平直线往复运动的切削加工方法,刨削主要用来加工平面

（包括水平面、垂直面和斜面），是平面加工的主要方法之一，也广泛地用于加工直槽，如直角槽、燕尾槽和T形槽等。如果进行适当的调整和增加某些附件，还可以用来加工齿条、齿轮、花键和母线为直线的成形面等。刨削的加工范围如图8.21所示。

图 8.21　刨削加工的应用
(a) 刨平面；(b) 刨垂直面；(c) 刨台阶；(d) 刨直角沟槽；(e) 刨斜面；
(f) 刨燕尾形工件；(g) 刨T形槽；(h) 刨V形槽

刨床是指用刨刀加工工件表面的机床。常见的刨床有牛头刨床、悬臂刨床和龙门刨床、插床等。牛头刨床的最大刨削长度一般不超过1 000 mm，因此只适于加工中、小型工件；龙门刨床刚度较好，而且有2~4个刀架可同时工作，主要用来加工大型工件，或同时加工多个中、小型工件。

刨削工艺特点主要体现在通用性好、加工精度不高，生产率低，因此刨削主要用在单件、小批生产中，在维修车间和模具车间应用较多。

2. 插削加工

插削加工可以认为是立式刨削加工，主要用于中加工零件的内表面，如方孔、多边形孔、孔内键槽、花键槽等，特别适于加工盲孔或有障碍台肩的内表面。

插削在插床上进行。插削加工时利用插刀的竖直往复运动为主运动，工作台带动工件沿垂直于主运动方向的间歇运动为进给运动，圆形工作台可以绕垂直轴线回转，实现圆周进给和分度，如图8.22所示。

插床的生产率和精度都较低，主要用于单件小批量生产，在批量生产中常被铣床或拉床代替。但在加工不通孔或有障碍台肩的内孔键槽时，就只有利用插床了。

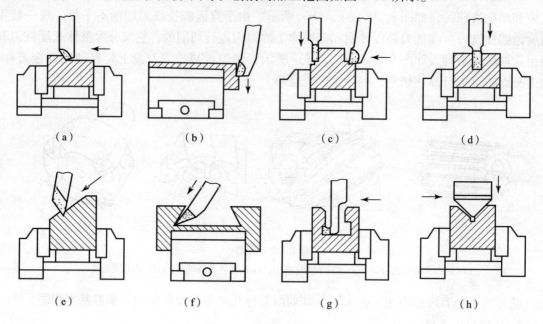

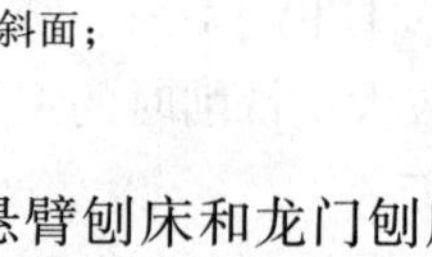

图 8.22　插削示意
1—工件；2—刀杆；
3—插刀

3. 拉削加工

拉削可以认为是刨削的进一步发展。如图 8.23 所示,它是利用多齿的拉刀,逐齿依次从工件上切下很薄的金属层,使表面达到较高的精度和较小的粗糙度值。拉削所用的机床称为拉床。

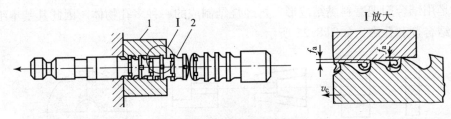

图 8.23 拉刀及拉削过程
1—工件;2—拉刀

拉刀是一种加工内外表面的多齿高效工具。它依靠刀齿的尺寸或廓形变化来切除加工余量,以达到要求的形状尺寸和表面粗糙度。拉床的结构简单,拉削时拉刀做平稳的低速直线运动,它是加工过程的主运动,进给运动则靠拉刀本身的结构来实现。能加工各种形状贯通的内、外表面,如图 8.24 所示。拉削精度高、拉刀使用寿命长。拉床的生产效率高,加工质量好,精度一般为 IT9~IT7,表面粗糙度 Ra 值为 $1.6 \sim 0.8\ \mu m$。但拉刀制造复杂,成本高,且一把拉刀只能加工一种尺寸表面,所以拉床主要用于大批量生产。

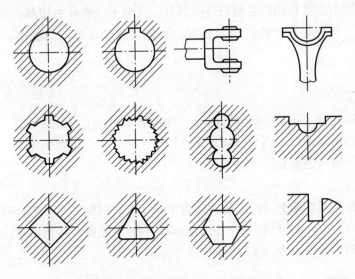

图 8.24 适于拉削的典型表面

六、磨削加工

磨削加工是用磨具或磨料以较高的线速度对工件表面进行加工的方法。磨具按形状分为磨轮(砂轮)和磨条。磨削属精加工。

1. 磨床

磨削主要在磨床上进行,磨床通常以砂轮回转和工件移动或回转作为它的表面成形运动,一般磨具旋转为主运动，工件或磨具的移动为进给运动。磨床的种类很多，主要类型有外圆磨床（包括万能外圆磨床、普通外圆磨床等），内圆磨床（包括普通内圆磨床、行星内圆磨床等），平面磨床（包括卧轴矩台平面磨床、立轴矩台平面磨床等）和刀具刃具等工具磨床。

2. 砂轮

砂轮是用结合剂把磨料黏结成形，再经烧结制成的一种多孔物体。因此其基本组成要素是磨料、结合剂和孔隙，如图 8.25 所示。

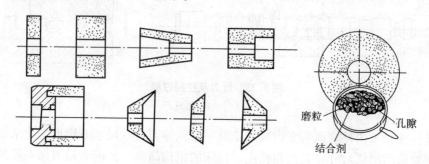

图 8.25　砂轮的形状和组成

磨料是砂轮的主要组成部分，砂轮通过磨料进行切削加工。磨料具有高硬度、高耐磨性和高耐热性的特点。

结合剂的种类和性能影响砂轮的强度、韧度、耐热性、成形性和自锐性等。

孔隙是指砂轮中除磨料和结合剂以外的部分。孔隙不仅能容纳切屑，还能把切削液及空气带进切削区域，从而有利于降低切削温度。孔隙使砂轮逐层均匀脱落，从而获得满意的"自锐"效果。

3. 磨削加工

（1）磨削用量

磨床以砂轮回转做主运动。磨外圆时有三种进给运动：工件圆周进给、工件纵向进给和砂轮相对于工件的横向进给。因此磨削加工有四个用量要素，即磨削速度、工件圆周进给速度、纵向进给量和横向进给量。

（2）磨削加工

①磨外圆。在外圆磨床上进行。通常作为半精车之后的精加工。工作时砂轮的高速旋转运动为主切削运动，工件做圆周、纵向进给运动，同时砂轮做以缓慢的速度连续相对于工件做横向的进给运动，如图 8.26（a）所示。

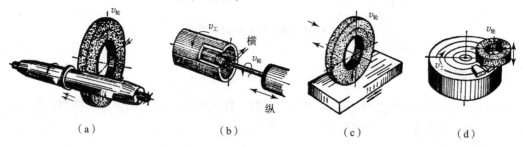

图 8.26　磨削加工

(a) 磨外圆；(b) 磨内圆；(c) 周磨平面；(d) 端磨平面

②磨内圆。磨内圆可在普通内圆磨床、万能外圆磨床上完成。在大批量生产中，采用内圆磨床磨孔；在单件小批量生产中，采用万能外圆磨床的内圆磨头磨孔，如图 8.26（b）所示。由于砂轮及砂轮杆的结构受到工件孔径的限制，其刚度一般较差，且磨削条件也较外圆差，故其生产率相对较低，加工质量也不如外圆磨削。

③磨平面。磨削平面是在平面磨床上进行的。磨削时，砂轮的高速旋转是主切削运动，机床的其他运动分别为纵向、横向（圆周）和垂直进给运动，工件一般用磁力工作台安装。

磨平面可分为周磨和端磨两种，如图 8.26（c）、（d）所示。周磨法是用砂轮的圆周面磨削平面，砂轮与工件接触面积小，工件发热量少，砂轮磨损均匀，所以加工质量较高；但生产率相对较低，适用于精磨；端磨法是用砂轮的端面磨削平面，砂轮与工件的接触面积相对较大，冷却液又不易浇注到磨削区内，故工件的发热量大；且砂轮端面各点的线速度不同，造成磨损不均匀，所以加工质量较周磨低，但生产率高，故适用于粗磨。

④无心磨削。在无心外圆磨床上进行。磨削时，工件不需要装夹，也不用顶尖支撑，而是放置于磨轮和导轮之间的托板上，如图 8.27 所示。磨轮与导轮同向旋转以带动工件旋转并磨削工件外圆。导轮轴线倾斜所产生的轴向分力使工件产生自动的轴向位移。无心外圆磨自动化程度高、生产率高，适于磨削大批量的细长轴及无中心孔的轴、套、销等零件。

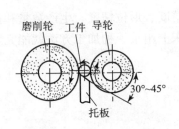 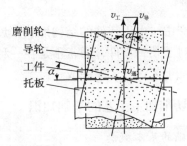

图 8.27 无心磨削示意

4. 光整加工

光整加工是指精加工后，从工件上不切除或切除极薄的金属层，用以降低工件表面粗糙度或强化其表面的加工过程。研磨、珩磨和抛光是生产中常见的光整加工方法。

①研磨。研磨是用研具和研磨剂从工件上研去一层极薄的表面层的精加工方法。研磨的余量一般为 0.005~0.02 mm。一般小批量生产时，采用手工研磨；大批量生产时采用机械研磨。研磨后的工件尺寸精度为 IT6~IT3，表面粗糙度 Ra 值为 0.1~0.012 μm。

②珩磨。珩磨是利用珩磨工具对工件表面施加一定压力，珩磨工具同时做相对回转和直线往复运动，从工件上切除极小余量的精加工方法。珩磨的余量一般为 0.02~0.15 mm，主要用于大批量生产中。珩磨后的工件尺寸精度为 IT6~IT4，表面粗糙度 Ra 值为 0.2~0.5 μm。

③抛光。抛光是利用机械及化学或电化学的作用，使工件获得光亮而平整表面的加工方法。抛光后，工件表面粗糙度 Ra 值为 0.2~0.5 μm，光亮度明显增加，但抛光不能改善加工表面的尺寸精度和形状精度，因此抛光前要进行精加工。主要用在零件表面的修饰加工及电镀前的预加工。

任务实施

机械零件表面的形成主要由切削运动实现，不同切削运动的组合形成了不同的切削加工工艺方法，只有掌握了各种加工方法的特点和应用范围，才能够为某一表面（零件）选用合理的金属切削加工工艺方法。

任务 8-3 零件切削加工工艺的制定

任务引入

如何为某一零件制定切削加工工艺？

任务目标

掌握零件切削加工工艺的基本概念，掌握工件的定位与装夹，能制定简单零件的切削加工工艺。

相关知识

在实际生产中，由于零件的结构形状、尺寸精度、形位精度、生产数量和技术条件等要求不同，所以对于某一零件，通常不是在一种机床上用某一种加工方法就能完成的，而是要经过一定的加工工艺过程才能完成。

一、零件切削加工工艺的基础知识

1. 工艺基础的基本概念

（1）生产过程和工艺过程

生产过程是指将原材料（或半成品）经过各种加工制成产品的全部过程。对机器生产而言，包括原材料的运输和保存、生产的准备、毛坯的制造、零件的加工和热处理、产品的装配及调试、油漆和包装等内容。生产过程的内容十分广泛，为更好地组织生产、保证质量、提高劳动生产率和降低生产成本，一种产品的生产过程，往往是由许多企业联合完成的。如机床常由主机厂与冶金厂、铸造厂、标准件厂、电机厂等互相配合共同完成。

在生产过程中，直接改变原材料（或毛坯）形状、尺寸、相对位置和性能等，使之变为成品的过程，称为工艺过程，它是生产过程的主要部分。例如毛坯的铸造、锻造和焊接；改变材料性能的热处理；零件的机械加工等，都属于工艺过程。

工艺过程中，若用机械加工的方法直接改变生产对象的形状、尺寸和表面质量，使之成为合格零件的工艺过程，称为机械加工工艺过程；同样，将加工好的零件装配成机器使之达到所要求的装配精度并获得预定技术性能的工艺过程，称为装配工艺过程。

（2）机械加工工艺过程的组成

一个零件的机械加工工艺过程往往是在不同的机床上采用不同的加工方法完成的，是由一个或若干个顺序排列的工序组成的。工序又可分为若干个安装、工位、工步和走刀等各个加工层次。工序不仅是工艺过程的基本组成单元，也是制订时间定额、配备工人、安排作业

和进行质量检验的基本单元。

①工序。所谓工序是指一个或一组工人，在一个工作地对一个或同时对几个工件所连续完成的那一部分工艺内容。构成一个工序的主要特点是不改变加工对象、设备和操作者，而且工序的内容是连续完成的。区分工序的主要依据，是工作地（或设备）是否变动和完成的那部分工艺内容是否连续。

例如图 8.28 中所示零件，四个小孔需要钻孔和扩孔，若是一批工件中的每一个都是在同一台钻床上连续完成先钻床再扩孔的加工操作，则钻孔、扩孔加工属于同一工序。若是将全批工件都在同一钻床上先钻孔，然后再对该批工件依次扩孔，因对其中的每个工件来说，其钻孔和扩孔虽然都是在同一钻床上完成的，但不是连续进行的，因此这样的钻孔和扩孔应属于两个不同的工序。

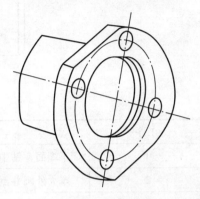

图 8.28　钻孔工序

②工步。工步是指在加工表面、切削工具和切削用量中的进给量和切削速度不变的情况下，所完成的那一部分工序内容。上述三个要素任意改变一个，就认为是不同工步了。工步是工序的基本组成部分，一个工序可以包括几个工步，也可以只有一个工步。如在上例中若钻孔和扩孔属于同一工序，则这个工序就可分为两个工步。

有时为了提高生产率，用几把不同刀具，同时加工几个不同表面，如图 8.29 所示，也可看作一个工步，称为复合工步。

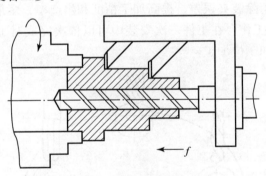

图 8.29　复合工步

③走刀。在一个工步中，有时被切削的材料层较厚，需分几次切除，则每切去一层材料称为一次走刀。也就是在加工过程中改变切削要素中的背吃刀量，一个工步可包括一次或几次走刀。

④安装。工件在加工前，在机床或夹具上先占据一正确位置（定位），然后再夹紧的过程称为装夹，工件在一次装夹中所完成的那部分工序，称为一次安装。在同一道工序中，工件可能要经过几次安装。如图 8.30 中阶梯轴若按表 8.1 中所列的工艺方案进行加工，工序 1 和工序 2 都需要调头，调头后需要重新对工件进行装夹，因此两个工序中都分别有两次安装。

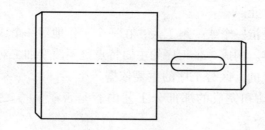

图 8.30　阶梯轴

表 8.1　阶梯轴工艺方案

工序	工序内容	设备
1	车端面，钻中心孔，掉头车另一端面，钻中心孔	车床
2	车大外圆并倒角，掉头车小外圆并倒角	车床
3	铣键槽；去毛刺	铣床

工件在加工中，应尽量减少装夹次数，以减少装夹误差和装夹工件所花费时间，通常采用回转夹具、回转工作台和其他移位夹具，使工件在一次装夹中先后处于多个不同的位置进行加工。

⑤工位。为完成一定的工序内容，一次装夹工件后，工件（或装配单元）与夹具或设备的可动部分一起相对刀具或设备固定部分所占据的每一个位置，称为工位。如果一个工序只有一个安装，并且该安装中只有一个工位，则工序内容就是安装内容，同时也就是工位内容。实际生产中为尽量消除装夹误差、提高加工精度和生产率，多采用多工位加工方法。如图 8.31 所示，利用回转工作台在工件一次安装中可以依次完成对工件的装卸、钻孔、扩孔和铰孔四种工作，称为四工位加工。

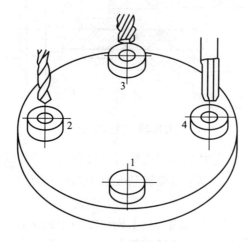

图 8.31　四工位加工

(3) 生产类型

根据工厂（或生产车间）生产专业化程度的不同，按照产品的大小、特点、生产计划及其投入生产的连续性，将生产分为三种生产类型：

①单件生产。单个生产某个零件，很少重复地生产，如重型机械、大型船舶的制造。

②成批生产。成批地制造相同的零件，生产呈周期性重复，如通用机床、电机、发动机等的生产。根据批量的大小，又分为小批量生产、中批量生产和大批量生产等。

③大量生产。当产品的制造数量很大，大多数工作地点经常是重复进行一种零件的某一工序的生产，如轴承、螺栓等标准件的生产。

拟定零件的工艺过程时，由于零件的生产类型不同，所采用的加方法、机床设备、工夹量具、毛坯及对工人的技术要求等，都有很大的不同。

2. 工件的装夹和定位

工件在开始加工前，为了保证工件的位置精度和用调整法获得尺寸精度，必须使工件在机床上或夹具中占有某一正确的位置，这个过程称为定位。为了使定位好的工件不至于在切削力的作用下发生位移，使其在加工过程始终保持正确的位置，还需将工件压紧夹牢，这个过程称为夹紧。定位和夹紧的整个过程合起来称为装夹。工件的装夹不仅影响加工质量，而且对生产率、加工成本及操作安全都有直接影响。

（1）工件的装夹

随着工件批量、加工精度、工件大小的不同，工件装夹的方式也不同，常用的工件装夹定位的方式有：直接找正、划线找正和用夹具装夹三种方式。

①直接找正装夹：此法是用百分表、划线盘或目测直接在机床上找正工件位置的装夹方法。

②划线找正装夹：此法是先在毛坯上按照零件图划出中心线、对称线和各待加工表面的加工线，然后将工件装上机床，按照划好的线找正工件在机床上的装夹位置。

这种装夹方法生产率低，精度低，且对工人技术水平要求高，一般用于单件小批生产中加工复杂而笨重的零件，或毛坯尺寸公差大而无法直接用夹具装夹的场合。

③用夹具装夹：夹具是按照被加工工序要求专门设计的，夹具上的定位元件能使工件相对于机床与刀具迅速占有正确位置，不需找正就能保证工件的装夹定位精度，用夹具装夹生产率高，定位精度高，但需要设计、制造专用夹具，广泛用于成批及大量生产。

（2）工件的定位

指工件在机床或夹具中取得一个正确的加工位置的过程。例如：机床在装配时，其主轴箱、滑板及其上的工件，均须精确地安装在相应的位置上；机械加工时，刀具必须精确地安装在主轴头上，其回转中心必须与主轴中心线重合。

定位的目的是使工件在夹具中相对于机床、刀具占有确定的正确位置，并且应用夹具定位工件，才能保证同一批工件在夹具中的加工位置一致。要想让工件按加工要求在夹具中保持一致的正确位置，必须先了解工件放置在夹具中的位置可能有哪些变化，如果消除了这些可能的位置变化，那么工件也就定了位。

①六点定位原则。任一工件在夹具中未定位前，可以看成空间直角坐标系中的自由物体，它在空间具有六个自由度，即沿 x、y、z 三个直角坐标轴方向的移动自由度和绕这三个坐标轴的转动自由度，如图 8.32（a）所示。因此，要完全确定工件的位置，就必须消除这六个自由度，在夹具中通常用一个支撑点限制工件一个自由度，这样用合理布置的六个支撑点限制工件的六个自由度，使工件的位置完全确定，如图 8.32（b）所示，称为"六点定位原则"。

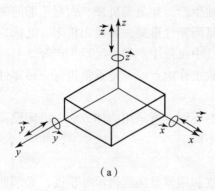 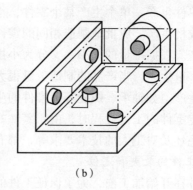

图 8.32 工件的六个自由度和六点定位原理
(a) 未定位工件的六个自由度；(b) 六点支撑定位

在具体的夹具结构中，所谓定位支撑点是用定位元件来体现的。使用六点定则时，定位元件上的六个支撑点分布必须合理，否则不能有效地限制工件的六个自由度。

②完全定位。切削加工时，通常利用六点定位原理将工件安装在机床夹具上，工件安装时六个自由度全部被夹具中的定位元件所限制，而在夹具中占有完全确定的唯一位置，称为完全定位。当工件在 x、y、z 三个坐标方向上均有尺寸要求或位置精度要求时，一般采用这种定位方式。

③不完全定位。根据工件加工表面的不同加工要求，定位支撑点的数目可以少于六个。有些自由度对加工要求有影响，有些自由度对加工要求无影响，这种定位情况称为不完全定位。不完全定位是允许的。

④欠定位。按照加工要求应该限制的自由度没有被限制的定位称为欠定位。欠定位是不允许的，因为欠定位保证不了加工要求。

⑤过定位。工件的一个或几个自由度被不同的定位元件重复限制的定位称为过定位。当过定位导致工件或定位元件变形，影响加工精度时，应该严禁采用；但当过定位并不影响加工精度，反而对提高加工精度有利时，也可以采用。各类钳加工和机加工都会用到。

3. 基准

机械零件是由若干个表面组成的，在零件加工过程中要保证零件表面的相对关系，必须确定一个基准。基准是零件上用来确定其他点、线、面的位置所依据的点、线、面。根据基准的不同功能，基准可分为设计基准和工艺基准两类。

（1）设计基准

在零件图上用以确定其他点、线、面位置的基准，称为设计基准。如图 8.33 所示的轴套零件，各外圆和内孔的设计基准是零件的轴心线，端面 A 是端面 B、C 的设计基准，内孔的轴线是外圆径向跳动的基准。

图 8.33 轴套示意

（2）工艺基准

零件在加工和装配过程中所使用的基准，称为工艺基准。工艺基准按用途不同又分为装配基准、测量基准及定位基准。

①装配基准。装配时用以确定零件在部件或产品中的位置的基准，称为装配基准。如图 8.33 所示的轴套内孔即是装配基准。

②测量基准。用以检验已加工表面的尺寸及位置的基准，称为测量基准。如图 8.33 所示轴套 $\phi 20$ mm 内孔轴线是检验 $\phi 40$ mm 外圆径向跳动的测量基准；表面 A 是检验长度尺寸 L_1 和 L_2 的测量基准。

③定位基准。加工时工件定位所用的基准，称为定位基准。作为定位基准的表面（或线、点），在第一道工序中只能选择未加工的毛坯表面，这种定位表面称粗基准。在以后的各个工序中就可采用已加工表面作为定位基准，这种定位表面称精基准。

4. 定位基准的选择

当根据工件加工要求确定工件应限制的自由度数后，某一方向自由度的限制往往会有几个定位基准可选择，此时提出了如何正确选择定位基准的问题。

定位基准有粗基准和精基准之分。在加工起始工序中，只能用毛坯上未曾加工过的表面作为定位基准，该表面称为粗基准。利用已加工过的表面作为定位基准，则称为精基准。

（1）粗基准的选择

选择粗基准时，主要考虑两个问题：一是保证加工面与不加工面之间的相互位置精度要求；二是合理分配各加工面的加工余量。具体选择时参考下列原则：

①保证零件相互位置要求的原则。对于同时具有加工表面和不加工表面的零件，为了保证不加工表面与加工表面之间的位置精度，应选择不加工表面作为粗基准，如图 8.34（a）所示。如果零件上有多个不加工表面，则以其中与加工表面相互位置精度要求较高的表面作为粗基准。如图 8.34（b）所示，该零件有三个不加工表面，若要求表面 4 与表面 2 所组成的壁厚均匀，则应选择不加工表面 2 作为粗基准来加工台阶孔。

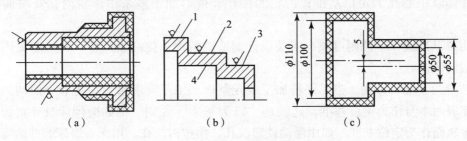

图 8.34 粗基准选择

②合理分配加工余量的原则。对于具有较多加工表面的工件，选择粗基准时，应考虑合理分配各加工表面的加工余量。为满足这个要求，应选择毛坯余量最小的表面作为粗基准，如图 8.34（c）所示的阶梯轴，应选择 $\phi 55$ mm 外圆表面作为粗基准。对于工件上的某些重要表面（如导轨和重要孔等），为了尽可能使其表面加工余量均匀，则应选择重要表面为粗基准。如图 8.35 所示的床身导轨表面是重要表面，要求耐磨性好，且在整个导轨面内具有大体一致的力学性能。因此，在加工导轨时，应选择导轨表面作为粗基准加工床身底面，如图 8.35（a）所示，然后以底面为基准加工导轨平面，如图 8.35（b）所示。

③粗基准一般不得重复使用原则。在同一尺寸方向上，粗基准通常只能在第一道工序中使用一次，以免产生较大的定位误差。因为粗基准表面粗糙，定位精度不高，若重复使用，

在两次装夹中会使加工表面产生较大的位置误差。如图 8.36 中所示的小轴加工，如重复使用 B 面加工 A 面、C 面、则 A 面和 C 面的轴线将产生较大的同轴度误差。

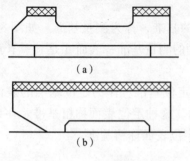

图 8.35　床身粗基准选择

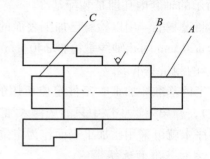

图 8.36　重复使用粗基准示例

④便于工件装夹的原则。选作粗基准的平面应平整，没有浇冒口或飞边等缺陷，以便定位可靠。

（2）精基准的选择

精基准的选择应从保证零件加工精度出发，同时考虑装夹方便、夹具结构简单。选择精基准一般应考虑如下原则：

①"基准重合"原则。为了较容易地获得加工表面对其设计基准的相对位置精度要求，应选择加工表面的设计基准为其定位基准，这一原则称为基准重合原则。如果加工表面的设计基准与定位基准不重合，则会增大定位误差。

②"基准统一"原则。当工件以某一组精基准定位可以比较方便地加工其他表面时，应尽可能在多数工序中采用此组精基准定位，这就是"基准统一"原则。例如轴类零件大多数工序都以中心孔为定位基准；齿轮的齿坯和齿形加工多采用齿轮内孔及端面为定位基准。

采用"基准统一"原则可减少工装设计制造的费用，提高生产率，并可避免因基准转换所造成的误差。

③"自为基准"原则。当工件精加工或光整加工工序要求余量尽可能小而均匀时，应选择加工表面本身作为定位基准，这就是"自为基准"原则。例如磨削床身导轨面时，就以床身导轨面作为定位基准。如用浮动铰刀铰孔、用拉刀拉孔、用无心磨床磨外圆等，均为自为基准的实例。

④"互为基准"原则。为了获得均匀的加工余量或较高的位置精度，可采用互为基准反复加工的原则。例如加工精密齿轮时，先以内孔定位加工齿形面，齿面淬硬后需进行磨齿。因齿面淬硬层较薄，所以要求磨削余量小而均匀。此时可用齿面为定位基准磨内孔，再以内孔为定位基准磨齿面，从而保证齿面的磨削余量均匀，且与齿面的相互位置精度又较易得到保证。

此外，在选择精基准时应选择工件上精度高、尺寸较大的平面作为精基准，以确保工件定位基准稳固、夹紧可靠。同时选择精基准时还应考虑工件装夹和工件加工的方便性以及夹具的设计制造简单等。

应该指出，上述粗精基准选择原则，常常不能全部满足，实际应用时往往会出现相互矛盾的情况，这就要求综合考虑，分清主次，着重解决主要矛盾。

二、零件切削加工工艺的制定

1. 制定工艺规程的内容和要求

机械加工工艺规程是规定零件机械加工工艺过程和操作方法等的工艺文件之一，它是在具体的生产条件下，把较为合理的工艺过程和操作方法，按照规定的形式书写成工艺文件，用来指导生产。机械加工工艺规程是指导生产的重要技术文件，同时也是生产组织和生产准备工作的依据。

机械加工工艺规程一般包括以下内容：工件加工的工艺路线、各工序的具体内容及所用的设备和工艺装备、工件的检验项目及检验方法、切削用量、时间定额等。

一个良好的工艺规程应满足零件的全部技术要求，并且要求生产率高、生产成本低、劳动条件好。

2. 制定工艺规程的步骤

（1）零件的工艺分析

制订零件的机械加工工艺规程时，最终目的是为了满足零件的技术要求和保证零件的使用性能，因此在制订工艺规程前首先要对照产品装配图分析零件图，熟悉该产品的用途、性能及工作条件，明确零件在产品中的位置、作用及相关零件的位置关系；了解并研究各项技术条件制定的依据，找出其主要技术要求和技术关键，以便在拟定工艺规程时采用适当的措施加以保证。然后着重对零件进行结构和技术要求的分析。

（2）毛坯的选择

毛坯的确定，不仅影响毛坯制造的经济性，而且影响机械加工的经济性。所以在确定毛坯时，既要考虑热加工方面的因素，也要兼顾冷加工方面的要求，以便从确定毛坯这一环节中，降低零件的制造成本。机械制造中常用的毛坯有铸件、锻件、型材、焊接件，除此之外，还有冲压件、冷挤压件、粉末冶金等其他毛坯。在选择毛坯种类时主要考虑零件材料及其力学性能是否满足零件的使用要求，另外还要考虑零件的结构形状与外形尺寸，形状复杂的零件毛坯，宜采用铸造方法制造；机械强度要求高的钢制件，一般要用锻件毛坯；还要尽量结合具体生产条件、降低生产成本。

（3）工艺路线的拟订

工艺路线的拟订是制定工艺过程的总体布局，是制订工艺规程的关键，它制订得是否合理，直接影响到工艺规程的合理性、科学性和经济性。工艺路线拟订的主要任务是选择各个表面的加工方法和加工方案、确定各个表面的加工顺序、合理选用机床和刀具、确定所用夹具的大致结构等。拟订工艺路线时要考虑如下几个问题：

①表面加工方案的选择。根据零件的每个加工表面，特别是主要加工表面（一般是指其装配基准和工作表面）的技术要求、零件的生产类型、材料的力学性能、零件的结构形状和尺寸，毛坯情况和工厂现有的生产条件等，合理选择各表面的加工方法。选择时要考虑各种加工方法所能达到的经济精度及表面粗糙度、能获得相应经济精度的加工方法、零件材料的可加工性能等。

②加工阶段的划分。零件的加工质量要求较高时应划分加工阶段。一般划分为粗加工、半精加工和精加工三个阶段。如果零件要求的精度特别高，表面粗糙度值很小时，还应增加

光整加工和超精密加工阶段,其中粗加工阶段主要任务是切除毛坯上各加工表面的大部分加工余量,使毛坯在形状和尺寸上接近零件成品,因此,应采取措施尽可能提高生产率;同时要为半精加工阶段提供精基准,并留有充分均匀的加工余量,为后续工序创造有利条件;半精加工阶段目的是为了达到一定的精度要求,并保证留有一定的加工余量,为主要表面的精加工做准备;同时完成一些次要表面的加工(如紧固孔的钻削、攻螺纹、铣键槽等)。精加工阶段的主要任务是保证零件各主要表面达到图纸规定的技术要求。光整加工阶段适及于对精度要求很高(IT6以上),表面粗糙度很小(Ra值小于$0.2\ \mu m$)的零件,其主要任务是减小表面粗糙度或进一步提高尺寸精度和形状精度。

划分加工阶段时要保证满足加工质量的要求,并合理使用机床设备的需要,还要便于安排热处理工序。

在零件工艺路线拟订时,一般应进行加工阶段的划分,但具体应用时还要根据零件的情况灵活处理,例如对于精度和表面质量要求较低而工件刚性足够、毛坯精度较高、加工余量小的工件,可不划分加工阶段;又如对一些刚性好的重型零件,由于装夹吊运很费时,也往往不划分加工阶段而在一次安装中完成粗精加工。

还需指出的是,将工艺过程划分成几个加工阶段是对整个加工过程而言的,不能单纯从某一表面的加工或某一工序的性质来判断。例如工件的定位基准,在半精加工阶段甚至在粗加工阶段就需要加工得很准确,而在精加工阶段中安排某些钻孔之类的粗加工工序也是常有的。

③机械加工工序的安排。应遵循的原则主要有"基准先行""先粗后精""先主后次""先面后孔"等,零件加工一般多从精基准的加工开始,再以精基准定位加工其他表面。精基准加工好以后,按加工阶段先后进行整个零件的粗精加工,应是粗加工工序在前,相继为半精加工、精加工及光整加工。根据零件的功用和技术要求,还要将零件的主要表面和次要表面分开,然后先安排主要表面的加工,再把次要表面的加工工序插入其中。次要表面一般指键槽、螺孔、销孔等表面。这些表面一般都与主要表面有一定的相对位置要求,应以主要表面作为基准进行次要表面加工,所以次要表面的加工一般放在主要表面的半精加工以后,精加工以前一次加工结束。对于箱体、底座、支架等类零件,平面的轮廓尺寸较大,用它作为精基准加工孔,定位比较稳定可靠,也容易加工,有利于保证孔的精度。

④热处理工序的安排。热处理可用来提高材料的力学性能,改善工件材料的加工性能和消除内应力,在机械加工工艺路线中,常安排有热处理工序。其安排主要是根据工件的材料和热处理目的来进行。为改善材料切削加工性能而安排的热处理工序如退火、正火、调质等,应在切削加工前进行;为消除内应力而安排的热处理工序如人工时效、退火等,一般应安排在粗加工阶段之后进行;为改善材料力学性能而安排的热处理力学性能如渗碳、淬火、回火等,一般应在半精加工和精加工之间进行。如果热处理后有较大的变形,还须安排最终加工工序(精磨)。

⑤辅助工序的安排。检验工序一般安排在粗加工后,精加工前;送往外车间前后;重要工序和工时长的工序前后;零件加工结束后入库前。表面强化工序如滚压、喷丸处理等,一般安排在工艺过程的最后。平衡工序包括动、静平衡,一般安排在精加工以后。

在安排零件的工艺过程中,不要忽视去毛刺、倒棱和清洗等辅助工序。在铣键槽、齿面倒角等工序后应安排去毛刺工序。零件在装配前都应安排清洗工序,特别在研磨等光整加工工序之后,更应注意进行清洗工序,以防止残余的磨料嵌入工件表面,加剧零件在使用中的磨损。

(4) 机床与工艺装备选择

机床和工艺装备的选择将直接影响工件的加工精度、生产率和工件的生产成本,应根据不同的情况进行选择。

一般对于中小批量生产,应尽量选择通用机床以及通用工艺装备,包括夹具、刀具、量具和辅助工具等,以缩短生产准备时间和降低加工成本。大批大量生产中,应选用高效专用机床和专用工艺装备,以提高生产率和降低加工成本。

机床和工艺装备的选择不仅要考虑当前设备以及设备投资的预期效益,还要考虑产品改型及转产的可能,应使其具有足够的适应性。

(5) 加工余量、工序尺寸、切削用量和时间定额的确定

①加工余量的确定。在选择了毛坯,拟订出加工工艺路线之后,就需确定加工余量,计算各工序的工序尺寸。加工余量是指由毛坯变为成品的过程中,在某加工表面上所切除的金属层厚度,即毛坯尺寸与零件图设计尺寸之差。

加工余量过大不仅浪费材料,而且增加切削工时,增大刀具和机床的磨损,从而增加成本;加工余量过小,会使前一道工序的缺陷得不到纠正,造成废品,从而也使成本增加,因此,合理地确定加工余量,对提高加工质量和降低成本都有十分重要的意义。

确定加工余量的方法有三种:分析计算法、经验估算法和查表修正法。其中查表修正法是根据各工厂长期的生产实践与试验研究所积累的有关加工余量数据,制成各种表格并汇编成手册,确定加工余量时,查阅有关手册,再结合本厂的实际情况进行适当修正后确定,目前此法应用较为普遍。

②工序尺寸及其公差的确定。工序余量是指为完成某一道工序所必须切除的金属层厚度,即相邻两工序的尺寸之差。机械加工过程中,工件的尺寸在不断地变化,由毛坯尺寸到工序尺寸,最后达到设计要求的尺寸。要根据工件精度要求和机床设备能力去设计合理的工序尺寸和每个工序完成后工件所达到的公差等级。

③切削用量的确定。切削用量应根据工件刚性、材料硬度、机床刚性和功率以及刀具强度和角度、工件表面粗糙度要求,工件余量等条件决定,不可一概而论。一般在单件小批量生产时中不具体规定切削用量,由操作者根据具体情况确定。在大批量生产中,多数是根据《机械加工工艺手册》并结合实际生产条件确定。

④机械加工时间定额的确定。时间定额是指在一定生产条件下,规定生产一件产品或完成一道工序所需消耗的时间。它是安排作业计划、核算生产成本、确定设备数量、人员编制以及规划生产面积的重要依据。

时间定额的确定与生产规模和生产设备有关,单件小批量生产的时间定额通常根据实践经验估算确定,大批量生产的时间定额要通过计算并结合实际生产条件确定。

(6) 机械加工工艺文件的编写

把制定出的工艺规程中的各项内容以一定格式的文件、表格或卡片形式固定下来,以指导工人加工,这些文件、表格或卡片称为工艺文件。常用的工艺文件主要有机械加工工艺过程卡片、机械加工工艺卡片和机械加工工序卡片,还有用于检验工序的检验卡片和自动机床的调整卡片等。

工艺规程确定的是在具体的生产条件下比较合理的工艺过程和操作方法,是指导生产的

重要技术文件,生产中必须严格遵守。工艺规程的修订必须经过一定的审批程序。

任务实施

一、轴类零件的机械加工工艺制定

（1）轴类零件的工艺分析

①功用和结构分析。轴类零件是机械加工中经常遇到的零件之一,在机器中,主要用来支撑传动零件如齿轮、带轮,传递运动与扭矩,如机床主轴;有的用来装卡工件,如芯轴。轴类通常都承受一定载荷,并要求一定的回转精度。轴类零件的表面一般由内外圆柱面、圆锥面、端面、沟槽、螺纹、键槽、花键等组成,常见的轴有光轴、阶梯轴、空心轴、异形轴（曲轴、凸轮轴、偏心轴和花键轴等）等。

②轴类零件的技术要求。轴类零件的主要表面常为两类:一类是与轴承的内圈配合的外圆轴颈,即支撑轴颈,用于确定轴的位置并支撑轴,尺寸精度要求较高,通常为IT5～IT7;另一类为与各类传动件配合的轴颈,即配合轴颈,其精度稍低,常为IT6～IT9。形状精度主要指轴颈表面、外圆锥面、锥孔等重要表面的圆度、圆柱度。其误差一般应限制在尺寸公差范围内,对于精密轴,需在零件图上另行规定其几何形状精度。另外还有包括内、外表面、重要轴面的同轴度、圆的径向跳动、重要端面对轴心线的垂直度、端面间的平行度等的相互位置精度要求等。同时轴的加工表面都有粗糙度的要求,一般根据加工的可能性和经济性来确定。支撑轴颈常为 0.2～1.6 μm,传动件配合轴颈为 0.4～3.2 μm。

（2）轴类零件的材料、毛坯选择及热处理

①轴类零件材料。常用 45、50 钢,精度较高的轴可选用 40Cr、轴承钢 GCr15、弹簧钢 65Mn,对高速、重载的轴,选用 20CrMnTi、20Mn2B、20Cr 等低碳合金钢或 38CrMoAl 氮化钢。对于形状复杂的轴如曲轴可以选用球墨铸铁。

②轴类毛坯。一般轴类零件的毛坯常采用圆钢料或锻件,直径差别较大的轴应选用锻件作毛坯。对于结构复杂的异形轴可选择球墨铸铁或锻件作毛坯。

③轴类零件的热处理。锻造毛坯在加工前,均需安排正火或退火处理,使钢材内部晶粒细化,消除锻造应力,降低材料硬度,改善切削加工性能。调质一般安排在粗车之后、半精车之前,以获得良好的物理力学性能。表面淬火一般安排在精加工之前,这样可以纠正因淬火引起的局部变形。精度要求高的轴,在局部淬火或粗磨之后,还需进行低温时效处理。

（3）轴类零件工艺路线的拟定

轴类零件加工常以车削、磨削为主要加工方法。其工艺路线一般为:

下料—车端面、钻中心孔—粗车各外圆表面—正火或调质—修研中心孔—半精车和精车各外圆表面、车螺纹—铣键槽或花键—热处理（淬火）、修研中心孔—粗精磨外圆—检验。

（4）典型轴类零件工艺过程

要小批量产生产如图 8.37 所示的传动轴,对其进行结构分析,可知传动轴的轴颈 M、N 为安装轴承的支撑轴颈,其精度要求较高;轴肩 G、H、I 相互之间有位置度要求。外圆 P、Q 上要加工键槽,同时尺寸精度要求也较高。

根据传动轴的工作载荷,选取零件材料为 45 钢,毛坯选择热轧圆钢料,调质处理硬度为 24～28 HRC。

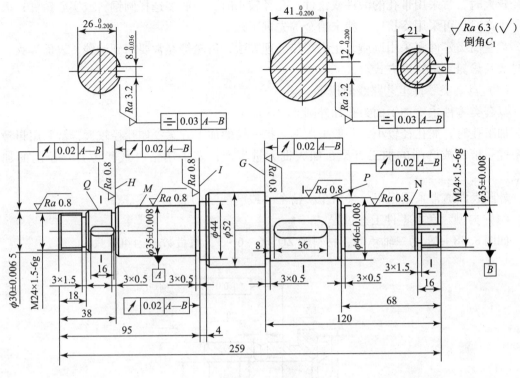

图 8.37 传动轴

根据该零件的几何特征，选择外圆表面作为粗基准。为保证该轴的主要配合表面和轴肩对基准轴线 A—B 的径向跳动要求和端面跳动要求，以轴两端的中心孔作为定位精基准。两端中心应在粗车之前加工。

由于该轴大部分为回转表面，主要加工方法为车削，由于表面 M、N、P、Q 的尺寸精度要求较高，表面粗糙度值较小，这些表面在车削后应进行磨削加工。这些主要表面的加工顺序应为粗车—调质—半精车—磨削。其余的外圆面进行半精车就可满足要求，键槽应在半精车完成后进行铣削加工。在调质之后和磨削之前应加修研中心孔的工序。

二、盘套类零件的机械加工工艺制定

（1）盘套类零件的工艺分析

盘套类零件也是机械加工中常见的一种零件，在各类机器中应用很广。由于功用不同，其形状结构和尺寸有很大的差异，常见的有齿轮、轴承套、法兰盘等。一般以孔和外圆为主要加工面，工作时多以内孔和一个端面为基准进行安装，设计时也多以该孔和端面为设计基准。多数情况下对孔的精度和粗糙度要求较高，而外圆的精度要求相对较低。另外对内外圆通常有同轴度和径向圆跳动要求。

（2）盘套类零件的材料、毛坯及热处理

盘套零件毛坯材料的选择主要取决于零件的功能要求、结构特点及使用时的工作条件。一般用钢、铸铁、青铜或黄铜等材料制成。

盘套类零件毛坯制造方式的选择与毛坯结构尺寸、材料、生产批量的大小等因素有关。

孔径较大时，常采用带孔的锻件或铸件；孔径较小时，一般多选择圆钢料或实心铸件；大批大量生产时，可采用冷挤压、粉末冶金等先进工艺。

盘套筒类零件多采用调质、正火等热处理方法，齿轮等经常要用到渗碳、表面淬火、高温时效及渗氮等热处理方式。

(3) 盘套类零件工艺路线的拟定

盘套类零件主要加工面为孔和外圆。

加工孔时，如孔径较小，一般采用钻—扩—铰的加工方案；如孔径较大，常采用粗镗—半精镗—精镗或磨削的加工方案；如大批大量生产，多采用钻（或粗镗）—拉削的加工方案。

外圆表面通常采用粗车—半精车—精车（或磨削）的加工方案。

(4) 典型盘套类零件工艺过程

如图 8.38 所示为一轴承套，材料为 ZQSn6-6-3，每批数量为 400 只。

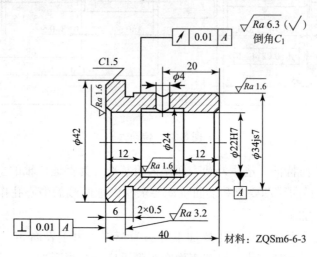

图 8.38 轴承套

该轴承套属于短套，其直径尺寸和轴向尺寸均不大，粗加工可以单件加工，也可以多件加工。由于单件加工时，每件都要留出工件备装夹的长度，原材料浪费较多，所以采用多件加工的方法。

通过分析其技术要求，$\phi34js7$ 外圆对 $\phi22H7$ 孔的径向圆跳动公差为 0.01 mm；左端面对 $\phi22H7$ 孔的轴线垂直度公差为 0.01 mm。由此可见，该零件的内孔和外圆的尺寸精度和位置精度要求均较高。

该轴承套的材料为 ZQSn6-6-3。其外圆为 IT7 级精度，采用精车可以满足要求；内孔的精度也是 IT7 级，铰孔可以满足要求。内孔的加工顺序为钻孔—扩孔—铰孔。

三、箱体类零件的机械加工工艺制定

(1) 箱体类零件的工艺分析

箱体类零件是机器及其部件的基础件，它将机器及其部件中的轴、轴承、套和齿轮等零件按一定的相互位置关系装配成一个整体，并按预定传动关系协调其运动。因此，箱体的加

工质量不仅影响其装配精度及运动精度,而且影响到机器的工作精度、使用性能和寿命。

箱体类零件通常尺寸较大,形状复杂,壁薄不均匀,内部有空腔,箱壁上通常都布置有平行孔系或垂直孔系;有许多精度要求较高的轴承支撑孔和精度要求较低的紧固用孔,还有很多如螺孔、检查孔、油孔等较小的孔;箱体上的加工面,主要是大量的平面,它的底面、侧面或顶面通常是装配基准面。

箱体类零件的主要技术要求是位置精度,包括孔系轴线之间的距离尺寸精度和平行度、同一轴线上各孔的同轴度,以及孔端面对孔轴线的垂直度等。此外,为满足箱体加工中的定位需要及箱体与机器总装要求,箱体的装配基准面与加工中的定位基准面应有一定的平面度和表面粗糙度要求;各支撑孔与装配基准面之间距离应有一定尺寸精度的要求。

(2) 箱体类零件的材料、毛坯及热处理

箱体类零件材料一般选用灰铸铁,常用的牌号有 HT100~HT400,对承载较大的箱体可采用球墨铸铁或铸钢件。

毛坯的铸造方法视铸件精度和生产批量而定。单件小批生产多用木模手工造型,毛坯精度低,加工余量大,有时也采用钢板焊接方式;大批生产常用金属模机器造型,毛坯精度较高,加工余量可适当减小。

为了消除铸造时形成的内应力,减少变形,保证其加工精度的稳定性,毛坯铸造后要安排人工时效处理。精度要求高或形状复杂的箱体还应在粗加工后多加一次人工时效处理,以消除粗加工造成的内应力,进一步提高加工精度的稳定性。

(3) 箱体类零件工艺路线的拟定

箱体类零件由于要求加工的表面很多,在这些加工表面中,平面加工精度比孔的加工精度容易保证,因此通常采用先面后孔的加工原则,以便为孔提供稳定可靠的定位精基准。

箱体一般为铸件,体积较大且箱体中孔系的加工精度要求又较高,因此多采用工序集中的原则。大批量生产时广泛采用组合机床、专用机床。特别是加工中心的使用,利用自动换刀可以使箱体类零件在一次装夹中完成平面和孔的铣、镗、钻、扩、铰及螺纹的加工等多道工序,大幅度提高了生产效率。

箱体类零件的工艺路线一般为:

铸造毛坯—退火—划线—粗加工平面—粗加工孔—时效处理—划线—精加工平面—精加工孔—钻小孔—攻螺纹等。

复习思考题

1. 试说明以下加工方法的主运动和进给运动:车外圆;车床钻孔;钻床扩孔;镗床镗孔;铣床铣平面;刨床刨平面;铣床铣键槽;插床插键槽;外圆磨床磨外圆;内圆磨床磨内孔。
2. 从提高生产率和降低生产成本来看,刀具使用寿命是否越高越好?为什么?
3. 为什么改变刀具切削速度时,切削力基本不变?
4. 切削加工性有哪些指标?如何改善材料的切削加工性?
5. 在车床上车孔与在镗床上镗孔有什么不同?各适用于哪些场合?
6. 铣削加工工艺特点有哪些?

7. 不通孔应采取哪种方法加工？

8. 砂轮具有自锐性，为什么还需要修整？

9. 什么是生产过程？什么是机械加工工艺过程？

10. 什么是基准？基准分哪几种？

11. 试说明粗精基准的选择原则。

12. 铸铁变速箱箱体上的传动轴的轴承孔，$\phi 62J7$，Ra 值为 $0.8\ \mu m$，成批生产，试选择合理的加工方案。

13. 如题图 8.1 所示轴承套，材料为 HT200，单件小批量生产，试确定其生产工艺过程。

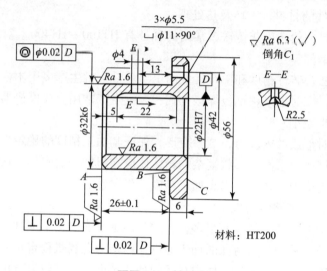

题图 8.1　轴承套

项目九　机械零件成形方法的选择

项目引入

金属机械零件的成形工艺方法一般有铸造、锻造（压力加工）、焊接、切削加工和特种加工等。在机械制造过程中，通常是先用铸造、锻造（压力加工）和焊接等方法制成毛坯，再进行切削加工，才能得到所需的零件。当然，铸造、锻造（压力加工）、焊接等工艺方法，也可以直接生产零部件。此外，为了改善零件的某些性能，常需要进行热处理。

项目分析

机械零件的质量和使用寿命等诸多问题，都与零件的结构设计、材料的选择、毛坯制造的过程有着直接关系。正确合理地选用材料，设计合理的加工工艺路线，对于制造高质量的机械零件至关重要。为此，本项目重点介绍有关机械零件的失效问题，合理选择零件材料的原则和合理选择毛坯成形方法等方面知识。

本项目主要学习：
机械零件的失效、机械零件材料选择的一般原则、零件毛坯成形方法选择原则等。

1. 知识目标
◆ 熟悉机械零件的失效类型及原因。
◆ 掌握机械零件材料选择的一般原则。
◆ 掌握零件毛坯成形方法选择的一般原则。

2. 能力目标
◆ 能进行机械零件的失效分析。
◆ 能进行典型机械零件材料的选择及工艺路线分析。
◆ 能选择典型机械零件的毛坯。

3. 工作任务
任务9-1　机械零件失效的认知
任务9-2　机械零件材料的选择
任务9-3　零件毛坯成形方法的选择

任务9-1　机械零件失效的认知

任务引入

在人们的现实生活中，机器设备在运行过程中可能存在许多不可靠或不安全的因素，因此，可能发生多种故障，使机器不能正常运行。这不仅会造成重大经济损失，还会威胁人们的生命安全。在进行设计时必须根据零件的失效形式分析失效的原因，提出防止或减轻失效的措施，为选材和改进工艺提供必要的依据。

任务目标

熟悉机械零件的失效类型及原因，能进行机械零件的失效分析。

相关知识

机械零件在工作过程中最终都会发生失效的现象。为此，分析并找出零件失效的原因，提出相应的改进措施，不仅能提高零件的使用寿命和经济效益，同时失效分析的结果对于零件的设计、选材、加工以至使用，都有重要的指导意义。

一、失效的基本概念

失效是零件在使用过程中，由于零件的外形尺寸、内部组织和力学性能发生变化，失去正常工作所具有的功能和可靠性的现象。

任何零件或部件使用一段时间后都会被损伤或损坏，按其损伤的程度分为三种情况：

①零件完全被破坏，不能继续使用，如轴的断裂现象。
②零件表面有裂纹或被磨损，虽能工作但不能保证安全生产。
③零件工作时虽能保证安全生产，但不能保证其产品的精度或达不到产品预定使用功能。

发生上述任何一种情况都认为零件已经失效。

二、零件失效的主要形式

零件在工作时承受载荷的情况比较复杂，往往承受着多种应力的复合作用，从而造成零件有不同的失效形式。零件的主要失效形式有过量变形失效、断裂失效和表面损伤失效等。

1. 零件的过量变形失效

零件的过量变形失效是零件在工作过程中，由于产生超过允许的变形量，导致整个机械设备无法正常工作，或者能正常工作但所生产的产品质量严重下降的现象。零件的过量变形失效包括弹性变形失效和塑性变形失效两种类型。

①弹性变形失效是由于零件材料的刚度不够，在载荷作用下发生过大的弹性变形而失效的现象。

②塑性变形失效是当零件的实际工作应力超过材料的屈服强度时，产生过大的塑性变形而失效的现象。

2. 零件的断裂失效

零件的断裂失效是零件在工作过程中，出现完全断裂现象而导致整个机械设备无法正常工作的现象。断裂失效主要包括：塑性断裂失效、脆性断裂失效、疲劳断裂失效、蠕变断裂失效等。

3. 零件的表面损伤失效

零件的表面损伤失效是零件表面由于摩擦产生磨损或失去表面精度，造成零件无法正常工作而失效的现象。

零件的表面损伤失效主要是磨损失效、腐蚀失效、接触疲劳失效等。其中磨损失效的基本类型包括黏合磨损、磨粒磨损、表面疲劳磨损。按表面疲劳损伤的程度又分为点蚀、剥落、表层压碎等方式。

零件的腐蚀失效是机械零件在常温下，受到酸、碱、盐等腐蚀介质的腐蚀作用，产生化学腐蚀或电化学腐蚀而失效的现象。

零件的接触疲劳失效是机械零件在循环应力和应变载荷作用下，经过一定循环次数后产生裂纹或发生突然断裂而失效的现象。

三、零件失效的原因

在实际生产中，零件的失效原因是多种多样的。零件的失效很少是由于单一因素引起的，往往总是几个因素综合作用的结果。归纳起来零件失效的主要原因可分为机械设计、材料选择、机械加工、零件的安装与使用四个方面问题。

1. 机械设计方面

①机械设计中，由于设计者对零件的结构工艺性考虑不全面或对工作条件估计错误导致零件在使用时失效。如设计者对零件在工作过程中，可能出现的过载现象估计不足，导致所设计的零件在使用过程中因承载能力不足，发生断裂失效的现象。

②机械设计时，由于设计者不能根据整个生产过程和生产条件，对所生产零件的毛坯制造、热处理、机械加工、表面处理、装配调试等生产环节进行全面的、正确的规划和设计，导致零件在使用时失效。如设计者对零件制造的整个过程可能出现的难点处，没有设置备用的补救方案。当失误出现时，特别是当所设计的零件结构与尺寸基本固定，难以做出重大的改动时，本可以通过合理选择材料加以补救，但是，由于没有设置备用的补救方案致使零件在失误出现时失效。

③由于设计者设计的零件结构形状和尺寸不合理，导致所制造的零件存在高应力区和应力集中源，使零件在使用过程中失效。如设计的零件存在尖角或过渡圆角过小、截面尺寸突变等，使零件在制造或使用过程中失效。除此，设计中还有可能发生计算上的错误，也能造成零件的失效。

2. 材料选择方面

零件的材料选择不当是导致零件失效的主要原因之一。最常见的是仅根据材料的常规性能指标进行选择，这些性能指标不能全面满足零件的工作条件和使用要求，致使零件在制造或使用过程中失效。另外，所选的材料本身存在有缩孔、缩松、气孔、夹渣、裂纹等缺陷，也是导致零件失效的主要原因。

3. 加工工艺方面

零件进行机械加工时，由于加工者所采取的工艺方法和工艺参数不正确，造成各种加工工艺缺陷而导致零件失效。如在机床加工后，零件的表面粗糙度值过大、有明显的刀痕和磨削裂纹；零件热处理时，热处理工艺控制不当，使零件的表面出现氧化、脱碳、回火不足等现象；锻造时，由于锻造工艺过程操作不良，引起零件的过热、过烧等现象，从而造成零件的失效。

零件加工工艺方面的缺陷与零件的结构设计有直接关系。零件的结构设计不合理，零件在热处理时，促使零件产生变形、开裂等热处理缺陷。要避免加工工艺缺陷，在设计中应注意：

①所设计的零件截面厚薄应均匀、避免尖角结构，合理采用封闭、对称结构。

②避免零件的截面尺寸的突然变化，在变截面处采用足够大的圆弧过渡。

③避免设计薄壁和细长杆件，合理安排孔和键槽位置。

否则，零件在热处理淬火时，容易在零件的薄壁处开裂；在零件的结构形状不对称处发生较大的变形；在零件的变截面处产生应力集中等。另外，还需注意整体和表面淬火件、氮化件、渗碳件的表面粗糙度值不应超过规定值，防止变形过大。

4. 安装和使用方面

在机器安装和零件装配时，由于安装者采用的安装方法不正确或选择零件装配的定位基准错误，使所装配零件间的配合出现间隙过大、过小或达不到同轴度、垂直度等配合公差要求的现象，导致机器的重心不稳定，产生剧烈的振动和噪声，零件之间摩擦严重、密封件泄漏等现象，严重时甚至会造成机器完全丧失正常工作能力而失效。

除此之外，操作者在使用操作过程中，若不按操作规程进行操作或使用设备时操作方法错误等，都能造成机械零件在使用过程中的失效。

四、失效分析实例

在实际工作中，零件失效往往不只是一种失效方式起作用。因此，对于零件的失效原因需综合性地全面分析。零件失效时总是一种失效方式起着主导作用，而另一些方式起着辅助作用，几种方式同时都起作用致使零件失效的情况很少。有时还会出现各类基本失效方式互相组合，形成复杂的复合失效方式。如腐蚀疲劳、蠕变疲劳、腐蚀磨损等，都各自接近于其中某一种失效方式，而其他方式是辅助的失效方式。

因此，在失效分析时要找出主要的失效形式，把失效的辅助因素归入失效的主导因素一类中进行分析。

解决零件失效的有效措施，是对零件的设计方案、材料的选择、加工工艺方法、安装与使用过程等方面进行综合分析，找出零件失效的真正原因，尤其是起决定性作用的原因。通过对失效零件做宏观和微观的断口分析、断裂力学分析等，确定失效性质及失效方式，查明失效原因，为选材提供重要依据。

1. 轴的失效及预防

（1）轴的失效形式

不同类型的轴受力状态不同，轴的失效形式也完全不同，常见轴的失效形式是疲劳断裂。当轴的局部发生应力集中现象时，在应力集中最大的危险截面处会发生轴的疲劳断裂失效。

轴的疲劳失效形式可分为弯曲疲劳失效、扭转疲劳失效、轴向疲劳失效。

①轴的弯曲疲劳失效。轴的弯曲疲劳失效是由周而复始的单向、交变和扭转的载荷引起的。轴在旋转过程中，受变化或交变的扭转力矩作用，产生扭转疲劳失效的现象。在变化或交变的拉伸、压缩载荷作用下会出现轴的轴向疲劳失效。

②轴的脆性断裂失效。轴的脆性断裂失效是在低温环境中，轴受到过量的冲击载荷发生脆性断裂的现象。在发生脆性断裂时，由于裂纹的扩展速度极快，轴在瞬间就发生断裂。

脆性断裂失效的特征：在轴的断裂源处，变形痕迹极小，断裂表面上只存在鱼骨状或人字形花样的标志，人字形的顶点指向断裂源处。

③轴的韧性断裂失效。轴的韧性断裂失效是在变化或交变的拉－压载荷作用下，轴发生韧性断裂的现象。

韧性断裂失效特征：在轴的断裂表面上有塑性变形的痕迹。实际生产中受拉伸作用而断裂的轴，能够及时地被发现；而受扭转作用发生断裂的轴，往往由于断裂前的变形不太明显，而不容易被发现。轴在正常工作条件下很少发生韧性断裂失效。若设计时对轴的工作条件和载荷作用因素估计不足，轴受到单一的过载都可能发生韧性断裂失效。

④轴的蠕变断裂失效。轴的蠕变断裂失效是在高温条件下工作的轴，当工作载荷远小于金属的屈服条件时，轴在高温及应力作用下，随时间推移而发生蠕变变形直至断裂的现象。

轴类零件除以上失效形式外，在不同的工作条件下还会发生黏着磨损、应力腐蚀开裂、磨损等失效形式。

(2) 防止轴失效的措施

①设计时，根据轴类零件受扭转、弯曲和扭转弯曲组合的三种不同载荷作用，合理校核轴的强度，采取扭转初算再按弯扭核算。为提高轴的抗过载能力，合理确定计算载荷、载荷系数和安全系数。

②主要承受拉伸、压缩或弯曲的轴类零件，需要合理校核轴的刚度。选择合理的截面形状、支撑方式和位置，确保轴的实际变形必须小于许用变形，即满足轴的刚度条件。

③设计时还要考虑提高轴类零件的耐冲击韧度。当轴所受的载荷和速度发生突然变化时会出现冲击现象，即在设计时必须考虑冲击作用的影响。

④改进轴系零件的结构形式，合理地布置轴系零件的位置，以此减少轴系零件所受载荷的影响，提高轴的承载能力，降低轴系零件的载荷集中、应力集中现象。

⑤采用合适的热处理或化学热处理的方法，提高轴类零件的耐磨性和疲劳强度。

2. 齿轮的失效与预防

齿轮是机械设备中应用最广泛的重要传动零件。由于齿轮类型很多，适用场合差别很大，工作条件比较复杂，所以失效形式及影响因素很多。但齿轮的类型以及特点，不仅决定齿轮的运转特性，也决定它失效的形式或是否会过早失效。

齿轮受不同的载荷而产生不同的失效形式，而失效一般都是发生在齿轮的轮齿部分。其中闭式软面齿轮失效的主要形式是齿面点蚀；而闭式硬面齿轮失效的主要形式是轮齿折断；高速重载齿轮失效的主要形式是齿面胶合；受短时过载的齿轮主要失效形式是齿面塑性变形压碎；开式齿轮失效的主要形式是齿面磨损等。

(1) 齿轮失效的形式

磨损失效是指齿轮的轮齿接触表面的材料损耗所引起的失效。

表面疲劳失效是指齿轮的轮齿接触表面或表面应力超过材料疲劳极限而引起的齿轮的轮齿表面材料失效，可分为初始点蚀、毁坏性点蚀和剥落。

塑性变形失效是指齿轮的轮齿在重载荷作用下，材料屈服时所造成齿轮的轮齿表面产生塑性变形所引起的失效，可分为压塌和飞边变形、波纹变形和沟槽变形。

折断失效是指齿轮的整个轮齿或轮齿相当大的一部分发生断裂所引起的失效，可分为疲劳折断、磨损折断、过载折断、淬火或磨削裂纹引起的折断等。

(2) 齿轮的失效分析与预防

①齿轮的磨损失效分析。

a. 齿轮磨损失效分析。磨损失效是齿轮在过大载荷作用下，工作齿面被大量磨损，齿廓磨损率很高，严重失去有效工作面积，同时伴随整个机械设备产生噪声和振动。齿轮磨损时会出现破坏性胶合现象，沿齿轮的轮齿面滑动方向出现明显的黏附撕伤沟痕，直至轮齿的整个工作面。当齿轮的轮齿齿顶部磨损严重时，齿轮的工作节线明显的齿廓几乎完全损坏，甚至出现齿轮轮齿完全咬死的严重失效现象。

b. 齿轮磨损失效的原因。齿轮的啮合不正确，润滑系统和密封装置润滑不良，不能建立有效的油膜润滑，整个齿轮系统严重振动，冲击载荷等。若齿轮的齿面接触应力过高，滑动速度过高，会引起齿轮的啮合齿面出现粘焊，两啮合齿面的粘焊处因相对运动而被撕裂。齿轮副材料选配不当（如材质硬度完全相同的材料副，软钢对软钢等），或齿轮所受载荷过大，转动速度过快，齿轮的轮齿表面温度过高等，也会使齿轮的啮合齿面出现粘焊的现象。

c. 齿轮磨损失效的预防措施。对于齿轮的磨损、胶合失效，可以在保证一定载荷、速度、温度等条件下，精心设计齿轮的合理抗胶合能力。设置齿轮的润滑和密封装置；改善齿轮的润滑方式和润滑条件；尽量减轻齿轮的振动；减少齿轮的磨损和胶合现象。改进齿轮的设计；改善齿轮的材质；选用不易胶合的齿轮材料作为齿轮副材料；合理选择两齿轮的硬度差。采用角变位齿轮传动；减小齿轮的模数和齿高；降低齿轮的滑动速度等，以此降低齿轮的磨损失效的现象。

②齿轮的表面疲劳失效分析与预防。

a. 齿轮表面疲劳失效分析。表面疲劳失效一般发生在齿轮的应力集中处。在应力集中处先出现疲劳裂纹，随着裂纹不断扩展，使齿轮承载的有效截面积减小。当应力超过齿轮的疲劳极限时，由于发生疲劳断齿的现象导致齿轮失效。

b. 齿轮表面疲劳失效的原因。主要是由于齿轮的材料及制造工艺不合理，如齿轮的齿根圆角半径过小、齿根表面粗糙度过高，滚齿切削时拉伤齿轮的表面，热处理产生齿轮的表面裂纹，磨削时齿轮的表面被烧伤，留下各种加工的残余应力等。

c. 齿轮表面疲劳失效的预防措施。提高齿轮的加工精度，选择适当的热处理方法可以减少齿轮的热处理裂纹，以此提高齿轮的齿根危险截面的抗弯曲疲劳应力，尽可能降低有害的残余应力等，都可以降低齿轮的表面疲劳失效。

③齿轮的过载折断失效分析与预防。

a. 齿轮过载折断失效分析。齿轮的过载折断失效一般发生在齿轮齿宽较小的直齿圆柱齿轮上，表现形式是齿轮的齿根处先出现裂纹，裂纹沿着横向扩展直至全齿折断。而斜齿轮或人字齿轮则发生轮齿局部折断，断口处有丝状纤维，由齿轮的断口边缘向里成放射状的开裂痕迹。齿轮的韧断或混合断裂的断口具有明显塑性变形，断口处有平滑韧断区（微隆起或凹陷）；齿轮脆断的断口横截面平直，较粗糙，齿轮的断茬处能相互吻合。

b. 齿轮过载折断失效的原因。齿轮过载折断失效是由于齿轮的轮齿承受的载荷超过极限强度所致。过载形式可为短时意外的过载、严重过载和动载荷过大等。当轴承损坏（如卡住）、轴畸变或其他传动件失效等，都能导致齿轮的整个传动系统瘫痪，甚至发生意外事故。

c. 齿轮过载折断失效的预防措施。合理选择齿轮的过载系数；采取相应的监控与安全保护措施，如齿轮的过载保护装置、安全联轴器等；保证齿轮的加工和安装精度，及时发现轴承和零部件过载现象，及时处理和更换损坏的零部件。

（3）齿轮的失效实例

载重汽车变速器变速齿轮，用渗碳钢制成。在台架试验中，未达到设计要求就发生断齿现象。

①齿轮的断齿分析。根据断口的形貌分析，是因为在高应力作用下引起的快速断裂。由断口可见主动齿轮断齿的芯部呈现的是韧窝，被动齿轮断齿的部分有明显的断裂痕迹，说明主动齿轮的韧性较好，但强度较低（硬度实验证实主动齿轮硬度比被动齿轮低）。在两齿轮断齿表面的渗碳层中，均呈现有网状渗碳体析出现象，使齿轮轮齿表层韧性降低，导致在运转过程经受不了启动冲击应力的作用。试验时，由于是主动齿轮先断裂，进而引起被动齿轮崩齿。在被动齿轮断齿表面上能看到明显碰伤的痕迹，被动齿轮轮齿断口的形貌是沿齿根断裂，断口形貌与主动齿轮断口相似，靠近断齿旁的几个轮齿不同程度地都发生小块崩裂及碰伤。

②齿轮失效的原因。因为齿轮的热处理不当，渗碳工艺控制不合适，有网状渗碳体析出现象，使齿轮轮齿表层韧性降低，导致断齿失效。

③改进的措施。改善齿轮的材质、改善齿轮的热处理工艺。注意齿轮渗碳后进行淬火并及时回火，降低齿轮的软硬层的硬度梯度与硬度分布不均匀的程度，保证齿轮的足够而合适的硬化层厚度，避免产生裂纹。在保证齿轮的强度条件下，使齿轮的材料具有较好的韧性。控制齿轮的过载现象，提高齿轮的齿根弯曲疲劳强度和齿面接触疲劳强度。

任务实施

机械零件在工作过程中最终都会发生失效的现象。为此，分析并找出零件失效的原因，提出相应的改进措施，不仅能提高零件的使用寿命和经济效益，同时失效分析的结果对于零件的设计、选材、加工以至使用，都有重要的指导意义。

任务9-2　机械零件材料的选择

任务引入

在机械零件产品的设计与制造过程中，材料选择是一项十分重要的工作，它是零件具有良好功能，降低生产成本和提高生产率的重要保证。

任务目标

掌握机械零件材料选择的一般原则，能进行典型机械零件材料的选择及工艺路线分析。

相关知识

一、机械零件材料选择的一般原则

材料的质量对于零件的质量有着不可忽视的影响。合理地选用零件的材料，对于提高机械产品的质量起着关键性的作用。因此，在选择零件的材料时，不仅要满足零件的使用性能和工艺性能，还应在外观、安全、价格、加工环境污染等方面，进行全面的考虑。只有全面地了解材料的各种性能、热处理特点和零件制造的有关知识，才能正确、合理地选择零件的材料，生产出质量优异的机械产品。

有些机械零件是标准件，如滚动轴承、键、弹簧等都是标准件，其材料由国家统一规定，并标准化大量生产。如果使用的零件是标准件，可以根据需要直接选用即可。但大量非标准零件都将面临正确选择材料的问题。

选择材料时需考虑的因素很多，一般的原则是首先考虑零件的使用性能，在满足使用性能的情况下，再考虑不同材料的工艺性能。同时还要考虑设计与安全指标、尺寸效应与数据的可靠性，以及具体的供货状态等。

（一）使用性能

任何机械产品和零件选择材料时，要求所选的材料首先满足零件的使用性能，然后再考虑材料价格、加工工艺、资源丰富等因素。使用性能是指零件在工作条件下，材料应具有的力学性能、物理性能和化学性能。对于机械产品最重要的是材料应有良好的力学性能，以满足零件能承受各种载荷的要求，保证零件能在使用过程中安全可靠、经久耐用。

例如制造飞机、火车的零件，对零件的安全可靠性要求很高，决不允许零件突然发生失效和损坏。而火车及汽车的轮毂和轮胎则要求经久耐用。一些重要零件如曲轴、缸套等，不仅要求有很高的强度，还需要使用期限较长。

同一种材料，在不同的工作条件和环境中，抵抗破坏的能力是不相同的。因此，在选择材料前必须对零件的使用条件，如载荷的大小、性质、工作的温度和环境、使用的寿命等进行全面的了解。从中找出可能使零件失效的主要因素，有针对性地选择合适的材料。在特殊环境下工作的零件，选材时还应考虑特殊要求。对于其他次要因素也需考虑，在不增加成本和造价的条件下予以满足。

如在航空、航天行业中，零件的重量是一个很重要的辅助要求，除满足上述要求外，还应采用轻金属，如铝、镁、钛合金等，以满足特殊的使用要求。

（二）工艺性能

零件的材料不仅要满足使用性能，还应具有良好的工艺性能。在制造机械零件时，通常要采取一些工艺方法使金属材料产生形状和性能的变化，以满足零件的使用要求。金属材料能适应各种加工工艺而得到高质量成品的能力，称为材料的工艺性能。材料的工艺性能直接影响零件的质量、生产率和成本。材料的工艺性能包括：

1. 铸造性能

铸造性能是指金属材料经铸造方法获得优质铸件的能力。铸造性能由两方面衡量，即金属熔融状态的流动性和金属冷却时的收缩性。有些金属存在偏析缺陷，一般可不予考虑。通常熔点低、结晶范围小的合金流动性较好。共晶成分的金属具有良好的流动性，具有较好的铸造工艺性，而共析成分的金属铸造工艺性较差。有色金属是共晶成分时流动性较好，由于结晶的温度范围较小收缩较少，故铸造性能好。铸铁是共晶成分，结晶温度范围小，石墨的析出可以补充金属的收缩，具有良好的铸造性能。而铸钢是共析成分，结晶温度范围大，流动性较差，故铸造性能较差。

2. 压力加工性能

压力加工性能是指金属材料在压力加工时，在压力作用下产生塑性变形，获得优质的零件或毛坯的能力。衡量压力加工性能指标是材料的塑性和变形抗力，塑性好，变形抗力小的材料，压力加工性能好，适合进行压力加工，如低碳钢、有色合金的 α 相部分，都具有良好的压力加工性能。低碳钢的高温组织 $\gamma-Fe$ 铁（即奥氏体组织）具有优异的压力加工性能；反之，具有共晶组织的金属，由于共晶体很脆，塑性小而变形抗力大，压力加工性能差，如铸铁具有共晶组织，压力加工性能很差。因此，铸铁在任何温度下都不能进行压力加工。

3. 焊接性能

焊接时金属材料能在限定的施工条件下，形成良好焊缝并能满足预定服役要求的能力称为材料的焊接性能。金属的焊接性能主要与材料的化学成分、焊接方法、构件类型有关。焊接性好的金属能获得没有裂纹、变形、气孔和夹渣等缺陷的焊缝，焊接处具有良好的力学性能。金属中低碳钢中碳的质量分数较小，塑性好，一般没有淬硬和冷裂倾向，具有良好的焊接性能；铸铁、高碳钢、不锈钢等焊接性能较差，尤其是铸铁，仅能进行焊补或用特种方法进行焊接。

4. 切削加工性能

切削加工性能是指金属材料在切削加工时的难易程度。常以材料的切削抗力和切削后的表面质量来衡量。切削加工性能与材料的化学成分、显微组织及机械性能都有关系。切削加工硬度在 170~230 HBS 范围的材料切削性能较好。强度和硬度高的材料切削加工困难，切削性能差；硬度过低的材料塑性好、切削抗力较小，但容易"粘刀"，表面质量较差，因此切削性能较差。通过热处理可以改变金属材料的力学性能，改善金属材料切削加工性能。在材料中加入某些化学元素也能够改善切削性能，如中碳钢以其合适的硬度和强度而具有良好的切削加工性能；低碳钢因其塑性好而切削性能很差，但加入适量硫元素后，可以改善其切削性能而使其成为易切削钢。高碳钢和合金钢硬度高、变形抗力大难以切削，故切削加工性能差。铸铁和有色合金都具有良好的切削加工性能。

5. 热处理工艺性能

热处理工艺不仅能提高零件的使用性能，充分发挥金属材料的潜力，延长零件的使用寿命，还能改善零件的工艺性能，提高零件加工质量，减少刀具磨损。热处理性能包括材料的淬透性、淬硬性。热处理时会出现淬火的变形与开裂、过热与过烧、氧化与脱碳等缺陷。为了防止淬火件在淬火时发生变形与开裂，应尽量选择淬透性好的材料，如合金钢的淬透性优于碳钢的淬透性，碳钢淬火时容易变形与开裂。

在选择零件材料时，应该十分注意材料的工艺性能。单件或小批量生产条件下，由于材料工艺性能对成本影响不大。因此，在选择材料时就不必过分强调加工工艺性能。即使采取一些特殊加工方法，加工的难度和成本的费用的增加也不大。大批量生产时，材料的加工工艺性能，往往是选择材料的决定性因素。它对零件的成本、刀具的消耗、工时的占用等都有着很大的影响。不同的材料具有不同的工艺性能。中碳钢的锻造性、焊接性、切削加工性都较好，但淬透性较差，铸造性能也比较差。合金钢的热处理性能很好，但锻造、焊接、铸造、切削加工性都较差。

总之，在选材时需要综合考虑各种因素，在保证使用性能的前提下，应尽量选择价格便宜、工艺性能好的材料。当不能同时满足两种或两种以上的工艺性能时（如焊接性、切削加工性），可采取特殊手段来改善材料的工艺性能，如改变工艺规程、切削刀具、加工设备、热处理方法和采用特殊焊接方法等。

（三）经济性

在选择零件材料时，所选择的材料在满足零件的使用性能和工艺性能的基础上，还应考虑产品生产的经济性。同时，还得考虑零件的抗腐蚀性，充分地利用现有资源，节约稀有金属的消耗。尽量选择价格便宜、资源丰富、加工费用低廉的材料，以此降低产品生产的成本。为提高产品生产的经济性，在选择零件的材料时应注意以下几点：

1. 在满足使用性能要求的前提下，尽量选择价格低廉的材料

当铸铁的性能可以替代钢材时就优选铸铁，当碳钢的性能能满足使用性能和工艺性能的要求时，就尽量不选用合金钢，尽量少用或不用价格昂贵的有色金属。我国常用金属材料相对价格如表9.1所示。

表9.1 常用金属材料的相对价格

名称	材料种类	相对价格
铸件	灰口铸铁铸件	1～1.4
	碳素钢铸件	2～2.6
	铝合金、铜合金铸件	8～10
热轧圆钢	Q235	1
	优质碳素钢	1.3～1.5
	合金结构钢	1.7～2.9
	弹簧钢	1.7～3
	合金工具钢	3～20
	滚动轴承钢	2.1～3

2. 考虑材料的加工费用

零件生产的费用分为材料费，加工费，管理费（包括包装、运输、销售等）。其中加工费用与零件技术要求和材料加工性能有关。采用不同的加工方法所需费用完全不同，如采用铸造方法加工零件的毛坯或采用锻造方法加工零件的毛坯，其造价相差一倍左右。

另外，工艺性能好的材料，可以采用加工费用较低方法进行加工，也能达到使用要求，并且还可以减少加工工序，降低加工费用。

例如，加工螺栓，分别选用20钢、易切削钢、冷拉圆钢三种材料，三种材料价格相近。

①用20钢车削加工，不易获得优质的加工表面。要获得优质表面，必须采用较小的进给量和其他方法加工，导致生产率降低。

②若改用易切削钢，表面质量很容易达到要求，可以节约一部分机械加工费用。

③若采用冷拉的圆钢，只需进行螺纹加工，可以省去外圆加工费用。

由此可见，材料的工艺性能不同，采用不同的加工方法所需的加工费用完全不同。

3. 使用廉价的材料

合理选用廉价的材料可以提高产品生产的经济性。如汽车和拖拉机中的曲轴，原采用优

质碳素结构钢制造，毛坯选用圆钢经模锻成形。球墨铸铁的价格与灰口铸铁相当，比碳素钢低许多；铸造毛坯的价格仅为锻造毛坯价格的1/3左右，若用球墨铸铁替代碳钢使用，用球墨铸铁制造曲轴的成本可以比碳钢降低许多。目前球墨铸铁曲轴已经广泛地应用在各种车辆中。

以价格因素选择材料时，还需注意节约矿产资源。如用蕴藏量丰富的锰硅钢代替资源较少的铬钢，不仅可以降低价格，还可以节约铬矿资源。

4. 减少选材品种

同一部机器的零件选择材料时，应尽量使用较少的材料品种和规格。这样虽不能降低材料本身的费用和加工费用（甚至稍有增加），但对材料采购、保管、零件的热处理、安装和修配等环节带来了很多方便，减少了辅助费用，因而也能有效地降低机器制造的成本。

二、典型零件的选材及工艺路线

几乎所有机器零件都要承受一定的载荷，许多零件还要承受多种载荷的共同作用。在选择材料时应根据零件的工作条件，首先满足最主要的力学性能。零件设计后，需进一步验证其他条件的满足情况，若出现问题时再加以修改。典型零件的选材通常有以下几种：

1. 以综合机械性能为主的零件选材

许多承受冲击载荷、循环载荷的结构件，如连杆、锻锤、锻模等，都不同程度承受冲击载荷和交变循环载荷的作用。因此，此类零件的材料应具有较高的强度和韧性，即具有综合的力学性能。一般选用综合机械性能较好的中碳钢或中碳合金钢，通过调质处理即可。也可以选择球墨铸铁，经过正火或等温淬火处理提高其性能。对于同时承受拉伸和弯曲载荷的拉杆和轴类零件，不宜选用铸铁。而承受载荷很大的重要轴类件，可选用合金调质钢。除此之外，还需考虑零件的特殊使用要求，根据要求选用具有特殊性能的材料。

通常承受载荷较大的零件，选用力学性能较高的材料。如机床芯轴选用20钢即可；而转轴和花键轴均采用45钢，通过调质处理提高轴的综合力学性能和使用寿命；汽车变速器的花键轴和机床主轴多选用40Cr合金钢，通过热处理提高其使用寿命和综合力学性能。

2. 以疲劳破坏为主的零件选材

做旋转运动和支撑的零件如齿轮、发动机曲轴、凸轮、滚动轴承等，都是在交变载荷下工作。这类零件工作时受到很大的挤压接触应力，工作表面容易产生点蚀、疲劳裂纹等失效形式。选择材料时，首先考虑材料应具有较高的强度和抗疲劳性，还应具有较高的抵抗弯曲、扭转、挤压的能力。由于零件的轮廓形状、加工后的微观加工痕迹，对疲劳强度有较大影响。因此，这类零件必须选择疲劳强度较高的、淬透性较好的材料。通过调质处理、表面淬火、喷丸、滚压等，提高此类零件的抗疲劳性和使用寿命。

材料的疲劳极限和强度有关，在相同情况下，零件调质后的组织比退火、正火后的组织具有更高的抗疲劳性。因而，承受重载的零件，应选择强度较高和淬透性较好的钢材进行调质处理，可以提高材料的疲劳强度。

3. 以承受磨损为主的零件选材

根据承受磨损为主的零件的工作条件可分为：

①主要承受摩擦作用而磨损损耗较大的、受载荷作用较小的零件，如各种模具、量具、刀具等零件，它们所受载荷不大，主要是承受摩擦而使零件的表面出现剥落破坏失效。在选

择这类零件材料时应以硬度为主，可选用高碳钢和低合金工具钢，通过淬火和低温回火处理，获得硬度很高的回火马氏体（或回火贝氏体）组织，以满足零件的硬度和耐磨性的要求。

对于一些形状简单、受力很小的仅因磨损而失效的零件，可以采取镶嵌硬质合金来提高磨损部分的使用寿命。

②同时承受剧烈摩擦和交变载荷作用的零件，如机床齿轮、变速器齿轮等，为了满足其耐磨性和承受交变应力的要求，所选择的材料必须具有很高的硬度和较高的疲劳强度，一般选择中碳钢或中碳合金钢，即可满足使用要求。对于受冲击载荷较大和承受剧烈摩擦的零件，可以选低碳钢或低碳合金钢。对于要求耐磨性高、热处理变形小的精密零件，选用渗氮钢为宜。这些零件的材料分别通过淬火、调质、表面淬火、渗碳或渗氮等热处理手段，可以获得较硬的表面和内部韧性很高的力学性能，即可抵抗表面摩擦作用又能降低疲劳的破坏。

③高速、重载条件下工作的零件，由于工作条件恶劣，承受较大冲击和摩擦的作用。要求这类零件具有高硬度的表面，以抵抗剧烈的摩擦；零件的芯部具有很高的强度和韧性，以抵抗冲击载荷和防止产生疲劳破坏。一般选用低碳合金钢，进行表面渗碳淬火和低温回火处理。零件的表面经过渗碳淬火后得到贝氏体组织，具有很高的硬度和良好的耐磨性。由于零件材料的内部含碳较少，韧性非常好，足以抵抗剧烈的冲击。

上述每一种情况，能够满足使用要求而供选择的材料有很多。为此，选择材料时还应全面考虑工艺性能和经济性及其他因素，从而选出价格低廉、性能优良、加工方便、满足零件使用要求的最佳材料。

4. 典型零件的选材及工艺路线

（1）齿轮类零件的选材

齿轮是各种机器中普遍应用的传动零件，它主要作用是用来传递运动和动力。齿轮工作时，通过齿面的接触传递动力，齿轮的齿面受到很大的挤压力，周期性地受到弯曲应力和接触应力；在齿轮啮合的齿面上，还承受着剧烈的摩擦。因此，制造齿轮的材料要求齿轮的轮齿具有较高的弯曲疲劳和接触疲劳强度；齿轮的齿面具有很高的硬度和耐磨性；齿轮的齿根部应具有很高的强度、抗弯强度和冲击韧性；齿轮轮齿的芯部应具有足够的强度和韧性；还应具有良好的切削加工及热处理工艺性。根据以上要求，选择齿轮材料时还得按不同的工作环境进行选取，同时安排合适的热处理工序，以满足使用性能的要求。

常用齿轮材料主要是调质钢和渗碳钢，齿轮的毛坯通常采取锻造成形。

调质钢主要用于制造耐磨性要求较高，而冲击韧性要求不高的硬齿面（>40HRC）齿轮。如车床、钻床、铣床等机床的主轴箱齿轮，常用钢号有45、40Cr、42SiMn等。齿面硬度要求不高的软齿面（≤350 HBS）齿轮，如车床滑板上的齿轮、车床挂齿架齿轮等，这类齿轮一般都是在低速、低载荷下工作。常用钢号有45、40Cr、42SiMn、35SiMn等。

渗碳钢主要用于制造高速、重载、冲击性较大的硬齿面（>55 HRC）齿轮，如汽车变速器齿轮、汽车驱动桥齿轮等，常用钢号是20CrMnTi、20CrMnMo、20CrMo等。机床齿轮的工作状态一般比较稳定，所承受载荷、振动和冲击作用较小，可以选择优质碳素结构钢制造，45钢是典型的齿轮材料。

碳素结构钢的机械性较合金钢差，只能用于制造较小型、负荷不大的齿轮。对于工作条件恶劣、重载、高速的大型齿轮必须使用性能较好的合金钢制造。

对于中速、中载、尺寸较大的齿轮可采用合金调质钢，如 40Cr、45MnB、35CrMo 等。这些齿轮材料具有较高的强度和淬透性，淬火后可得到很高的硬度和耐磨性。热处理时零件毛坯应先正火（必要时需退火），然后再进行调质处理，以提高齿轮的综合力学性能。

对于中、低载荷、中等速度下工作的齿轮，采用 45 钢制造。高速、重载环境下工作的齿轮，由于截面尺寸较大，不宜采用整体调质处理。可以对齿轮的毛坯进行正火处理，对齿轮的齿面进行高频感应淬火处理，高频感应淬火处理后立即进行回火处理，以获得硬度较高的齿面。

对于高速、重载、在腐蚀环境下工作的齿轮，可选用渗碳钢材料 38CrMoAl，对零件毛坯先进行正火或调质处理，最后对齿面进行渗氮处理。渗氮后的零件表面形成硬而脆的表面，有一定的抗腐蚀能力。但由于表面层较脆，不宜承受冲击载荷。

对于承受冲击载荷较大的齿轮，可选用合金调质钢或合金渗碳钢，如 40Cr、42SiMn、20Cr、20CrMnTi、38CrMoAl 等。对于速度高、负载大、恶劣环境下工作的齿轮，应采用渗碳、淬火、低温回火处理，以得到较高的硬度，提高轮齿表面的耐磨性。

汽车后桥圆锥齿轮（图 9.1）选材与工艺路线：

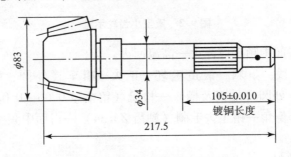

图 9.1　汽车后桥圆锥齿轮示意

材料：20CrMnTi 钢。

热处理：渗碳、淬火、低温回火，渗碳层深度 1.2～1.6 mm。

性能要求：齿面硬度 58～62 HRC，芯部硬度 33～48 HRC。

毛坯加工工艺路线：下料—锻造毛坯—正火—切削加工—渗碳、淬火、低温回火—精磨。

对于冶金、矿山机械重型齿轮由于负载很大，且齿轮很大，很难由淬火的方式强化。生产中一般采取大齿轮正火、小齿轮调质的热处理方式。这种齿轮被破坏的主要原因是齿轮的点蚀疲劳和齿面变形。若采用硬齿面齿轮对提高抗点蚀能力无明显作用，反而容易产生齿轮的齿面剥落破坏失效，故重型齿轮多采用软齿面的齿轮。

根据上述分析，重型齿轮多采用调质钢，如 45、55、40Cr、50SiMn、38CrMnMo、38CrSiMnMo、50SiMnMoB 等。硅和锰元素能显著提高抵抗麻点、剥落的能力，故重型齿轮材料多采用铬、锰、硅合金钢。图 9.2 所示为重型小齿轮，宜采用中频感应淬火得到较厚的淬透层，经高温回火处理后具有很高的综合力学性能，也可采用渗氮和软氮化处理，减少齿面的变形并获得良好的渗氮层。

重型小齿轮的选材与工艺路线：

材料：40Cr。

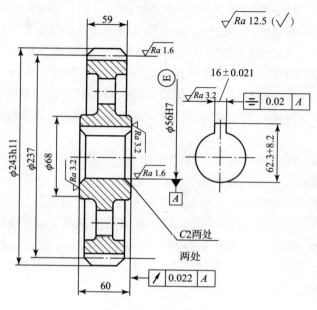

图9.2 重型小齿轮示意

热处理：正火—齿面中频感应淬火—高温回火。

毛坯加工工艺路线：下料—锻造毛坯—正火—粗车（外圆、端面、钻、镗花键底孔）—拉花键孔—精车外圆（端面及槽）—检验（留余量0.06~0.08 mm）—插齿（留余量0.03~0.05 mm）—倒角—钳工去毛刺（剃齿 $Z=34$）—齿面中频感应淬火—高温回火—磨孔、磨齿—检验。

（2）轴类零件的选材

轴是机器中支撑传动零件，并传递运动和动力的重要部件。轴类零件具有的特点是传递一定的扭矩、承受一定的弯曲应力或拉压应力。轴支撑是在轴承上运转的，轴颈处受到持续摩擦作用，要求轴的轴颈处具有较高的耐磨性，并能承受一定的冲击载荷。因此，轴类零件的材料性能应具有良好的综合力学性能。在具体选材时，应根据轴所承受的不同载荷情况进行选材。

对于承受交变应力和动载荷的轴类零件，如船用推进器轴、锻锤杆等，一般选用淬透性好的调质钢30CrMnSi、40MnVB、40CrMn等。

对于主要承受弯曲和扭转应力的轴类零件，如主轴箱传动轴、发动机曲轴、机床主轴等，这类轴所受应力分布不均，轴的表面应力较大，芯部应力较小。因此，不需选用淬透性很高的材料，一般选中碳钢或合金调质钢。

高速转动的、高精度的轴类零件，如镗床主轴选用38CrMoAlA等，进行调质和氮化处理；中、低速运转的内燃机曲轴以及连杆、凸轮轴等，可以用球墨铸铁制造，不仅满足了力学性能要求，而且制造工艺简单，成本较低。

①机床主轴。如图9.3所示，机床主轴是典型的受扭转-弯曲复合作用的零件，它承受中等载荷其应力不大。一般转速和精度都较高，主要承受弯曲和扭转应力。轴在整个截面上所受的应力分布不均匀，表层应力较大，芯部应力较小，不需选用淬透性很高的钢种，可选用中碳的优质碳素结构钢和合金调质钢即可。一般可选用35、45等中碳钢制造，采用热处理正火、调质或高频感应淬火和低温回火等就能满足性能要求。轴颈处使用滑动轴承支撑的

轴颈处要求有较高的耐磨性，采用表面淬火进行强化，提高硬度和耐磨性。对要求精度很高的精密主轴，选用渗氮处理以减少变形。对承受载荷大和冲击载荷下工作的轴可选用40Cr、40MnB、35CrMo 等合金调质钢。

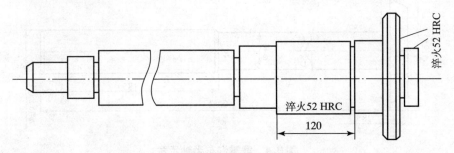

图9.3　车床主轴及热处理技术条件示意

车床主轴的选材与工艺路线：

材料：45 钢。

热处理：整体调质，轴颈及锥孔表面淬火。

性能要求：整体硬度 220～240 HBS；轴颈及锥孔处硬度 52 HRC。

加工工艺路线：下料—锻造—正火—粗加工—调质—精加工—表面淬火及低温回火—磨削。

此轴所受的工作应力较低，冲击载荷不大，45 钢通过热处理后的屈服极限可达 400 MPa 以上，完全满足要求。部分机床主轴也可以采用球墨铸铁替代钢材使用。

②汽车、拖拉机轴的选材。汽车、拖拉机工作时，工作条件比较恶劣，传动轴不但受到很大的扭矩作用，还要受到剧烈的冲击载荷作用，振动非常大。由于经常变速，载荷变化大，从而加剧传动轴的磨损。此类轴选中碳钢或中碳合金钢，调质处理即可达到使用要求。

发动机曲轴精度很高、形状复杂，在工作中承受很大载荷和剧烈冲击。由于工作速度很高，主轴颈部和曲轴颈部都受到强烈的摩擦。要求曲轴材料具有较高的强度和耐磨性，还应有较高的韧性以抵抗冲击。重型车辆的曲轴，一般选择中碳钢如 45、40Cr、45Mn2 等，重型车辆的曲轴，选择中碳合金钢如 35CrNiMo、40CrNi、35CrMo，也可以选择球墨铸铁或合金球墨铸铁，降低制造成本。

汽车后桥轴是驱动车轮的零件，转速不高时，要承受很大的扭矩作用，同时还承受很大的冲击。通常汽车半轴的花键部分磨损和扭曲程度以及半轴凸缘处变形、断裂等失效因素，直接影响半轴的使用寿命。因此，要求半轴的材料必须具有很高的耐磨性、冲击韧性和较小的淬火开裂倾向。

汽车半轴通常选择中碳合金钢，如 40Cr、40MnB、40MnMo、40CrMnMo 等材料，毛坯锻造成形。正火后进行调质处理或中频感应表面淬火，以获得优良的力学性能。需调质处理的半轴，应选择淬透性好的材料，保证淬层的深度。否则，半轴的抗扭曲强度和疲劳极限达不到技术要求。需表面中频感应淬火的半轴，则应选用淬透性适当的材料。若淬透性太差就达不到必需的淬硬层，若淬硬性过高会增加开裂倾向。

一般半轴直径在 40 mm 以下，可选用中碳合金调质钢 40Cr、40MnB 等。对重型汽车的半轴直径在 40 mm 以上的粗半轴需选用淬透性较高的合金结构钢，如 40CrMnMo、

40CrMo 等。

图 9.4 所示为载重汽车半轴。

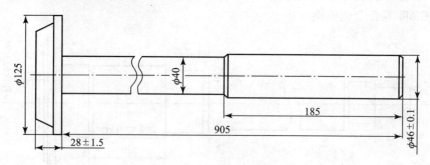

图 9.4　载重汽车半轴示意

载重车半轴的选材与工艺路线：

材料：40Cr。

热处理：整体调质。

性能要求：杆部 37～44 HRC，盘部外圆 24～34 HRC。

调质半轴的工艺路线为：下料—锻造—正火（退火）—机械加工—调质—校正—精加工—成品。

表面淬火半轴的工艺路线为：下料—锻造—正火—校正—机械加工—中频感应淬火—回火—校正—精加工—检验—成品。

减轻汽车自重的选材：随着能源和原材料供应的日趋短缺，对汽车节能降耗的要求越来越高。而减轻汽车自重可提高汽车的载重量利用系数，减少材料的浪费和燃油消耗。在保证使用性能的前提下减轻汽车自重，所选用的材料比传统的材料应该更轻、使用性能更好。

例如：用铝合金或镁合金代替铸铁，汽车重量可减轻至原来的 1/3～1/4，却并不影响其使用性能；采用新型的双相钢板材代替普通的低碳钢板材生产汽车的冲压件，使用性能更好。使用薄的板材，在减轻汽车自重情况下其强度保持不变。把汽车车身和汽车中某些不太重要的结构件，采用塑料或纤维增强复合材料代替钢材，可以大幅度降低汽车自重，同时减少钢材的损耗。

（3）箱体零件的选材

齿轮箱、轴承座、泵体等箱体类零件，结构比较复杂，一般都需要采取铸造方法成形。受力较大、在高温和高压下工作的，要求具有高强度和韧性的箱体零件，如汽轮机机壳等可选用铸钢材料，主要承受静压力的、受冲击不大的、受载较小的箱体零件，可选用价格便宜、制造方便的铸铁材料；受力不大、要求自重较轻、导热性较好的箱体零件，如汽车发动机箱体，可选用铸造铝合金材料；自重轻、尺寸小、受力小、耐腐蚀的箱体零件，可选择工程塑料；受力较大、形状简单的大型箱体零件，可采用钢材组合焊接而成。

以上各类零件在具体选材时，还要参考有关的机械设计手册、工程材料手册，结合实际情况进行初选。重要零件在初选后，需进行强度计算校核，确定零件形状尺寸后，还需审查所选材料的热处理性能是否符合要求，并确定其热处理技术条件。目前，选择材料的最好方法是根据零件的工作条件和失效方式，进行定量分析。然后，根据失效分析结果再参照有关经验做出正确选材的结论。

任务实施

不同的材料各有特点,不同使用条件下工作的零件材料要求也不一样。机械零件材料的选择应遵循材料的使用性能、工艺性能和经济性的合理统一。

任务9-3 零件毛坯成形方法的选择

任务引入

在机械制造中,要获得满意的零部件,就必须从结构设计、合理选材、毛坯制造及机械加工等方面综合考虑。而正确选择毛坯制造方法不仅影响零件的加工质量和使用性能,而且对零件的制造工艺过程、生产周期和经济效益也有很大影响,因此,这项工作是机械设计与制造中的重要任务之一。

任务目标

熟悉常见毛坯的种类和特点,掌握零件毛坯成形方法选择的一般原则,能选择典型机械零件的毛坯。

相关知识

一、毛坯的种类

制造零件时,一般是先将原材料制成与零件形状相似的毛坯,以减少机械加工的工作量。毛坯的制造方法能直接影响产品的质量、使用性能、使用寿命和生产效益。根据毛坯制造方法毛坯可分为以下几种:

1. 型材

型材一般分为铸锭和型材。铸锭主要用来进行熔化或压力加工,制造不同形状的零件毛坯。型材是用不同的压力加工方法,将金属材料制成板材、管材、棒材等不同形状、不同规格的半成品,如图9.5所示。这些半成品在许多情况下可以直接使用,也可以用于制造机械零件,尤其在单件、小批量生产中,多采用型材制造毛坯。大量生产的小型零件,如轴、销、套等,直接利用冷轧、热轧棒料、管料为毛坯。而板状零件,如汽车挡泥板、汽车外壳等,可以利用型材(板料)作为毛坯,直接冲压加工成形。对于大型的结构件,如井架、桥梁,可采用型材(角钢、槽钢)等作为毛坯,通过焊接加工或铆接加工成形。

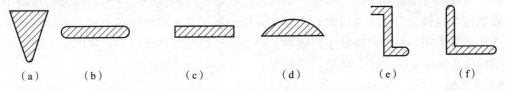

图9.5 型材示意

(a) 楔形材;(b) 弹簧钢条;(c) 扁材;(d) 半圆材;(e) 工型材;(f) 角材

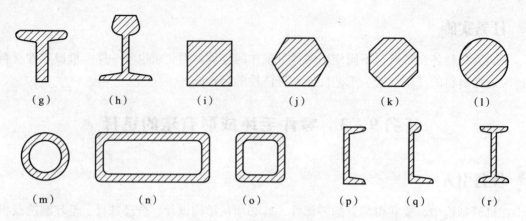

图 9.5　型材示意图（续）

(g) T 型材；(h) 轨材；(i) 方材；(j) 六角材；(k) 八角材；(l) 圆材；
(m) 管材；(n) 矩形材；(o) 方管；(p) 槽材；(r) 圆头角材；(s) 工字型材

2. 铸件

用铸造方法铸造成形的零件毛坯称为铸件。铸造方法灵活，不受零件尺寸、形状、质量限制，可获得形状复杂的毛坯和零件。铸件的成本低廉，毛坯形状和尺寸与零件相近，减少金属切削量或无切削，金属材料利用率高。铸件可以用铸铁、铸钢、有色金属等多种金属材料制成，是目前所使用毛坯最多的一种形式。

由于性能要求，有些机械零件只能采用铸造方法制造毛坯。例如，各种箱体、支架、大型齿轮、青铜蜗轮等，由于铸造方法的生产周期长、铸造组织粗大，力学性能较低，生产率低，模样费用高。所以，一般砂型铸造方法主要用于制造承受压应力为主的、形状复杂、尺寸较大的零件的毛坯；而形状复杂、尺寸精度高、力学性能好的中、小型薄壁零件，圆形中空件，普遍采用特种铸造方法制造毛坯。

3. 锻件

锻件是金属在固态下经塑性变形成形的毛坯。锻件要求原材料的塑性好、变形抗力小，一般采用低、中碳钢和合金钢制造。对于强度要求高、形状简单的零件，普遍采用锻造成形的毛坯，通过锻造工艺成形可获得组织致密、晶粒细小、力学性能优异的毛坯。但是，由于自由锻生产率低，仅适用于单件小批量生产的毛坯。对于大批量生产的毛坯，如齿轮、皮带轮等盘类的零件需采用模锻成形。通常承受重载荷、动载荷及复杂载荷、需要高强度的零件，都是采用锻造毛坯。

4. 焊接件

焊接件是利用金属的熔化或原子的扩散作用，形成永久性连接的结构件。常采用低碳钢、低合金高强度结构钢等制造焊件。单件、小批量生产的复杂零件和一些大型结构中，采用焊接毛坯可减轻重量，还可以将复杂零件分解为若干简单零件焊接而成。毛坯形状复杂的结构件，通常采用型材，以降低生产成本，但是由于焊接件精度较差。所以，主要用于制造金属结构件，如支架、桥梁、塔架、容器等。

5. 冲压件

冲压件是采用冲压方法经过冷变形成形的毛坯或成品件。采用冲压方法可获得精度高、强度大、互换性好、形状复杂的冲压件。冲压方法适合塑性好、变形抗力小的低碳钢、合金钢、有色金属薄板材料和各种非金属板料的毛坯或成品件的大批量生产，如电器箱、油箱、汽车外壳、仪表盘等都是采用冲压方法经过冷变形成形的冲压件。

6. 粉末冶金件

用粉末冶金方法可制造与零件形状相近的具有特殊性能的毛坯，因为制造的毛坯与零件形状相近，可以少切削或无切削，可以节约大量金属材料。常用的粉末冶金材料如含油轴承、过滤材料、硬质合金等。由于用粉末冶金方法制造零件时所用的模具、设备投资比较大，粉末冶金件的大小、形状受到一定限制。为此，粉末冶金仅用于大量生产中。

二、毛坯成形方法选择的一般原则

1. 满足零件的使用性能

制造零件时为了满足零件的使用性能，降低材料的损耗，提高材料的利用率，首先需要制造与零件形状相近的毛坯。而毛坯制造方法的选择，必须要满足零件的使用性能。即首先考虑零件的工作环境、受载荷类型、表面质量和形状，还应考虑零件可能发生的失效形式、主要的机械性能要求和使用期限等使用性能。

毛坯的形状和尺寸与零件的使用性能有关，毛坯的形状和尺寸因素，对毛坯的制造方法的选用有着直接的影响。毛坯的形状和尺寸，主要由零件的表面形状、结构、尺寸及加工余量等因素确定。因此，毛坯的形状和尺寸应尽量与零件形状和尺寸相接近，力求达到少切削或无切削加工。但是，由于毛坯制造技术及成本的限制，以及零件的加工精度和表面质量要求。在毛坯制造成形时，毛坯的某些表面必须留有一定的加工余量，以便通过机械加工达到零件的技术要求和使用要求。

因为毛坯的制造方法不同，所以毛坯所留下的加工余量也不同。所制造的毛坯形状和尺寸又直接影响着零件的质量。制造毛坯时可选用型材、铸件、锻件和焊件，由于加工余量较大，使得材料的利用率降低。如果采用熔模铸造、精锻、冷挤压、粉末冶金等先进毛坯制造方法，毛坯质量得到很大提高，同时还可以节约机械加工量，提高材料利用率和经济效益。

对于结构形状复杂、力学性能要求不高的箱体和阀体类零件，为使其毛坯形状与零件较为接近，应选择铸造方法制造毛坯。对于重要的零件，要求具有较高综合力学性能的齿轮、轴类零件，一般采用锻造方法制造毛坯。并且，还需考虑零件的结构形状和尺寸等因素，合理选择毛坯的制造方法。

为了使毛坯形状与零件较为接近，对于结构形状复杂的，大批量生产的中、小型零件，一般选择特种铸造方法制造毛坯。形状简单的零件，为满足力学性能高的要求，常采用锻造方法制造毛坯。形状复杂、但力学性能要求不高的零件，可以选择砂型铸造方法制造毛坯。

对于结构形状很复杂的，且尺寸不大的零件，宜选择熔模铸造方法制造毛坯。薄壁零件不宜用砂型铸造方法制造毛坯。结构形状简单的零件，采用锻造或型材制造毛坯。

对于结构尺寸较大的零件，一般选择自由锻造方法制造毛坯；而结构形状较复杂的且抗冲击、抗疲劳要求较高的中、小型零件，可考虑选择模锻方法制造毛坯。对于结构形状相当复杂的且轮廓尺寸又很大的大型零件，无法用铸造方法制造时，宜选择组合方法制造毛坯，即先分部制造毛坯，后将毛坯组合焊接成为整体。

2. 满足材料的工艺性能

毛坯的制造工艺方法与零件的材料有着直接关系。不同的材料具有不同的成分、组织和性能，它决定了材料的工艺性能和毛坯的质量，也决定着毛坯制造的方法。例如，铸铁和锡青铜材料，只能采用铸造成形零件毛坯，不能采用锻造及焊接方法。重要的钢件力学性能要求高，为保证其力学性能，只能采用锻造方法制造零件的毛坯，这样才能提高零件的力学性能。对于形状复杂的大型钢件，如大齿轮、大滑块、大连杆等，采用锻造方法是无法制造成形的，只能采用铸造成形方法来制造毛坯。

在常用材料中，铸铁的铸造性能比铸钢好，铸造性能最好的是灰口铸铁和青铜。黄铜和铝合金在室温状态下就具有良好的锻造性能，碳素钢在加热状态下锻造性能较好；其中低碳钢的锻造性优于高碳钢；低合金钢比高合金钢的锻造性好。而铸铁、铸铝几乎不能进行锻造成形。低碳钢具有良好的焊接性能，铸铁、不锈钢、铸铝等材料的焊接性能一般较差。因此，在保证满足材料的力学性能的前提下，需根据材料的工艺性能来选择毛坯的制造工艺。

例如，轴类零件一般采用自由锻制造毛坯。对于一般用途的阶梯轴，轴的各段直径若相差不大时，可选用圆棒料制造毛坯；各段直径相差较大时，为减少材料的消耗和机械加工量，则采用锻造方法制造毛坯。圆形的中空件，如管子、气缸套、轴套、圆环等，要求外部组织致密、力学性能好、无气孔和砂眼缺陷时，宜采用离心铸造方法制造毛坯。而铸钢零件可以采用"铸-焊"组合方法生产毛坯。

3. 经济性

毛坯的制造需要满足降低生产成本的要求，生产的类型直接影响毛坯制造成本和生产率。要降低毛坯的生产成本，在选择毛坯成形方法时，必须认真分析零件的使用要求、所用材料的价格、结构工艺性和生产批量的大小等因素的影响。毛坯制造成本可用下式表示：

$$C = M + P + \frac{H}{n}$$

式中　C——每个毛坯的制造成本；

　　　M——个毛坯的材料费；

　　　P——制造一个毛坯的费用；

　　　H——工艺装备及其他杂费；

　　　n——零件批量。

根据上式可以求出最低毛坯成本的生产批量。大于这个批量时，可选用先进毛坯制造方法；反之采用普通的毛坯成形方法。当采用先进毛坯制造方法时，($M+P$) 减少；而 H 增加，把 H 费用值均分到每件产品上时，则随年产量的增加而毛坯制造成本减少。

由此可见，选择毛坯生产成形方法时，应考虑毛坯生产的批量。当小批量生产毛坯时，需要从设备、模具等方面着手降低毛坯生产成本。使用价格便宜的设备和模具，可以降低设备、模具等方面的成本。

对于单件小批量生产毛坯，宜采用通用的精度和生产率较低的毛坯制造方法，如自由锻成形、砂型铸造成形、手工电弧焊接等方法，或使用型材、胎模锻等成形方法。这些方法虽然生产率较低，却因为设备、模具等方面的投资成本低，均分到每件产品上的制造费用就降低，生产成本由此而降低。

当大批量生产毛坯时，必须采用先进的、高效率机械化和自动化毛坯制造方法，可选用专用的设备，虽然设备费用高，但是由于是大批量生产，均分到每个毛坯的成本不高。

此外，毛坯制造方法的选择，还应考虑企业的实际生产条件，尽量使用先进设备和先进加工方法。当本厂生产毛坯的造价高于专用设备生产厂家时,可以在满足保质、保量、按期交货的情况下,到专用设备厂家加工或外购毛坯,以此达到降低成本,提高经济性的目的。

三、典型机械零件毛坯的选择

毛坯的选择,不仅影响毛坯成形工艺和加工费用,也与零件的加工和加工质量密切相关。为此,需要合理地确定毛坯的种类和成形方法。常用零件的毛坯按其形状可分为轴类、盘类和箱体类。

1. 轴类零件的毛坯选择

轴类零件的结构特点是轴向尺寸远大于径向尺寸。如图9.6所示,各种传动轴、直轴、曲轴、空心轴、偏心轴、凸轮轴、连杆等。

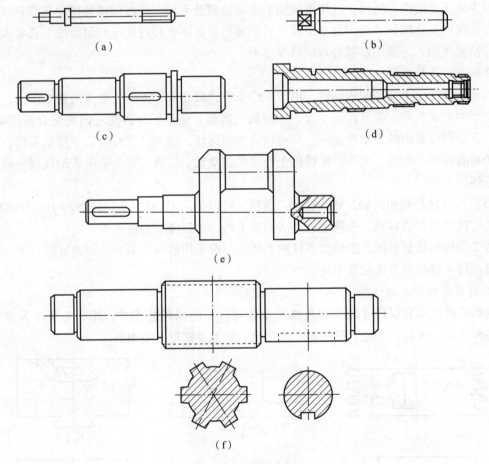

图9.6 轴类零件示意
(a) 拉杆;(b) 锥度轴;(c) 阶梯轴;(d) 空心轴;(e) 曲轴;(f) 花键轴

轴是支撑各类传动零件的重要部件,主要承受弯曲、扭转、拉伸等多种应力,并且多为循环应力。有时还承受冲击应力,在轴颈处和滑动表面还承受摩擦作用。因此,要求轴类零件具有较高的综合力学性能。交变载荷很大时还应具备抗疲劳性,局部应具有较高的硬度和耐磨性。

轴类零件最常用的毛坯是型材和锻件,一般都采用锻造成形方法。由于轴类零件受载荷和工作条件有所不同，在选择毛坯成形方法时，还应该根据不同情况加以区别选用，同时安排相应的热处理工序。

大多数轴选用圆钢锻造毛坯。对于小尺寸的轴，截面变化不大的或有变化但直径相差不大的一般轴，常用型材（热轧或冷拉圆钢）切削成形。对于直径相差较大的阶梯轴或承受冲击载荷和交变应力的重要轴，采用锻造成形方法制造毛坯。当生产批量较小时，采用自由锻造成形方法；当生产批量较大时，采用模锻成形方法。对于结构形状复杂的大型轴可以用"铸－焊"或"锻－焊"组合方法成形。

轴类零件的毛坯选择实例：

①机床的主轴。

机床的主轴由于转速较高、精度要求高，一般是承受转动的冲击载荷，受弯曲载荷较轻，很少或不受磨损。所以，选用中碳钢锻造方法制造毛坯，通过调质处理使其具有较高的综合力学性能。在轴颈处是用轴承支撑，必须进行表面淬火提高硬度和耐磨性。若要求精度很高的精密主轴，可选用渗氮处理以减少变形。

②汽车、拖拉机轴。

汽车、拖拉机上使用的传动轴，由于工作条件比较恶劣，不但受很大的扭矩作用，还要受到剧烈的冲击载荷。经常需要变速，加剧轴的磨损，使得轴与齿轮之间的配合精度降低。因为，合金钢较碳钢的力学性能好，具有较高的淬透性，能承受重载荷且零件重量轻，具有较高的耐磨性等。所以，汽车、拖拉机上使用的传动轴，应该选择合金渗碳钢或调质钢锻造成形毛坯。

（3）具有异形截面的轴，如凸轮轴、曲轴、可以采用 QT500－7、QT450－10、QT600－3 等球墨铸铁替代钢铁材料，采取铸造方法制造毛坯，可以降低制造成本。

对于结构形状复杂的大型轴类零件的毛坯，一般采用砂型铸造方法制造成形，也可以采取焊接或铸－焊组合方法制造毛坯。

2. 盘类零件的毛坯选择

盘类零件是指直径尺寸较大而长度尺寸相对较小的回转体零件，图 9.7 所示为盘类零件，各种齿轮、带轮、手轮、联轴器、法兰盘、端盖及螺母、垫圈等。

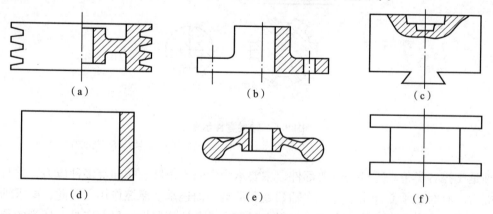

图 9.7　盘类零件示意

(a) 带轮；(b) 法兰盘；(c) 下模块；(d) 套筒；(e) 手轮；(f) 绳轮

由于盘类零件的用途不同,所选的材料和毛坯成形方法也就不同,如手轮、带轮等由于受力不大,毛坯可以选择铸铁材料采用铸造方法制造。单件小批量生产时可用低碳钢焊接而成。联轴器、法兰盘类零件的毛坯可分别用铸铁、铸钢材料采用铸造方法制造,或直接用型钢切削制造而成。圆柱齿轮的毛坯是根据齿轮的材料、结构形状、尺寸大小、使用条件及生产批量等因素,选择齿轮的材料和毛坯成形方法。圆柱齿轮的毛坯一般都选用调质钢、渗碳钢,采用锻造方法制造成形。对于尺寸较小,生产批量小,且性能要求不高的钢制齿轮,直接采用热轧型材(圆钢)制造毛坯。对于尺寸较大,生产批量小的齿轮毛坯,采用自由锻造方法制造成形。对于中、小尺寸的齿轮,生产批量较大时,应采用模锻方法制造毛坯,以提高质量和生产率。对于直径很大的齿轮,毛坯不便于用锻造方法制造时,就采用钢材铸造方法制造毛坯,或采用锻造－焊接、铸造－焊接组合方法制造毛坯。

盘类零件的毛坯选择实例:

(1) 汽车变速器齿轮

由于汽车齿轮要求能够承受较大的冲击载荷,为满足结构形状和大量生产的要求,材料选用 20CrMnTi 钢,采用模锻成形方法制造毛坯。

(2) 双联齿轮

制造双联齿轮,若是单件小批量生产,为节约加工费用,可采用圆钢制造毛坯。若性能要求很高的双联齿轮,如图 9.8 所示,需提高零件的组织性能,故采用自由锻造方法制造毛坯。若批量生产时,则可采用胎模锻造制造毛坯;若大批量生产,则采用模锻方法制造毛坯。因为,模锻方法制造毛坯,毛坯形状与零件极为相近,所以可以减少加工余量降低材料的损耗,节约机械加工时间和降低生产成本。

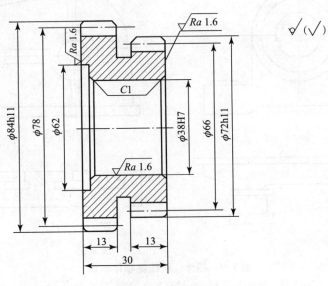

图 9.8 双联齿轮

(3) 带轮

带轮是通过中间挠性件(各种带)来传递运动和动力的,一般所承受的载荷比较平稳。因此,带轮一般选择铸铁材料,采用铸造方法制造毛坯。中、小型带轮的毛坯,一般选用铸铁材料 HT150,采用砂型铸造方法制造成形;当小批量生产时,采用手工造型;当大批量生产时，采用机器造型。直径很大的带轮的毛坯，为减轻其重量，可采用钢板，用焊接方法制造毛坯。

（4）链轮

链轮是通过链条作为中间挠性件来传递动力和运动的，工作过程中承受一定冲击载荷。链轮上的链齿与链条之间长期相互摩擦，链齿磨损较快。链轮的毛坯一般选用钢材，采用锻造方法制造成形。当单件、小批量生产时，链轮的毛坯可使用型材，采用自由锻造方法制造成形。当大批量生产链轮的毛坯时，一般采用模锻方法制造成形。从动链轮的毛坯，可采用强度高于HT150的铸铁替代钢材使用，毛坯采用砂型铸造方法制造成形。

3. 箱体、机架类零件

如图9.9所示箱体、机架类零件，是机器的基础件。由于箱体、机架类零件，包括机床床身、齿轮箱、阀体、泵体、轴承座等，其结构都比较复杂，工作条件差异较大，如减速器、汽车变速箱、机床主轴的箱体都是传动件箱体，其主要功能是承受各传动件及其支撑零件，这类箱体主要要求具有良好密封性，另外，具有一定的强度和刚度。而机床床身、工作台等零件主要承受压力，要求具有良好的减振性和刚度。工作台面有相对滑动部分，还要求应具有一定的耐磨性；泵体、阀体类零件，如齿轮泵的泵体，各种液压阀的阀体，主要功能是改变液体流动方向，流量大小或液体压力，这类箱体要求具有强度和刚度，则还要求具有良好的密封性；发动机缸体如柴油机的缸体主要功能是保证内燃机的正常工作，这类箱体要求有良好的密封性、强度和刚度，还要求有一定的耐高温性能。

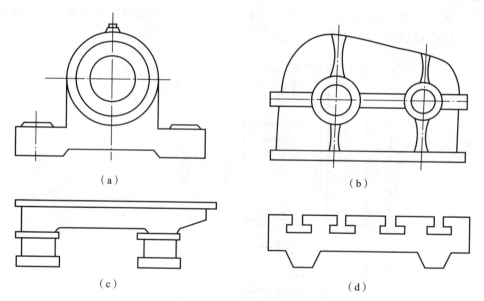

图9.9 箱体、机架类零件示意
（a）轴承座；（b）减速箱；（c）床身；（d）工作台

为达到结构形状和使用方面的要求，对于形状较复杂的、具有吸振性和机械加工性能的成批生产的中、小型箱体、机架类毛坯，一般选用铸铁材料铸造成形。一般大多数箱体、机架类零件毛坯采用砂型铸造成形；对于尺寸精度要求较高的小型箱体、机架类零件毛坯，可采用特种铸造成形。对于受力较大且受力较复杂的箱体类零件毛坯，可采用钢材铸造成形。

对于受力较小、要求自重轻的箱体、机架类零件毛坯，可以选择用铝合金铸造成形，机架类零件一般形状简单、结构尺寸很大。对于此类零件在单件小批量生产时，可采用钢板、型钢或铸钢组合焊接而成。对于结构尺寸小、受载荷小且形状简单的大批量生产的箱体毛坯，可以采用板材冲压加工或制件注塑成形。

任务实施

毛坯成形方法的选择同毛坯材料密切相关，在满足使用要求的前提下，尽量降低生产成本、提高生产率。

复习思考题

一、填空题

1. 机械零件的质量、使用寿命等诸多问题，都与_____的选择、_____、_____的制造工艺流程有关。

2. 零件在使用过程中，由_____或材料的_____与_____发生变化，而失去正常工作所具有的功能，称为失效。

3. 过量变形失效是零件在工作过程中产生_____的变形量，导致整个机械设备无法正常工作，或者能正常工作而_____严重下降的现象。

4. 塑性变形失效：由于零件材料的_____不够，在_____作用下发生过大的弹性变形而失效的现象。

5. 断裂失效主要包括有_____失效、_____失效、_____失效、_____失效等。

6. 表面损伤失效主要包括_____失效、_____失效、_____失效等。

7. 磨损失效的基本类型包括_____磨损、_____磨损，_____磨损。按表面疲劳损伤程度又分为_____、_____、_____等方式。

8. 热处理时要避免或减少零件淬火时发生开裂现象，在设计时应注意零件的截面_____，避免零件尺寸的_____变化、在变截面处采用足够大的_____过渡，避免_____和_____件等。

9. 在选择机械零件的材料时，不仅要满足使用性能和工艺性能要求，还应在_____、_____、_____、加工_____等方面，全面地进行考虑。

10. 如果使用的机械零件是标准件，根据_____选用即可，但大量非标准零件都将面临正确选择_____的问题。

11. 在机械制造中要合理地选择和使用材料，就必须在满足_____的前提下，降低材料_____和_____成本，同时还要改善零件_____和_____性、延长零件使用寿命，充分利用现有资源，节约_____金属的消耗。

12. 对于机械产品最重要的是材料应有良好的_____性能，以满足零件所承受的各种载荷要求，要求零件在使用中_____、_____。

13. 材料工艺性能的好坏直接影响零件的_____、_____和_____。

二、选择题

1. 铸造性能是指金属材料经铸造方法获得优质铸件的能力,铸造性能由两方面衡量即( )。
   A. 金属熔融状态的流动性和金属冷却时的收缩性
   B. 材料的塑性和变形抗力

2. 切削加工性能是指金属材料在切削加工时的难易程度。切削加工性能最好的材料是( )。
   A. 低碳钢　　　　B. 中碳钢　　　　C. 高碳钢　　　　D. 合金钢

3. 在航空、航天行业中,机械零件的( )是一个很重要的辅助要求。
   A. 硬度　　　　　B. 强度　　　　　C. 重量　　　　　D. 韧性

4. 同一部机器的零件选择材料时,应尽量使用( )。
   A. 较少的材料品种和规格　　　　　B. 较多的材料品种和规格
   C. 不同的材料品种和规格

5. 对于形状较复杂的、有较好的吸振性和机械加工性能要求的成批生产的中小型箱体、机架类毛坯,一般选用( )。
   A. 中碳钢　　　　B. 低碳钢　　　　C. 铸铁　　　　　D. 合金钢

6. 链轮的毛坯一般采用钢材锻造成形,大批量生产时采用( )。
   A. 砂型铸造　　　B. 自由锻　　　　C. 模锻　　　　　D. 焊接

7. 汽车、拖拉机上使用的轴,其工作条件比较恶劣,不但受到很大的扭矩作用,还要受到剧烈的冲击载荷,经常变速,轴与齿轮之间的配合较差,加剧轴的磨损,应选择( )。
   A. 中碳钢　　　　B. 铸铁　　　　　C. 合金钢　　　　D. 有色金属

8. 对于直径很大的齿轮,毛坯不便于锻造成形,就采用( )。
   A. 铸钢或焊接组合成形毛坯　　　　B. 铸铁毛坯
   C. 型材毛坯

9. 对于结构形状复杂的中小型零件,为使毛坯形状与零件较为接近,应选择( )。
   A. 铸造毛坯　　　B. 锻造毛坯　　　C. 焊接毛坯　　　D. 型材毛坯

10. 对于重型汽车的半轴需选用( )。
    A. 铸铁　　　　　　　　　　　　　B. 淬透性不高的碳钢
    C. 普通合金结构钢　　　　　　　　D. 淬透性较高的合金结构钢

三、判断题

1. 手轮、带轮等由于受力不大,毛坯可以选择铸铁铸造成形。　　　　　　　　( )
2. 对于直径相差较大的阶梯轴或承受冲击载荷和交变应力的重要轴,采用铸造成形方法制造毛坯。　　　　　　　　　　　　　　　　　　　　　　　　　　　　　　( )
3. 大多数轴选用圆钢锻造毛坯。小尺寸的轴,截面变化不大的或有阶梯但直径相差不大的一般轴,常用型材(热轧或冷拉圆钢)。　　　　　　　　　　　　　　( )
4. 在高温条件下工作的轴,会出现脆断失效。　　　　　　　　　　　　　　( )
5. 圆柱齿轮毛坯一般都采用锻造成形。　　　　　　　　　　　　　　　　　( )

6. 生产中受拉伸作用而断裂的轴，由于断裂前的变形不太明显，且不容易被发现。
（　　）
7. 承受冲击载荷和交变应力的重要轴，当生产批量较小时采用模锻成形方法。（　　）
8. 法兰、套环类零件的毛坯可分别用铸铁、铸钢或直接用型钢加工而成。（　　）
9. 受扭转作用发生断裂的轴，能够及时被发现。（　　）
10. 对于形状复杂的中小型零件，为使毛坯形状与零件较为接近，应选择锻造毛坯。
（　　）
11. 汽车变速器齿轮，材料选用 20CrMnTi 钢。（　　）
12. 目前大多数箱体、机架类铸件采用特种铸造。（　　）
13. 对尺寸精度要求较高的小型箱体、机架类铸件，可采用砂型铸造。（　　）

四、名词解释

失效　使用性能　工艺性能

五、简答题

1. 零件失效的主要形式和原因有哪些？
2. 任何零件或部件使用一段时间后都会损伤或损坏，按其损伤的程度分为哪三种情况？
3. 零件选材应遵循哪些基本原则？
4. 为什么重要零件的毛坯都选用锻件，而不选用铸件？
5. 常用的毛坯形式有哪几类？选择毛坯应遵循的基本原则是什么？
6. 根据毛坯生产的不同规模，如何降低毛坯生产的生产成本？
7. 汽车上的转向球头销要求表面硬度 58～62 HRC，芯部为 30～35 HRC，试选材并确定热处理法。
8. 给下列零件选择材料和毛坯

重型齿轮　汽车半轴　曲轴　手轮　缝纫机针杆　电风扇叶片　滚动轴承
汽车制动踏板　车厢蒙皮　阶梯轴　拖拉机变速齿轮　车床进给箱　链条电机外壳
带轮　井架　自行车车架　齿轮箱　机床齿轮　泵体

参 考 文 献

[1] 刘会霞. 金属工艺学 [M]. 北京：机械工业出版社，2011.
[2] 谭雪松，漆向军. 机械制造基础 [M]. 北京：人民邮电出版社，2008.
[3] 王爱珍. 机械工程材料成形技术 [M]. 北京：北京航空航天大学出版社，2005.
[4] 胡城立，朱敏. 材料成型基础 [M]. 武汉：武汉理工大学出版社，2001.
[5] 宋金虎. 金属工艺基础 [M]. 北京：清华大学出版社，北京交通大学出版社，2009.
[6] 李英. 工程材料及其成型 [M]. 北京：人民邮电出版社，2007.
[7] 杜丽娟. 工程材料成形技术基础 [M]. 北京：电子工业出版社，2003.
[8] 魏永涛，刘兴芝. 金工实训教程 [M]. 北京：清华大学出版社，2013.
[9] 朱张校. 工程材料 [M]. 北京：高等教育出版社，2006.
[10] 颜银标. 工程材料及热成型工艺 [M]. 北京：化学工业出版社，2004.
[11] 吕广庶，张远明. 工程材料及成形技术基础 [M]. 北京：高等教育出版社，2011.
[12] 陈长江，熊承刚. 工程材料及成型工艺 [M]. 北京：中国人民大学出版社，2000.
[13] 李作全，魏德印. 金工实训 [M]. 3版. 武汉：华中科技大学出版社，2008.
[14] 罗大金. 材料工程基础 [M]. 北京：化学工业出版社，2007.
[15] 徐从清，肖珑. 机械制造基础 [M]. 北京：北京大学出版社，2008.
[16] 陈立德. 机械设计基础 [M]. 北京：高等教育出版社，2008.
[17] 齐乐华. 工程材料及成形工艺基础 [M]. 西安：西北工业大学出版社，2002.
[18] 卢志文. 工程材料及成形工艺 [M]. 北京：机械工业出版社，2005.
[19] 王焕庭. 机械工程材料 [M]. 大连：大连理工大学出版社，2000.
[20] 侯英玮. 材料成型工艺 [M]. 北京：中国铁道出版社，2002.
[21] 韩建民. 材料成型工艺技术基础 [M]. 北京：中国铁道出版社，2002.
[22] 宋绪丁，刘敏嘉. 工程材料及成形技术 [M]. 北京：人民交通出版社，2003.
[23] 王章忠. 机械工程材料 [M]. 北京：机械工业出版社，2001.
[24] 鲁昌国，黄宏伟. 机械制造技术 [M]. 第2版. 大连：大连理工大学出版社，2007.
[25] 成虹. 冲压工艺与模具设计 [M]. 第2版. 北京：高等教育出版社，2006.
[26] 周开华. 精冲技术图解 [M]. 北京：国防工业出版社，2008.
[27] 苏德胜，张丽敏. 工程材料与成型工艺基础 [M]. 北京：化学工业出版社，2008.